程序员面试宝典

第 5 版

欧立奇 刘洋 段韬 编著

电子工业出版社
Publishing House of Electronics Industry
北京·BEIJING

内 容 简 介

本书是《程序员面试宝典》的第 5 版，在保留第 4 版的数据结构、面向对象、程序设计等主干的基础上，修正了前 4 版近 40 处错误，解释清楚一些读者提出的问题，并使用各大 IT 公司及相关企业最新面试题（2014-2015）替换和补充原内容，以反映自第 4 版以来两年多的时间内所发生的变化。

本书取材于各大公司面试真题（笔试、口试、电话面试、英语面试，以及逻辑测试和智商测试），详细分析了应聘程序员（含网络、测试等）职位的常见考点。本书不仅对传统的 C 系语言考点做了详尽解释，还根据外企出题最新特点，新增加了对友元、Static、图形/音频、树、栈、ERP 等问题的深入讲解。最后本书着力讲述了如何进行英语面试和电话面试，并对求职中签约、毁约的注意事项及群体面试进行了解析。本书的面试题除了有详细解析和答案外，对相关知识点还有扩展说明。真正做到了由点成线，举一反三，对读者从求职就业到提升计算机专业知识都有显著帮助。

本书适合计算机相关专业应届毕业生阅读，也适合作为正在应聘软件行业的相关就业人员和计算机爱好者的参考书。

未经许可，不得以任何方式复制或抄袭本书的部分或全部内容。
版权所有，侵权必究。

图书在版编目（CIP）数据

程序员面试宝典 / 欧立奇，刘洋，段韬编著. —5 版. —北京：电子工业出版社，2015.10
ISBN 978-7-121-27057-4

Ⅰ.①程… Ⅱ.①欧… ②刘… ③段… Ⅲ.①程序设计—工程技术人员—资格考试—自学参考资料 Ⅳ.①TP311.1

中国版本图书馆 CIP 数据核字(2015)第 206438 号

策划编辑：符隆美
责任编辑：徐津平
印　　刷：北京盛通商印快线网络科技有限公司
装　　订：北京盛通商印快线网络科技有限公司
出版发行：电子工业出版社
　　　　　北京市海淀区万寿路 173 信箱　邮编：100036
开　　本：787×980　1/16　印张：25　字数：530 千字
版　　次：2006 年 8 月第 1 版
　　　　　2015 年 10 月第 5 版
印　　次：2023 年 7 月第 19 次印刷
定　　价：55.00 元

凡所购买电子工业出版社图书有缺损问题，请向购书店调换。若书店售缺，请与本社发行部联系，联系及邮购电话：(010) 88254888，88258888。
质量投诉请发邮件至 zlts@phei.com.cn，盗版侵权举报请发邮件至 dbqq@phei.com.cn。
本书咨询联系方式：010-51260888-819，faq@phei.com.cn。

序

首先，我要感谢本书的作者能够选择这样一个备受大家关注的话题作为题材，同时也要感谢电子工业出版社能够将此书大力推广。要知道，程序员和面试可能是现在因特网上大家最为关心的字眼之一了——不，应该是之二。正好，本书详尽地描述了程序员应该学些什么、做些什么，然后应该如何面对烦人的但又必不可少的面试过程。当然，如果您不是程序员，我依然认为本书会对您的职业生涯有所帮助，相信我吧。

哦，忘了介绍我自己了。我是孔文达，毕业于北京某某大学材料系，现任微软（中国）有限公司顾问。咦？怎么读材料的从事上IT工作了？这说来可话长了。但其实一句概括的话，就是：努力加机遇。当然，我并不想长篇大论应该如何努力及如何把握机遇，我想说的是和本书密切相关的话题——面试。

其实，无论是程序员还是其他任何行业的任何职位，面试过程都大同小异，无非就是提交简历、电话面试、面谈、得到Offer等这一系列过程。当然，这其中每一步都很重要！简历要写得得体、漂亮，尽量突出自己的优势，屏蔽自己的劣势。电话面试还好一些，因为只是电话交谈，所以您也许会更好地把握自己的语言。面谈是最关键的一步，而且如果您准备不充分的话，一定会紧张。紧张，就有可能出现错误。不过还好，大多数面试官都可以接受面试者的紧张，只要不是太过分，问题就不大。一般来说，中型或大型企业的面试都不止一轮，有些甚至有十几轮。就拿微软来说吧，官方渠道需要12轮面试，内部推荐也需要4轮，而且是一票否决制。就是说，有一个面试官说你不行，你就没戏了。怎么搞定所有的面试官呢？当然有很多技巧，但最重要的一条就是：面试官是个活生生的人，他/她一定有个人偏好，在你见到面试官时，尽可能在最短的时间内——最好是在他/她了解你之前——了解他/她，合乎时宜地与他/她展开对话。最后一点，最好不要极其地、非常地、十分地想得到某个职位，这有可能会使你失态，抱着平常心有时会得到意想不到的效果。

Preface

这本书写得非常好,它非常详尽地描述了作为一名程序员应该为面试准备些什么和注意些什么。也许您现在还用不到它,先看看吧,指不定什么时候就用上了呢!这不是杞人忧天,而是未雨绸缪!

孔文达

Microsoft

技术顾问 微软全国 TOP3 讲师

[在正式加入微软(中国)有限公司前,
曾任微软外聘顾问及特约讲师 7 年,并在
北京中达金桥科技开发有限公司
(微软在国内最大的技术及培训合作伙伴)
任人力资源部总监及副总裁。]
第二届微软十佳金牌讲师
首届微软十佳金牌讲师
MLC 认证讲师
微软护航专家
CIW 认证讲师(CIW CI)
CIW 网络安全分析大师(CIW)
华为网络工程师(HCNE)
HP-UNIX 系统及网络管理员(HP-UX Administrator)
Cisco 认证网络专家(CCNA)
微软认证讲师(MCT)
微软认证数据库管理员(MCDBA)
微软认证系统工程师(MCSE)
微软认证专家(MCP)
微软销售专员(MSS)
......

前言

本书是《程序员面试宝典》的第 5 版。

第 5 版主要是修正错误，在保留原书数据结构，程序设计等主干的基础上，修正了前 4 版近 40 处错误，解释清楚一些读者提出的问题，还更新了程序面试题目，取材于 2014 年至 2015 年各大公司面试题，替换了原版的部分面试题，以反映自第 4 版以来两年多的时间内所发生的变化。以帮助求职者们更好地处理一些新问题，新变化。

本书相对于上一版的新变化主要有：

1. 把第 4 版一些错误修改，对于读者的反馈，给出了更加合理和易懂的解释，并修正合并了一些内容，以更好地帮助求职者应对求职过程中出现的一些细节和麻烦；

2. 针对程序设计这一块，我们更新了部分的例题。随着互联网相关面试题的频繁出现，我们新增并更新了如下知识点：Trie 树，图的遍历，大数据，云计算。但本书对一个类型的问题不是简单地加以重复，而是采用循序渐进的办法：一是将重要概念加以复习；二是完善解题思路，而不是仅仅给出答案；

3. 针对自第 4 版以来两年多时间内面试过程中出现的新题型，本书补充了新的内容，如操作系统的线程管理问题，黑盒白盒测试问题，数据结构中的树、图、哈希表问题，智力测试中的博弈测试、游戏测试等。与第 4 版相比较，本书更加贴近市场的变化，更加与时俱进。

以前各个版本替换下的题目将保留在作者博客中，读者可以访问以下网址获取：

http://www.cnblogs.com/programmerinterview/

《程序员面试宝典》不同于同类书籍的主要特点如下。

- 细

中国软件企业比较小，面试涉及的方面比较多、比较基础，比如常会考到一些编程基础性的面试例题，而原有的面试书籍对此方面鲜有触及。本书把面试国内公司最易考到的基础考点，放在第 2 部分 C/C++程序设计里面，希望能切切实实地解决实际面试问题。

- 专

面试题是通过一道题考查一个专类的能力，比如关键字 volatile 的面试例题是考查嵌入式编程。从面试官的角度来讲，一个测试也许能从多方面揭示应试者的素质及水平。正因为如此，本书将考点细致分类（嵌入式编程类、基础代码类、面向对象类、模板类等），通过面试例题提升读者对这些方面的掌握能力，取得有的放矢、举一反三的效果。

Foreword

- 广

求职者应聘的职位，一般有 3 种：网络工程师、测试工程师、软件开发人员。诸如趋势科技、华为 3COM、思科等公司，对程序、网络方面的考题日趋增加；此外，随着全球 500 强企业的进入，外企对设计模式、软件度量等方面试题的喜爱有增无减，而市面上的书籍却鲜有综述。本书结合大量考题分析其特点并详述应试方案，以适应市场需求。

- 真

第 5 版在保留原书主干的基础上，内容非常新，可以当作面试者求职前的一份全真模拟。同时作者将求职中的细节问题（简历、招聘、签约、违约），以及笔试、面试中的感悟融会在书中，给求职者以最真切的人文关怀。真情实感，娓娓道来，指引读者走上理想的工作岗位。本书不是一本万能书籍，但却肯定是您工作与求职的好助手、好伙伴！

本书主要由欧立奇编著，其他参与编写的人员有刘洋、段韬、秦晓东、李启高、马雪、马煜、胥虎军、李富星、牛永洁等。

编著者

目录

第 1 部分 求职过程

求职的过程就是一个提高和认识自我的过程，最后的成功根植于你本人一丝一毫的努力当中。也许真的像电影《肖申克的救赎》里面说的那样："得救之道，就在其中。"

第 1 章 应聘求职 2
1.1 渠道 2
1.2 流程 3

第 2 章 简历书写 4
2.1 简历注意事项 4
2.2 简历模板 8

第 3 章 求职五步曲 11
3.1 笔试 11
3.2 电话面试 14
3.3 面试 15
3.4 签约 16
3.5 违约 20

第 4 章 职业生涯发展规划 22
4.1 缺乏工作经验的应届毕业生 22
4.2 更换工作的程序员们 24
4.3 快乐地工作 25

第 2 部分 C/C++程序设计

为什么要选择 C 系的语言呢？这是因为各大公司用的编程语言绝大多数是 C 系的语言，虽然 Java 也占很大的比重，可是 C++相对于 Java 来说更有区分度——C++是那种为每一个问题提供若干个答案的语言，远比 Java 灵活。

第 5 章 程序设计基本概念 30

作为一个求职者或应届毕业生，公司除了对你的项目经验有所问询之外，最好的考量办法就是你的基本功，包括你的编程风格，你对赋值语句、递增语句、类型转换、数据交换等程序设计基本概念的理解。

Contents

    5.1   赋值语句 30
    5.2   i++ 32
    5.3   编程风格 34
    5.4   类型转换 35
    5.5   运算符问题 40
    5.6   a、b 交换与比较 42
    5.7   C 和 C++的关系 43
    5.8   程序设计的其他问题 44

第 6 章   预处理、const 与 sizeof 46
    6.1   宏定义 46
    6.2   const 47
    6.3   sizeof 52
    6.4   内联函数和宏定义 63

第 7 章   指针与引用 65
    | 指针是 C 系语言的特色，是 C 和 C++的精华所在，也是 C 和 C++中一个十分重要的概念。
    7.1   指针基本问题 65
    7.2   传递动态内存 67
    7.3   函数指针 76
    7.4   指针数组和数组指针 78
    7.5   迷途指针 82
    7.6   指针和句柄 84
    7.7   this 指针 86

第 8 章   循环、递归与概率 89
    8.1   递归基础知识 89
    8.2   典型递归问题 92
    8.3   循环与数组问题 94
    8.4   螺旋队列问题 98
    8.5   概率 101

目录

第 9 章 STL 模板与容器 103
9.1 向量容器 104
9.2 泛型编程 108
9.3 模板 109

第 10 章 面向对象 113

> 有这样一句话:"编程是在计算机中反映世界",我觉得再贴切不过。面向对象(Object-Oriented)对这种说法的体现也是最优秀的。

10.1 面向对象的基本概念 113
10.2 类和结构 116
10.3 成员变量 117
10.4 构造函数和析构函数 120
10.5 复制构造函数和赋值函数 122
10.6 多态的概念 128
10.7 友元 131
10.8 异常 132

第 11 章 继承与接口 136

> 整个 C++程序设计全面围绕面向对象的方式进行。类的继承特性是 C++的一个非常重要的机制。这一章的内容是 C++面向对象程序设计的关键。

11.1 覆盖 137
11.2 私有继承 139
11.3 虚函数继承和虚继承 144
11.4 多重继承 147
11.5 检测并修改不适合的继承 151
11.6 纯虚函数 153
11.7 运算符重载与 RTTI 155

第 12 章 位运算与嵌入式编程 164
12.1 位制转换 164
12.2 嵌入式编程 174
12.3 static 181

Contents

第 3 部分　数据结构和设计模式

随着外企研发机构大量内迁我国，在外企的面试中，软件工程的知识，包括设计模式、UML、敏捷软件开发，以及.NET 技术和完全面向对象语言 C#的面试题目将会有增无减。

第 13 章　数据结构基础 184

面试时间一般有 2 小时，其中至少有约 20～30 分钟是用来回答数据结构相关问题的。链表、数组的排序和逆置是必考的内容之一。

- 13.1　单链表 184
- 13.2　双链表 189
- 13.3　循环链表 191
- 13.4　队列 192
- 13.5　栈 193
- 13.6　堆 196
- 13.7　树、图、哈希表 207
- 13.8　排序 215
- 13.9　时间复杂度 228

第 14 章　字符串 237

- 14.1　整数字符串转化 237
- 14.2　字符数组和 strcpy 238
- 14.3　数组初始化和数组越界 242
- 14.4　数字流和数组声明 245
- 14.5　字符串其他问题 245
- 14.6　字符子串问题 250

第 15 章　设计模式与软件测试 253

"地上本没有路，走的人多了也就成了路"。设计模式如同此理，它是经验的传承，并非体系。它是被前人发现，经过总结形成的一套某一类问题的一般性解决方案，而不是被设计出来的定性规则。

- 15.1　设计模式 254
- 15.2　软件测试基础 261

15.3 黑盒测试 262
15.4 白盒测试 268

第 4 部分　操作系统、数据库和网络

本部分主要介绍求职面试过程中出现的第三个重要的板块——操作系统、数据库和网络知识。这些内容虽不是面试题目中的主流，但仍然具有重要的意义。

第 16 章　操作系统 276
16.1 进程 276
16.2 线程 281
16.3 内存管理 286

第 17 章　数据库与 SQL 语言 290
17.1 数据库理论 290
17.2 SQL 语言 294
17.3 SQL 语言客观题 296
17.4 SQL 语言主观题 299

第 18 章　计算机网络及分布式系统 305
18.1 网络结构 305
18.2 网络协议问题 307
18.3 网络安全问题 309
18.4 网络其他问题 311

第 5 部分　综合面试题

英语面试、电话面试和智力测试，是除技术面试之外另外的大模块。本部分教你如何精心地为这些内容做好准备，以让你在整个面试过程中的表现更加完美。

第 19 章　英语面试 316

这里的英语面试不同于普通的英语面试。就一个程序员而言，最好能够做到用英文流利地介绍自己的求职经历，这是进外企非常重要的一步。有些问题即便是中文你都很难回答，更何况是用英文去回答。但是求职过程本身就是一个准备的过程，精心地准备等待机会，机会总是垂青那些精心准备的人。

19.1 面试过程和技巧 ... 316
19.2 关于工作（About Job） ... 318
19.3 关于个人（About Person） ... 321
19.4 关于未来（About Future） ... 323

第20章 电话面试 ... 325
20.1 电话面试之前的准备工作 ... 325
20.2 电话面试交流常见的问题 ... 326

第21章 数字类题目分析 ... 334
21.1 数字规律类题目 ... 334
21.2 数字填充类题目 ... 337
21.3 数字运算类题目 ... 338
21.4 应用数学类题目 ... 339

第22章 图表类题目分析 ... 346
22.1 图形变换类题目 ... 346
22.2 表格分析类题目 ... 352

第23章 智力类题目分析 ... 354
23.1 推理类题目 ... 354
23.2 博弈论 ... 356
23.3 概率 ... 358

第24章 无领导小组讨论题目分析 ... 361
24.1 题目介绍 ... 361
24.2 无领导小组讨论特点 ... 361
24.3 无领导小组阶段分析 ... 363
24.4 无领导小组角色分析 ... 367
24.5 无领导小组评分标准分析 ... 371
24.6 群面实录 ... 373

附录A 面试经历总结 ... 377

第 1 部分
求 职 过 程

The procedure of applying for a job

本部分将详述作为一个计算机相关专业的应届毕业生或程序员,在求职面试中应该注意的一些问题。

古人云:凡事预则立,不预则废。机会都是垂青有准备的人的。为了得到一份满意的工作,大家一定要对整个求职过程有清醒的了解。把能够预见的、必须做的事情早一些做完,这样在大规模招聘开始的时候就可以专心地为面试做准备。求职过程中会发生很多预料不到的事情,当你的计划被这些事情打乱之后,要做的事会越堆越多,一步落后,步步落后。如果能够尽早把能做的事做完,即便有计划外事件发生,也不会产生太严重的影响。努力地使事态的发展处在自己能控制的范围之内,这样无论发生任何事都能有应对之策。

第 1 章
应 聘 求 职

每年的 9 月到次年的 1 月，都是应届生求职、在职人员跳槽的高峰期。对于即将成为程序员的应届毕业生们，在求职过程中怎样确定目标公司和目标职位；对于已经是程序员的跳槽大军，是按照技术路线发展自己的职业生涯，还是走向管理岗位继续自己的职业道路，或者是改变自己的发展轨迹；在求职过程中要注意哪些细节？这些都是大家所关心的话题。

国内的 IT 业比国外兴起得晚，而且目前还没有权威的适合中国本土程序员的职业生涯发展规划。因此，国内流行的"35 岁退休说"其实是一种误解，只要我们好好规划自己的职业生涯，提高自己的技术水平、沟通技巧和管理能力，就能够获得更高、更好的职位，完全可以像国外程序员一样工作到 60 岁再退休。

让我们先从应聘流程中的注意事项，这个轻松却又容易被人忽略的话题开始吧。

1.1 渠道

对于应届生而言，可以选择参加校园宣讲会的形式投递简历。如下图所示，这是 EMC 公司 2006 年校园宣讲会日程表。我们可以选择就近的城市参加它的宣讲会并投递简历。

● EMC 2006 校园宣讲会行程表

日期	时间	城市	学校	地点
2006.04.03	19:00-21:00	北京	北京大学	英杰交流中心阳光大厅
2006.04.04	19:00-21:00	北京	清华大学	就业指导中心多功能厅
2006.04.05	19:00-21:00	南京	东南大学	群贤楼报告厅
2006.04.05	19:00-21:00	成都	成都电子科技大学	夏新厅
2006.04.06	19:00-21:00	西安	西安交通大学	就业指导中心信息发布厅
2006.04.06	19:00-21:00	上海	上海交通大学	光彪楼（闵行校区）
2006.04.07	15:00-17:00	上海	上海复旦大学	蔡冠深报告厅

招聘会投递的简历是"纸"的简历。尽管现在网上投递电子简历的方式大行其道，但是"纸"的简历仍然有着其无可比拟的优势。HR（人力资源经理）拿到"纸"的简历，相比一份电子简历更有一种亲切感，重视程度也较电子简历高一些。

第二种方式是投递电子简历，可以通过公司的电子信箱和公司网站招聘信息栏（数据库），以及各大招聘门户网站，如 ChinaHR 或者智联招聘等，来投递自己的电子简历。

1.2 流程

应聘时的一个完整流程如下图所示。

通常一个外企的应聘流程是一个很长的过程，有时甚至可以达到一两个月。还是以 EMC 公司为例，如下图所示，让我们看一下他们的应聘流程。

进程	简历接收及筛选	校园宣讲会	在线宣讲会	笔试	第一轮面试	第二轮面试	聘用
2006年3月中旬							
2006年3月下旬							
2006年4月上旬							
2006年4月中旬							
2006年4月下旬							
2006年5月上旬							
2006年5月中旬							
2006年5月下旬							

EMC 2006 校园招聘流程计划安排

由上图可知，比较正规的企业的应聘流程一般分为 5 部分，分别为简历筛选、笔试、第一轮面试（含电话面试或邮件面试）、第二轮面试、发 Offer。下面的章节我们会就这 5 个流程进行详细的阐述。

第 2 章

简 历 书 写

据统计,80%的简历都是不合格的。不少人事管理者抱怨收到的许多简历在格式上很糟糕。简历应该如何做到在格式上简洁明了、重点突出？求职信应该如何有足够的内容推销自己？如何控制长度，言简意赅？相信读了本章你会对简历的撰写有一个新的认识。

2.1 简历注意事项

1. 简历不要太长

一般的简历普遍都太长。其实简历内容过多反而会淹没一些有价值的闪光点。而且，每到招聘的时候，一个企业，尤其是大企业会收到很多份简历，工作人员不可能都仔细研读，一份简历一般只用 1 分钟就看完了，再长的简历也超不过 3 分钟。所以，简历要尽量短。我们做过一个计算，**一份中文简历压缩在 2 页左右就可以把所有的内容突出了**。清楚、完整地把你的经历和取得的成绩表现出来。不要压缩版面，不要把字体缩小到别人难以阅读的程度。当你写履历时，试着问自己："这些陈述会让我得到面试的机会吗？"然后，仅仅保留那些回答"是"的信息。

简历过长的一个重要原因是有的人把中学经历都写了上去，其实这完全没有必要，除非你中学时代有特殊成就，比如在奥林匹克竞赛中获过奖。一般来说，**学习经历应该从大学开始写起**。

很多学生的求职简历都附了厚厚一摞成绩单、荣誉证书的复印件，其实简历上可以不要这些东西，只需要在简历上列出所获得的比较重要的荣誉。如果企业对此感兴趣，会要求求职者在面试时把这些带去。

2．简历一定要真实客观

求职简历一定要按照实际情况填写，任何虚假的内容都不要写。即使有的人靠含有水分的简历得到面试的机会，面试时也会露出马脚的。千万不要为了得到一次面试机会就编写虚假简历。被招聘方发现后，你几乎就再也没有机会进入这家公司了。而且对于应届生来说，出现这种情况后，还有可能影响到同校的其他同学。

北京某高校一位计算机专业本科毕业的女孩子，简历上写的是 2004 年毕业，但面试中被发现她是 2005 年毕业的，而且没有任何工作经验。这女孩儿比较诚实，说是同学教她这样做的。

她这种编制虚假简历的做法应该否定，因为谁都不希望被骗。作为面试官来说，首先希望应聘者是一个诚实的人。我希望她在听到同学那个不明智的建议时，首先不应选择这种做法，其次要尽力阻止其他人这样做。因为，就像面试官代表公司形象一样，她在某种程度上也代表了她所毕业的学校来参加面试！最起码在她传达给 HR 的信息中，与她同专业应届生的简历可信度也较差。

3．不要过分谦虚

简历中不要注水并不等于把自己的一切，包括弱项都要写进去。有的学生在简历里特别注明自己某项能力不强，这就是过分谦虚了，实际上不写这些并不代表说假话。有的求职学生在简历上写道："我刚刚走入社会，没有工作经验，愿意从事贵公司任何基层工作。"这也是过分谦虚的表现，这会让招聘者认为你什么职位都适合，其实也就是什么职位都不适合。

4．简历要写上求职的职位

求职简历上一定要注明求职的职位。每份简历都要根据你所申请的职位来设计，突出你在这方面的优点，不能把自己说成是一个全才，任何职位都适合。**不要只准备一份简历，要根据工作性质有侧重地表现自己**。如果你认为一家单位有两个职位都适合你，可以向该单位同时投两份简历。

在我曾看到的一些简历中，经常有如下的错误：简历上描述的多为 Windows 操作系统下 C/C++开发经验，但申请的目标职位为"Linux 操作系统下的 C/C++开发工程师"。这样当然不容易得到应聘职位的面试机会。还有就是去应聘 ERP、CRM 方面的职位，而简历里却大肆强调自己在嵌入式编程方面的优势。就算你非常优秀，你对这个企业还是没有用处。

有些简历里面没有详细的项目描述及责任描述，在责任描述栏仅仅填写"软件开发"或者在工作业绩栏仅仅填写"可以"两字。这样的信息传达无疑是不成功的。

作为求职的开始，我们要编写一份或者几份有针对性的简历，也就是按照对方的要求突出自己相关的经历。只要你的优势与招聘方的需要吻合，并且比其他应聘者突出的话，你就胜利了。

5．在文字、排版、格式上不要出现错误

一份干净、整洁的简历给企业的感觉是最起码的尊重。而企业也可以通过简历了解你的行为、习惯、修养。但是过犹不及的是有些求职者不惜成本，拍写真贴在上面，做豪华的简历封面，这其实是犯了大忌。公司用人看重的是才能，而不是相貌；不是选美，而是选才。

不要因为省钱而去使用低廉质粗的纸张。检查一下是否有排版、语法错误，甚至水、咖啡渍。在使用文字处理软件时，使用拼写检查项并请你的朋友来检查你可能忽略的错误。

6．简历不必做得太花哨

一般来说简历不必做得太花哨，用质量好一些的白纸就可以了，尽量用 A4 规格的纸。曾看到过一份简历封面上赫然写着 4 个大字"通缉伯乐"，给人的感觉就像是在威胁用人单位。现在学生简历中比较流行做封面的形式，其实没有必要，这会增加简历的厚度，实际上完全可以不用封皮。

7．简历言辞要简洁直白

大学生的求职简历很多言辞过于华丽，形容词、修饰语过多，这样的简历一般不会打动招聘者。简历最好多用动宾结构的句子，简洁直白。

8．不要写上对薪水的要求

在简历上写上对工资的要求要冒很大的风险，最好不写。如果薪水要求太高，会让企业感觉雇不起你；如果要求太低，会让企业感觉你无足轻重。对于刚出校门的大学生来说，第一份工作的薪水不重要，不要在这方面费太多脑筋。

9．不要写太多个人情况

不要把个人资料写得非常详细，姓名、电话是必需的，出生年月可有可无。如果应聘国家机关、事业单位，应该写政治面貌。如果到外企求职，这一项也可省去，其他都可不写。

10．不要用怪字怪体

我见过一份简历，用中空字体，还有斜体字。这些都是很忌讳的。试想一个 HR 挑了一天的简历，很累了，还要歪着头看你的简历。你想你的胜算能有多大？其实用简单的宋体 5 号字就很好了，不用标新立异。

11．仔细措辞体现个人业绩

有时候，简历上的几个字就足以"激怒"HR，使其停止阅读你的简历。招聘经理与招聘人员心中都有一张讨厌措辞表。他们厌烦那些在简历中尽可能多地堆砌动词、形容词或副词的人。"非常出色"、"做出很大的贡献"这些措辞都是不合适的。最好能够改成"我完成了多少销售业绩，联系了多少家公司"。如果数字过于敏感不适宜表达，可以用百分比或企业的表彰来表达，还可以写上获得的证书。

有些不像销售部门那么容易量化的部门，比如行政部门，可以通过办公设备的维护和采购、降低成本、客户满意度、如何及时维修等方面做出说明；HR部门可以通过客户满意度、招聘周期、人岗的匹配、离职率等来体现。

还有关于某类知识掌握情况的词语，简历可以把知识按个人熟练程度分为精通、掌握、熟悉、理解4类，便于别人一目了然。以下是一些招聘经理认为会降低简历说服力的词。

援助、帮助（assist，assisted）

应避免的原因：招聘经理想知道你做了什么，而不是你怎样提供帮助。如果你十分了解某项任务，把它写进简历中，你可以选择比"帮助"更好的词。

实例：帮助销售主管研究PDA。

可行的改写：为销售部研究PDA。

实验（experiment）

应避免的原因：没有人想知道你试图做什么，他们只想知道你做过什么。

实例：实验使用新型局域网（LAN）管理软件。

可行的改写：测试并评估新型局域网（LAN）管理软件。

技术熟练（skillfullness）

应避免的原因：招聘经理通常对你形容把一件事做得多棒的话感到反感。在很多情况下，这都是自夸的表现，而且这也是不必要的。"如果你不擅长于此，你凭什么递简历呢？"一名招聘人员如此说。

实例：在管理由Windows NT到Windows Server 2003过渡方面技术熟练。

可行的改写：在营业时间不停工的情况下，将所在组织的Windows NT移植到Windows Server 2003。

负责（responsible for）

应避免的原因：你是一名管理者，当然要负一些责任。详细说明你的责任及你在一些领域内的工作，陈述你的职责范围。

实例：负责管理存货；监督网络运作；购置新的设备；发现并修理工作站故障。

可行的改写：为70名Windows XP用户与两台运行Windows Server 2003的服务器提供支持管理；为存货设备执行资产管理计划；建立一个负责内部基础设施的网络运作团队。

2.2　简历模板

一份合格的求职简历应该包括以下内容。

姓名、电话（或其他联系方式）等个人资料应该放在简历的最上面，这主要是为了方便用人单位与求职者及时取得联系。紧接着是毕业的学校、专业和时间。下面应该注明应聘的职位和目标。

接下去就是简历上最重要的部分：工作经历。对于初出茅庐的大学生来说，这部分包括勤工助学、课外活动、义务工作、参加各种各样的团体组织、实习经历和实习单位的评价，等等。这部分内容要写得详细些，指明你在社团中、在活动中做了哪些工作，取得了什么样的成绩。用人单位要通过求职者的这些经历考查其团队精神、组织协调能力等。

兴趣爱好也最好列上两三项，用人单位可就此观察求职者的工作、生活态度。

如果应聘外资企业、大的跨国公司，一定要附上英文简历，而且要把最近的经历放在最前面，简历前面最好附一封推荐信。一定要认真对待英文简历的编写，因为它会体现你的实际英文水平。

下面是一份简历模板。

求 职 简 历

个人介绍：

姓名：柯小平

性别：男

出生日期：1985/07/03

学校及专业：西北大学计算机系软件与理论专业

学历：硕士

移动电话：13096964884

电子邮件：jinder24@263.net

IT && 英语技能：

1. 软件结构设计，需求分析能力
2. 精通 C/C++、C#，精通 SQL
3. 熟悉 Windows 开发平台，精通 .NET 体系
4. 熟悉 Delphi 开发工具，熟悉 UML 统一建模语言
5. 深入理解面向对象的思想，并能熟练地应用于具体的软件设计开发工作中
6. 英语水平：国家六级

续表

项目经验（近期）：

2010/1—2010/7

与实验室人员合作，在基于 ASP.NET+SQL 2005 的平台下开发西北大学网络选课系统程序。负责帮助客户现场鉴定并解决有关网络技术及安全问题，保证客户网络畅通；整体安全服务解决方案项目的设计；网络培训课程的开发、设计；学校管理信息技术客户培训。

2009/9—2010/1

与实验室人员合作，在基于 Delphi+SQL 2005 的平台下开发西北大学人事管理系统程序。该项目是西北大学基金项目，目的为完成西北大学教职员工信息的统一规范化管理。系统分为教师科、劳资科、人事科、人才交流中心等几部分，实现了各个部门之间的信息统一化协调管理。系统由 Delphi、Power Designer、MS SQL 开发完成。

工作经验：

2009/9—2009/12

北大青鸟 ACCP 培训师

2007/7—至今

就读于西北大学计算机系，在校期间，与实验室小组合作完成网上选课系统（ASP.NET+SQL 2000）和人事管理系统（Delphi+SQL 2000）的研发工作，以及教务管理系统（PowerBuilder 8+SQL 2000）的测试工作。

应聘西北工业大学计算机三级网络任课老师，教授国家计算机三级相关内容。

奖学金：

中国石油奖学金优秀学生一等奖。

其他特长：

文学和美术功底较好，擅长网页制作，Photoshop 和 Dreamweaver 水平较好。擅长表述，能够胜任教学工作。

个人评价：

我无法掩饰对这份工作的渴望———一份有科研挑战的职位。

我一向认为理想分为两类，一类是实现自己的理想，另一类理想则通过自身得到实现。理想之于我则两者兼而有之，并稍稍倾向后者。作为老师，我喜欢传道、授业、解惑，形成一套自己的理论并潜移默化我的学生；同样，作为科研工作者，我也被 C++ 的华贵多彩而吸引，那是真正的逻辑之美。此外，很多时候为了项目的完满，必须具备一种不破楼兰终不还的决心和不积跬步无以至千里的恒心。

最后，我谦和、谨慎，富于团队精神。希望您能给我这样一个机会展示自己。

谢谢。

柯小平

2010.7.7

\multicolumn{2}{c}{**Resume**}

Information

Name: XiaoPing Ke
Gender: Male
School & Major: Northwest University Master of Computer Software and Theory
Mobile phone: 13096964884
Email: jinder24@263.net
Education: Master

Career Objective

To obtain a challenging position as a software engineer with an emphasis in software design and development.

Computer Skills && English Skills

Languages: C, C++, C#, Delphi, XML, UML
Systems: Windows, .NET
Database: MS SQL Server
English Skills: CET-6

Recent Experience

2010/1—2010/7 Northwest University Personnel Managing System

Northwest University Personnel Managing System is a system of auto-manage the personnel information. It is designed by PowerDesigner. The project is a C/S architecture system. It is based on a Microsoft SQL database, and the UI is developed by Delphi 7. In this project, I designed the schema of database, programmed database connectivity using Delphi 7 and ADO.

2009/9—2010/1 Northwest University Network Course-selected System

Based on ASP.NET+SQL 2000 we finished Northwest Network Course-selected System. Everybody in this University can select, cancel, query course in network. The project is a B/S architecture system; the code is developed by Visual C#, and runs on

the .NET plat. In this project, I used the ADO interface which is provided by the database program. And after that, I joined the testing of whole system.

Self Assessment

I am an active, innovative man, a good team-worker, with rich IT knowledge and developing experience. I am fit for a job of programming in an IT company.

第 3 章 求职五步曲

笔试，电话面试，面试，是顺利求职的 3 个过程。三关全过才能顺利签约，只要有一关没能通过，就会被"刷"掉。除此之外，签约本身又何尝不是一个重要的考试？涉及你的未来、人生、行业甚至家庭；当然有签约就有可能违约，真希望你们不必走第五步，但是这个世界毕竟不是童话。

3.1 笔试

我认为笔试是程序员面试 3 个过程中最重要的一个环节，也是最难以提升的一个环节。本书中主要叙述的也是程序员的笔试经历。不论你有多么大的才干，多么广博的知识，如果未能通过笔试，则无缘下面的进程。下面是一个表，描述了各种 IT 公司笔试所考题目的类型。

公司名称	公司类型	笔试内容
Trend	网络公司	C++ 或 Java、网络、数据库、设计模式、智力测试、英语阅读
SAP	软件咨询、ERP、CRM	C++、概率问题、设计模式、智力测试
Advantech	硬件、自动化公司	C++（尤其是指针问题）、嵌入式编程
Synopsys	电子类公司	C++（尤其是指针问题）、数据结构
NEC	综合软件公司	C、数据结构
金山	综合软件公司	C++或 PHP、数据库、数据结构、设计模式
华为	通信公司	C++或 Java、数据结构、数据库
中兴	通信公司	C++或 Java、数据结构、数据库
VIA	硬件公司	C++（尤其是指针问题）、嵌入式编程
华为 3COM	网络公司	C++、网络
SPSS	数据统计软件公司	C++（尤其是继承、多态问题）、数据结构

续表

公司名称	公司类型	笔试内容
Sybase	数据库公司	C++、Linux、UNIX
Motorola	网络公司	C++、网络
IBM	综合软件公司	C++或Java
Oracle	数据库公司	Java、数据库
HP	综合软件公司	C++
腾讯	综合软件公司	C++
Yahoo	综合软件公司	C++或Java或C#
微软	综合软件公司	C++、数据结构、智力测试
神州数码	金融软件公司	C++或Java、数据结构、数据库（SQL）
大唐移动	通信公司	C++
Siemens	数据通信公司	C++、设计模式
Grapecity	软件公司	C++、C#，智力测验

根据上表，对各大 IT 公司的笔试题目和所考的内容，我们可以窥见一斑，并得出以下几个结论。

1. 语言的偏向性

综合上表所示，IT 公司笔试在编程语言上有一定偏向性，以 C、C++为主或者是以 Java 为主。语言本身并没有什么高低贵贱之分，但相对来说，考到 Delphi 或者 VB 的可能性很小。作为应届毕业生，如果只是学过 VB、VF 却从来没有接触过 C 系语言，则在笔试中是比较吃亏的。

2. 英语的重要性

我所经历过的外企的笔试卷子基本上都是英语试卷，无论从出题到解答，都是让你用英文去回答，所以必须有很好的英文阅读能力，这也是外企招人对英语非常看重的原因。其实也不需要一定通过六级，但**一定要有相对多的单词量，能够看懂考题的意思**。然后按自己的想法组织语言来描述就可以。

国内企业一般对外语要求不是很看重，题目也是中文的。如果不想进外企的话，也不用特别准备英语。

3. 淡看智力测试

之所以要强调这一点，是和市面上过度强调外企智力测试有关。实际上笔者参加过的微软等外企笔试，智力测试只占很小的比例，约占 3%～5%。而华为、神州数码等国内 IT 企业基本上没有智力测试，完全是技术考试。所以奉劝大家**不要把精力都投在所谓的外企智力测**

试上面，还是应该以准备技术方面的笔试为主。

4．有的放矢准备简历

不同的公司会考不同的内容，这就像高中时准备不同科目考试的差别。比如说神州数码不会考嵌入式编程，而 VIA 考设计模式的可能性很小。一般有点儿偏"硬"的 IT 公司会对 C++中指针的用法、数据结构考得比较多。偏"软"的企业会对设计模式、模板着重一些。所以本书分得很细，力求对各种 IT 公司的笔试题目做一个详尽的阐述。

作为求职者，笔试前你要首先搞清这个公司的基本情况，它是做什么的，它有什么产品，你是学什么方面的。有的放矢才能折桂。

5．纸上写程序

搞计算机的肯定不习惯在纸上写程序，然而技术面试的时候这是面试官最常用的一招。让写的常见程序有：数据结构书上的程序，经典 C 程序（strcmp、strcpy、atoi……），C++程序（表现 C++经典特性的）。第一次在面试官眼皮底下在纸上写程序，思路容易紊乱。建议大家事先多练习，找个同学坐在边上，在他面前写程序，把该同学当成面试官。经过多次考验，在纸上写程序就基本不慌了。

每次面试总会有些问题回答得不好，回来之后一定要总结，把不懂的问题搞明白。一个求职者就碰到两家公司问了同样的问题，第一次答不出，回去没查，第二次又被问到，当然这是很郁闷的事情。

下面我们举一个笔试的实际例子，本题是美国著名网络公司在 2007 年上海某大学校园招聘试题。

```
题目1 两个二进制数的异或结果是多少?
题目2 递归函数最终会结束,那么这个函数一定（不定项选择）：
1．使用了局部变量
2．有一个分支不调用自身
3．使用了全局变量或者使用了一个或多个参数
题目3 以下函数的结果是什么?
int  cal(int  x)
{
if(x==0)
return  0;
else
return  x+cal(x-1);
}
题目4 以下程序的结果是什么?
void  foo(int*a,  int*  b)
{
*a  =  *a+*b;
*b  =  *a-*b;
```

```
*a  =  *a-*b;
}
void  main()
{
int  a=1,  b=2,  c=3;
foo(&a,&b);
foo(&b,&c);
foo(&c,&a);
printf( "%d,  %d,  %d ",  a,b,c);
}

题目5  下面哪项不是链表优于数组的特点?
1．方便删除     2．方便插入
3．长度可变    4．存储空间小
题目6  T(n) = 25T(n/5)+n^2 的时间复杂度是什么?
题目7  n 个顶点，m 条边的全连通图，至少去掉几条边才能构成一棵树?
题目8  正则表达式(01 ¦10 ¦1001 ¦0110)*与下列哪个表达式一样?
```

```
1.(0 ¦1)*   2.(01 ¦01)*   3.(01 ¦10)* 4.(11
¦01)*   5.(01 ¦1)*
题目 9  如何减少换页错误？
  1. 进程倾向于占用 CPU
  2. 访问局部性（locality of reference）满足进
程要求
  3. 进程倾向于占用 I/O
  4. 使用基于最短剩余时间（shortest remaining
time）的调度机制
  5. 减少页大小
```

题目 10 实现两个 N*N 矩阵的乘法，矩阵由一维数组表示。

题目 11 找到单向链表中间那个元素，如果有两个则取前面一个。

题目 12 长度为 n 的整数数组，找出其中任意(n-1)个乘积最大的那一组，只能用乘法，不可以用除法。要求对算法的时间复杂度和空间复杂度做出分析，不要求写程序。

从该公司这套校园招聘试题分析来看，题目本身都不是太难。对于企业而言，不管是微软还是谷歌，招聘者是 HR 而不是神仙，不要把题目想得太神秘了。但是也不要以为试题很简单，据说这套题目的标准是最多只能错两个题目才能进入下一轮面试。况且这只是基本的题目，一般还会有编程或者测试的大题，那些才是难点。

从题型来看，涉及面比较广，包括数据结构（链表、树、图）、C++编程基础、数组、递归、矩阵、内存管理，以及时间复杂度（实际上是考数学）。所以必须对计算机的基础知识有一个通盘的全面的了解，并在此基础上，加强对一些关键知识点的认识。

3.2 电话面试

电话面试主要是对简历上一些模糊信息的确认、之前经历的验证、针对应聘职位简单技术问题的提问，以及英文方面的考查。

由于模式的限制，电话面试时间不会很长。在这个环节中，**一定要表现得自信、礼貌、认真、严肃**，这样会在声音上给对方一个良好的印象。如果声音慵懒、语气生硬，除非是技术题目及英文方面表现得足够好，否则很难予以平衡。

在回答电话面试的问题时，不要过于紧张，要留心对方的问题，这些问题也许在当面的面试中还会再出现。如果对方在电话面试中要求你做英文的自我介绍，或者干脆用英文和你对话，那在电话面试结束后一定要好好准备英文面试的内容。

笔者曾经参加过 Thoughtworks、Sybase、SAP、麒麟原创等公司的电话面试。外企一般都会要求你做一个英文自我介绍和一些小问题，总的来说不会太过涉及技术方面，因为用英语来描述技术对国人而言还是有一定困难的。国企会问到技术问题，我就曾被问到如何在 C++中调用 C 程序、索引的分类等技术问题，回答基本上要靠平时的积累和对知识的掌控能力。电话面试的具体内容可参见第 18 章。

3.3 面试

一个比较好的面试是能够问出求职者擅长哪方面而哪方面不足的面试。如果面试官针对求职者不足之处穷追猛打，或是炫耀自己的才能，这是不足取的。

对于求职者而言，面试是重点环节，要守时是当然的了。如果不能按时参加面试，最好提前通知对方。着装上不需要过分准备，舒服、干净就好了。一般的IT公司对技术人员都不会有很高的着装要求。虽然着装不要求，但精神状态一定要好。饱满的精神状态会让你显得很自信。

有笔试的话（有时笔试和面试是同时进行的，即面试官会在提问后请你回答并写下详细描述），也无非是与应聘职位相关的技术考查或者英文考查，如英汉互译等。应视你应聘职位的等级进行准备。

应聘初级职位，会针对你的编程能力和以往的项目经验进行重点的考查。如果面试官针对你做的某个项目反复提问，那么你就需要注意了，要么面试官在这个方面特别精通，要么就是未来的职位需要用到这方面的技术。我们应该抱着一种诚恳的态度来回答，对熟悉的技术点可以详细阐述，对于不熟悉的部分可以诚实地告诉面试官，千万不要不懂装懂。不过，我们认为可以引导与面试官的谈话，把他尽量引导到我们所擅长的领域。在SPSS公司面试时，在回答完面试官单链表逆置和复制构造函数问题之后，我把话题引入了我所擅长的设计模式方面，这是一种谈话的艺术。

应聘中级职位，不但会考查代码编写，而且会对软件架构或相关行业知识方面进行考查。代码编写方面，主要以考查某种编程技巧来判断你对代码的驾驭能力。比如某国际知名软件公司经常会让面试者编写malloc或atoi函数。越是简单的函数越能考验应聘者的编码能力。你不但要实现功能，而且还要对可能出现的错误编写防御性代码，这些经验都需要在实际编程过程中积累。

应聘高级职位，应聘者肯定对技术或某个行业有相当程度的了解，这时主要是看你与职位的契合程度、企业文化的配比性（即将人力资源及成本配比作为服务体系的重要组成部分，将公司企业文化中核心理念及价值观作为客户服务的重要媒介）及整体感觉。应聘管理职位的话，考查的更多是管理技巧、沟通技巧和性格因素。架构师一般会考查行业背景与软件架构方面的知识，比如UML或建模工具的使用等；技术专家的职位则会针对相关技术进行深度考查，而不会再考查一般性的编码能力。

面谈的时候，要与面试官保持目光接触，显示出你的友好、真诚、自信和果断。如果你不与对方保持目光接触，或者习惯性地瞟着左上角或者右上角的话，会传达给对方你对目前话题表现冷淡、紧张、说谎或者缺乏安全感的感觉。

如果对方问到的某个问题你不是很熟悉，有一段沉默的话，请不要尴尬和紧张。**面试过程中允许沉默，你完全可以用这段时间来思考。**可以用呼吸调整自己的状态。如果过于紧张，可以直接告诉对方。表达出自己的紧张情绪，能够起到很好的舒缓作用。而且紧张本来也是正常的表现。

在面试过程中，应聘者也保有自己的权利。比如面试时间过长，从上午一直拖到下午，而你未进午餐就被要求开始下午的面试的话，你完全可以要求进餐后再开始。面试是一个双方信息沟通及达成合作目的的会谈，是一个双方彼此考量和认知的过程。**不要忽略自己应有的权利。**

面谈后，如果对方觉得你技术、沟通、态度各方面都不错，也许会增加一个素质测评确认一下对你的判断。

素质测评一般考查性格、能力、职业等方面，以判断你的价值观是否与企业相符。我们不需要去猜测这些题目到底要考查些什么，凭着你的第一感觉填写就可以了。在几十道甚至上百道题目中，都有几道题是从不同角度考查同一个方向的，凭猜测答题反而会前后有悖。

当然，要先看清楚题目，搞清楚是选择一个最适合你自己的，还是描述得最不恰当的。在通过面试之后，如果有多家公司和职位的 Offer 可以选择的话，我们可以将公司的行业排名、公司性质、人员规模、发展前景、企业文化、培训机制，结合自身的生活水平、职业生涯发展规划来进行排列，选出最适合自己的公司和职位。

建议准备一个日程本，记录每一次宣讲会、笔试和面试的时间，这样一旦公司打电话来预约面试，可以马上查找日程本上的空闲时间，不至于发生时间上的冲突。每投一份简历，记录下公司的职位和要求，如果一段时间以后（1 个月或更长）有面试机会，可以翻出来看看，有所准备。**根据不同的公司，准备不同的简历，千万不要一概而论，不同的公司 care（在意）的东西不一样。**每参加完一次笔试或面试，把题目回忆一下，核对一下答案，不会做的题目更要钻研透彻。同学们之间信息共享，总有人有你没有的信息。如果投了很多份简历，一点儿回音都没有，你得好好看看简历是否有问题，增加一些吸引 HR 眼球的东西。

3.4 签约

首先向你表示衷心的祝贺！如果看到这部分，那说明你已经顺利通过了笔试、面试，拿到了 Offer。一般来说，面试成功后，一般就会有口头 Offer 或者是电话 Offer 了。正式的 Offer 应该提供以下几项：

- 薪水（税前还是税后）。
- 补助（税前还是税后）。
- 工作职位。
- 工作时间、地点。
- 保险、公积金等福利。

在签约前，一定要向 HR 或其他人打听清楚以下信息。

1. 户口

要问清楚，这个单位是"保证解决户口"、"尽力解决户口"、"不保证解决户口"还是"不管户口"。尤其在进行校园招聘时，对于签约北京、上海单位的同学问题非常重要。因为北京、上海对于外地人落户非常严格，所以，用人单位能否给你解决户口问题非常重要。

对于户口问题，一般来讲，大多数国企、事业单位、研究所、国家机关都是有能力解决的，而外企和私企解决户口的能力跟前面的单位比要差很多，但是不同的单位也有很大的差别，像 IBM、华为每年都能拿到很多名额。所以，对于这些单位，更要问清楚，到底解决户口问题的可能性有多大。如果企业不能解决户口问题，你就只能办理临时居住证了。

如果你想在一个城市长期发展的话，户口的作用是非常大的。以北京为例：如果没有北京户口，当你想跳槽时，会发现能选择的单位很有限，因为很多单位招人时，往往都要求北京生源、北京户口。这是户口带给我们的直接影响。长远来看，还有结婚、出国、子女就学、业务往来等，各方面都会受到影响。当然，如果你将来想出国，或不想在北京常待，那么户口可能就不重要了。

所以，对于大多数人来说，要想获得北京、上海户口，基本上只有毕业这一次机会。这点，请一定要想清楚。特别说明的是，对于那些"尽力解决户口"、"不保证解决户口"的单位，跟你签了协议，实际上你就要承担一定风险。一旦最后没给你落户，大多数情况下，户口和档案会被打回原籍，因为那时再签约别的单位就会比较麻烦。

在日益激烈的就业形势下，户口和薪水很难两全，既解决户口、薪水又高的单位是很少的。一定要在两者中间权衡轻重，不要做出让自己后悔的决定。

2. 待遇

这是签约前必然要谈的部分。这里面的内容非常多。待遇主要包括工资、奖金、补贴、福利、股票（期权）、保险、公积金。以下具体介绍各部分应注意的细节。

- 工资：一定要问清楚是税前还是税后，这点不用多说。另外，还要问清楚，发多少个月。例如，税前工资 7000，发 13 个月，则年收入 7000×13=91000。很多单位有年底双薪，还有一些单位会发 14~16 个月不等。
- 奖金：很多单位的奖金占收入的很大一部分。例如，联想、百度、中航信都有季度奖、年终奖，另外还有项目奖，华为也有项目奖、年终奖，瞬联就没有奖金。不同的单位情况不同，奖金的数额也不一样，通常几千至数万不等，所以关于这一点，一定要问清楚，而且要问确定能拿到的奖金，取最低数。
- 补贴：有些单位会有各种补贴，如通信补贴、住房补贴、伙食补贴等。例如，华为有 800~1000 的餐补。有些单位的补贴加在一起非常可观，也要问清楚。
- 福利：对于一些国企和事业单位来说，往往会有一些福利。例如，过节费、防暑降温费、取暖费、购物券、电影票、生活用品，等等。
- 股票：对于很多公司来说，股票是他们提供的非常有诱惑力的福利。一般来说，已经上市的公司提供股票的可能性不大，反倒是一些即将上市的公司提供股票的可能性很大。对此，一定要看准机遇，不要轻易错过。
- 保险、公积金：即常说的"五险一金"。五险指的是养老保险，医疗保险，失业保险，人身意外伤害保险，生育保险，一金指的是住房公积金。这些是国家规定的，企业不得以任何理由拒绝为你缴纳，而且个人和企业出的比例是有规定的（但是也有一些企业不缴纳公积金的例子）。这里要注意的是缴费基数。很多单位在这上面做文章。例如，你的工资是 5 000，他们以 2 000 为缴费基数，也就是说，用它去乘固定的比例给你缴纳五险一金，对此，一定要注意问清楚缴费基数。有些单位公积金比例上得非常高，所以你工资扣得也很多，那意味着公司交的钱更多，而一旦买房时，这些钱都是你自己的，所以，这部分收入不能忽视。此外，有些单位还会向你提供补充医疗保险、补充养老保险、补充意外保险、住房无息贷款或经济适用房等，也要问清楚。把这些收入加起来，得到年收入。然后再考虑工作地的工资水平和消费水平。例如，年薪 8 万在西安，无疑是比年薪 10 万在上海要高多了。
- 年假：即每年除了法定节假日之外可以休息的天数，这个自然是高校最多（有寒、暑假），研究所、外企可能会少一些，比如 PPFORM 公司一年是 15~20 天年假，30 天探亲假（不可以同时休）；Nortel 是第一年 12 天年假，然后每年递增，直到 21 天为止；华为没有年假，要靠每月最后一天周六加班来攒假期作为自己的年假。不上班的时候觉得假期无足轻重，上了班就会觉得假期弥足珍贵。

3．工作内容

要问清楚自己的具体职位，这个职位的工作内容，在公司所处的地位。一般来讲，如果是公司的核心业务部门，会比较受重视，发展前景会更好，如果是其他辅助部门，可能受重视程度会差一些。当然没有绝对的重视与否，关键还要看你的工作有没有技术含量，对于你个人能力的提高、职业生涯有没有帮助，对于你跳槽、升职有没有帮助。

4．加班/出差情况

对于有些公司来说，加班是在所难免的，如华为、中兴、微软、IBM……绝大多数IT企业都要加班；而对于有些职位来说，频繁的出差是在所难免的，如现场工程师、市场、销售等。对于这些，要提前有所了解，有思想准备。像中兴海外可能会派到非洲若干年，条件很苦。如果自己不能忍受长期的加班、出差，建议不要签。另外，要问清楚加班是否有加班费。现在很多公司加班都是没有加班费的。对于加班，国家有规定：如果周六、周日加班的话，可以获得正常工资2倍的加班费，如果是五一、十一这些法定假日加班的话，可以获得正常工资3倍的加班费。另外就是出差补贴。一般来讲，出差基本是不需要你花钱的，而且很多公司会有额外的出差补贴。例如，华为非洲区好像是每天补助40~70美金不等。这个也要问清楚，因为这些都是自己的合法权益。

5．培训

对于应届毕业生来说，公司的培训体系是一个非常重要的考虑因素，如果一家公司有非常好的培训体系的话，那么可以让你在几年内迅速成长为一个出色的人才，对你的职业生涯无疑是有巨大帮助的。像宝洁、SAP、INFOSYS，最出名的都是它们完善的培训体系，确实可以在短时间内让你的个人能力得到极大的提高，所以每年才吸引那么多同学去应聘。从某种程度上来讲，良好的培训是比优厚的待遇更有吸引力的。所以，在签约前，一定要问清楚单位有哪些培训计划，再看这些培训计划对个人的成长是否有帮助。

6．发展机会

这也是非常关键的一个因素。如果有一个很好的工作机会，可以让你直接接触最先进、最核心的业务，或者可以接触到公司的高层，或者可以获得一些非常有用的客户资源，或者可以在短期内迅速进入管理层，这就是非常理想的机遇。当然，如果你希望稳定，进入高校研究所这样的单位也是不错的选择。在考虑发展机会这个因素时，应主要考虑3个方面。

- 行业背景：要综合考虑公司所处行业的背景和发展现状，更重要的是，要对这个行业的发展前景有准确的预测。
- 公司背景：要考虑这家公司在行业中所处的地位、目前的发展状况、经营业绩，以及未来的发展预期。
- 个人机会：要看自己所处的部门在公司的地位、自己的职位的升职机会、发展前景。

7. 签约年限及违约金

一般单位签约年限为 3 年，也有签 5 年的，还有的单位签 1 年，如华为。此外，很多单位还有保密合同，不同单位情况不一样。同时，违约金也会有相关规定。一般来讲，违约金特别高的，要慎重签约。

除此之外，签约时还要考虑很多实在的个人因素。比如说，双亲在哪，以后回家照顾老人是否方便；配偶或者男（女）朋友的问题，会不会两地分居。我曾经和我女友开玩笑说，你在我身边相当于我年薪多了 6 万。这并非笑谈，因为感情的融洽不是金钱能够衡量的，所以不要把钱看得太重了，毕竟对于一个人来说，生活的和谐还是要放在首位的。

3.5 违约

其实拒绝别人虽不像被别人拒绝那样痛苦，但同样是一件痛苦的事情。

大部分人准备违约，无外乎一个原因：遇到了更好的单位。于是，违约也成了非常普遍的现象。决定违约前一定要计算违约成本，想清楚以下问题：

（1）新单位是否比原单位高一个档次？即是否值得为了新单位而违约原单位？如果两家单位差不多，建议最好不要违约。

（2）新单位给的最晚签约期限是什么时候？如果跟原单位提出违约，能否在新单位的签约期限前办完？如果没有把握，建议不要违约。

（3）原单位以前是否有过成功违约的案例？影响如何？如果以前的违约案例大多不顺利，建议不要违约。

这里面，最关键的因素就是原单位对待你违约的态度。毕竟，违约不是一种很好的行为，对原单位造成损失，对个人声誉和学校声誉也会造成不好的影响。单位的态度决定了你能否顺利违约、违约需要的时间，以及能否及时与新单位签约。

如果一定要违约最好能做到以下几点：

（1）与新单位坦诚相告，说明自己的情况，询问能否宽限时间。如果新单位不给你放宽时间，你就没必要违约。当然，你也可以不说，但你必须确保，在新单位签约期限前，你能顺利跟原单位办完违约，否则，你极有可能面临竹篮打水一场空的危险。

（2）与原单位一定要好好协商，态度诚恳一些。首先要感谢对方的知遇之恩，其次说清楚自己为什么违约，并为自己的行为向对方道歉。同时，要尽可能减少你的违约给学校声誉造成的损失，因为那家单位很有可能因为你的违约而改变对你们学校学生的印象，受害的可能是同校的同学。所以，要想办法来弥补。通常，可以向单位推荐几个自己的同学或朋友，希望能给他们机会。当你放弃机会的同时，别忘记了给周围的人争取机会。

对于应届毕业生来说违约可能会更麻烦，一个基本的违约流程是：

（1）与原单位协商，让原单位同意接收违约，按照三方协议规定，交纳违约金（有些单位不收违约金），从原单位开出退函。

（2）从新单位获取接收函。

（3）拿着原单位退函和新单位接收函到就业指导中心领新的三方协议（有时也不需要接收函）。

（4）拿新的三方协议与新单位签约。

这个过程中，关键在于第一步：如何与原单位协商，拿到退函。具体的情况，不同单位不一样，有的单位可能会拖很久，如华为通常到 3 月份才给开退函。所以，如果新单位的签约时间很紧，而原单位又不会很快给你开退函的话，那结果很可能是你两家单位都签不了。

总之，就业时要经过慎重考虑，不要轻易签约，更不要轻易违约，那样无论对谁都是巨大的伤害。对于你的每一个决定，都要承担相应的后果和付出相应的代价！我们都是职场中人，如果你还要在职场里继续做下去，就一定要遵守游戏规则。

最后，祝愿每个读者都能顺利签约自己满意的单位！

第 4 章
职业生涯发展规划

在一般情况下,我们工作一年之后,对自己的喜好及擅长都有了更加深刻的了解,这时会有较为明确的职业发展规划。

4.1 缺乏工作经验的应届毕业生

即将毕业的学生们对自己的目标职位都很模糊,只要是计算机相关的工作都想试一下。但是现在公司看重的除了学生的基本素质,即沟通能力、团队协作、学习能力、外语水平等之外,也会关注应届毕业生在校及实习经历中与目标职位相关的经验。假设与导师做的课题或者实习中接触到 J2EE 企业级开发,那么在应聘时寻找一份相关要求的工作就更为容易。而这样的经历去找一份 C/C++开发的职位可能就略微难些。

上海某高校的一位学生在课余时间开发了一个基于校园网内部的搜索引擎。比起商用的搜索引擎,其搜索效率、数据量不算出色,但是该生通过编写自己的搜索引擎,详细了解了网络编程、网页爬虫等领域的知识。这个搜索引擎也表现出了他专业技能的水平,从而为他赢得了前往某国际著名网络公司应聘的机会。

所以,在大学期间,我们可以通过参加创新杯比赛、著名软件公司举行的各种编程大赛、各种技术社团的活动来增加编程经验,以获取公司对你专业技能的肯定。各种编程大赛中获得的名次、实践大赛中的作品,都可以作为工作经验的替代。

通过校园招聘招人的大公司,一份有分量的简历只是第一步。有分量指的是成绩尚可,有让他们感兴趣的实习经历,有一定的获奖经历,担任过一定的职务,英语能力还行。这仅仅是第一步。它能让你从众多应聘者中被选出来参加初试,接下来就看你的真正功力和造化了。

初试的要点是基本功扎实、自信乐观、英语交流能力好、够聪明、够机灵。基本功扎实并且聪明尤为重要。某位毕业生参加 Sybase 公司的面试，过了印度技术官的英语技术面试，第二天参加他们的 Aptitude Test（智商测试），误认为是态度测试（Attitude Test），结果没发挥好。智商测试通常让你在很短的时间内做大量的逻辑题和智力题。不要在前面的题目上浪费太多时间，后面的题目往往更加简单。

另一位求职者通过了微软公司的笔试和电话面试，后来去参加了正式的面试。一连 3 轮，面试官全都是微软高级技术经理。面对这么高级别的面试官，求职者难免紧张。3 轮全英文面试，写了 6 个程序，不算难，但是考得很细，注重求职者的逻辑思维能力、反应能力和编程技巧。写完程序之后马上设计测试用例。或许是没有参加过特别正规的项目开发的缘故，他表现一般，有几个程序有疏漏，面试官加以提醒，虽然最后能够改正，但是加重了他的紧张情绪，没能闯入下一轮。

没必要因为自己的学校而显得不够自信，只要打好技术功底，多参加正规的实践项目，找工作的时候自然会顺利。此外在求职过程中，**整体形势和个人形势没有必然联系**。整体形势好了，个人形势未必好。往往整体形势好了，个人容易盲目乐观，在准备不充分的情况下，很容易被莫名其妙地淘汰。即使明年的整体形势比今年还要好，招人的公司比今年还要多，还是建议大家脚踏实地，做好充分的知识储备和心理准备，找工作绝对是一场硬仗。

有一种说法：80%的 Offer 掌握在 20%的牛人手中。每年 10 月、11 月应届毕业生刚刚开始找工作的时候，正是牛人们发威的时候，笔试、面试都有他们的份，到了发 Offer 的时候他们手中集中了很多好 Offer。这时候我们得摆正心态，尽自己最大努力，发挥出自己的最好水平就行了，不用太在意结果。晚些时候往往反而会有好的 Offer。写论文的同时抽空复习一下基础的课程，如数据结构、C、C++、TCP/IP、操作系统、计算机网络、UML、OOA&OOP、自己做过的项目的知识，等等。不要怕笔试和面试，笔试得多了，感觉就来了。

可能你找到了工作，并且不止一个。但手头的 Offer 再多，也只能跟一家公司签约，面对的诱惑再多，也只能选择一个。不用羡慕那些手头有很多好 Offer 的人，他们其实很痛苦，这是一种甜蜜的烦恼。罗列出你最在意的方面，对几家公司做详细的比较（见下表）。做选择有时候很感性，理性的数据往往不如公司的一名普通员工给你的印象更能影响你的决定。

比 较 内 容	权 重 指 数	A 公司	B 公司
发展机会	20%		
公司前景	10%		
技术方向	10%		
培训机制	5%		
公司性质	5%		

续表

比较内容	权重指数	A 公司	B 公司
人员规模	3%		
企业文化	5%		
行业排名	5%		
薪酬	20%		
……			

4.2 更换工作的程序员们

如果你是跳槽者中的一员，我们要明白频繁跳槽对我们的职业生涯发展是有害无益的，招聘方也十分关注求职者的稳定性。一般来说，每份工作都要维持一年以上，能够在某家公司工作满 3 年，才会对公司所在行业及这家公司有比较深入的了解。决定更换工作时，我们要先问问自己要在哪个方向继续自己的职业生涯。假设目前你是某家公司的开发人员，要应聘更大规模公司的同等职位，我们应该注意下面两点。

首先，比起创业型公司，大公司的开发流程要求会更加规范和严格，有的时候我们必须放弃一些编程的习惯。严格的开发流程对文档的依赖性很大，我们必须做到文档优先。这样的一种环境，可能是初入大公司的程序员最难接受的一点。

其次，小公司里那种 Superman 型的程序员在大公司里很少见到。我曾经听一个程序员朋友抱怨他们公司的架构师连 ASP 代码都不会写，其实这是很正常的事情。架构师的工作是将业务需求变成计算机软件的模块和类，他们不需要了解具体代码的编写，只需要分析几种软件平台之间的实现难度和效率差异就够了。当然，大公司也有所谓的技术高手，但这种技术高手并不是精通几种开发语言的"万能钥匙"，而是对某种技术有深入理解，能够解决深层次问题的人。

中国的 IT 界，"技则优而仕"的比较多。很多技术出身的人员做到管理岗位后，关注的仍然是技术细节。但实际上，人员的管理也是一门很大的学问。技术主管的个人风格会影响整个团队的氛围。如果主管不善沟通、只关心 Dead Line，那么整个团队将会毫无活力，主管的技术再高超也不会得到信服。如果主管善于沟通、关心下属，那么整个团队就会生机勃勃，即使加班也有劲头。

假设你已不想再做开发，想要转向测试或其他相关岗位，如实施、技术支持，甚至培训、售前等，那你一定要认真向目前在做这份工作的人员了解他们的实际职责与相关要求，确认是否可以接受转换岗位后带来的挑战。如果确定，则可以选择具有相同行业背景的目标职位，并且调整好自己的心理状态，给自己一段较长的时间来适应这种改变。刚开始时感觉无从下手或者有较大落差是很正常的，最起码要在半年之后才能证实你和这个岗位的匹配度。

如果你现在已经有了较为明确的职业生涯发展规划，推荐使用倒推法使之切合实际并行之有效。以一个普通程序员为例，我们可以首先为自己的目标设置一个年限，并列出实现这个目标所需要的专业技能，然后使用倒推法确定我们的阶段目标，直至将这个阶段目标倒推至一个月后，那它就会是一个很具体的目标了。只要你坚持去做，就会逐步实现自己的最终目标。

当然，除此之外，你还要时时关注业界动态，尽可能多地参加在职培训并且补充外语方面的技能。这样才能保持你继续前进的步伐。

当然，**最重要的是我们要把握好自己，把握好自己要走的路**。其实任何一个职位都需要我们努力工作，任何一份工作都无法"钦定"我们的终身。求职"just a job"而已。找不到，不用悲悲切切，找到了也不用狂喜。这只是人生中众多历练之一。

4.3 快乐地工作

人的一生很漫长，你无法想象你还能够经历什么；人的一生也很短暂，在你觉得还没经历些什么的时候就已经老了。别人的经历，其实都是故事。别人的成功，也不能复制。

在中国，大概很少有人是一份职业做到底的，虽然如此，第一份工作还是有些需要注意的地方。有两件事情格外重要，第一件是入行，第二件事情是跟人。

第一份工作对人最大的影响就是入行。现代的职业分工已经很细，我们基本上只能在一个行业里成为专家，不可能在多个行业里成为专家。很多案例也证明即使一个人在一个行业非常成功，到另外一个行业，往往完全不是那么回事。"你想改变世界，还是想卖一辈子汽水？"是乔布斯邀请百事可乐总裁约翰·斯考利加盟苹果时所说的话，结果这位在百事非常成功的约翰，到了苹果表现平平。其实没有哪个行业特别好，也没有哪个行业特别差。或许有报道说那个行业的平均薪资比较高，但是他们没说的是，那个行业的平均压力也比较大。看上去很美的行业一旦进入才发现很多地方其实并不那么完美，只是外人看不见。

说实话，我自己也没有发财，所以我的建议只是让人快乐工作的建议，不是如何发财的建议，我们只讨论一般普通打工者的情况。

我认为选择什么行业并没有太大关系，看问题不能只看眼前。比如，从 2005 年开始，国家开始整顿医疗行业，很多医药公司开不下去，很多医药行业的销售开始转行。其实医药行业的不景气是针对所有公司的，并非针对一家公司，大家的日子都不好过，这个时候撤资是非常不划算的。大多数正规的医药公司即使不做新生意撑个两三年还是没问题的，光景总归还会好起来的，那个时候别人都跑了而你没跑，现在的日子应该会好过很多。有的时候觉得自己这个行业不行了，问题是，再不行的行业，做的人少了也变成了好行业，当大家都觉得不好的时候，往往却是最好的时候。大家都觉得金融行业好，金融行业门槛高不说，有多少人削尖脑袋要钻进去，竞争激烈，进去以后还要时时提防，一个疏忽，就被后来的人给挤掉了，压力巨大，又如何谈得上快乐？也就未必是"好"工作了。

太阳能这个东西现在还没有进入实际应用的阶段，但是中国已经有 7 家和太阳能有关的公司在纽约交易所上市了，国美、苏宁、永乐其实是贸易型企业，也能上市，鲁泰纺织连续 10 年利润增长超过 50%，卖茶的一茶一座、卖衣服的海澜之家都能上市……其实选什么行业真不重要，关键是怎么做。事情都是人做出来的，关键是人。

有一点是需要记住的，这个世界上，有史以来成功的人总是少数，大多数人是一般的、普通的、不太成功的。因此，大多数人的做法和看法，往往都不是距离成功最近的做法和看法。因此大多数人说好的东西不见得好，大多数人说不好的东西不见得不好。大多数人都去炒股的时候说明跌只是时间问题，大家越是热情高涨的时候，跌的日子越近。少数人买房子的时候，房价不会涨，而房价涨得差不多的时候，大多数人才开始买房子。不会有这样一件事情让大家都变成功，历史上不曾有过，将来也不会发生。有些东西即使一时运气好而得到了，还是会在别的时候、别的地方失去的。

年轻人在职业生涯的刚开始，尤其要注意的是，要做让自己感到快乐的事情，不要让自己今后几十年的人生总是提心吊胆，更不值得为了一份工作赔上自己的青春年华。人还是要看长远一点。很多时候，看起来最近的路，其实是最远的路；看起来最远的路，其实是最近的路。要让自己在职业的道路上走得更远，首先要让自己工作得快乐，如果一份工作让你觉得不快乐，甚至很受罪，那么你就是那个坚持不到终点的选手，即使你坚持到终点了，这样痛苦的人生有意思么？其次要对未来做好规划，尽量让自己劳逸结合。要知道那是个很漫长的过程，不要在一开始就把力气和耐心耗尽了，当力气和耐心耗尽而又遭遇挫折时，大多数人会陷入沮丧悲观，跳槽换工作也就变成很自然的事情。对于初入职场还不能很好控制自己心态的人，掌握好自己的节奏，不要跟着别人的脚步乱了自己的节奏，清楚自己在做什么，清楚自己的目标，至于别人上去了还是下去了，让他去吧，就当没看见。

对一个初入职场的人来说，入行后一定要跟个好领导、好老师。刚进社会的人做事情往往没有经验，需要有人言传身教。对于一个人的发展来说，一个好领导是非常重要的。所谓"好"的标准，不是他让你少干活多拿钱，而是达到以下 3 个标准。

首先，好领导要有宽广的心胸。如果一个领导每天都会发脾气，那几乎可以肯定他不是个心胸宽广的人，能发脾气的时候却不发脾气的领导，多半是非常厉害的领导。有些领导最大的毛病是容忍不了能力比自己强的人，所以常常可以看到的一个现象是，领导很有能力，手下一群庸才或者手下一群闲人。如果看到这样的环境，还是不要去的好。

其次，领导要愿意从下属的角度来思考问题，这一点其实是从面试的时候就能发现的。如果这位领导总是从自己的角度来考虑问题，几乎不听你说什么，这就危险了。从下属的角度来考虑问题并不代表同意下属的说法，但他必须了解下属的立场，下属为什么这么想，然后他才有办法说服你。只关心自己怎么想的领导往往难以获得下属的信服。

第三，领导敢于承担责任。如果出了问题就把责任往下推，有了功劳就往自己身上揽，这样的领导不跟也罢。选择领导，要选择关键时刻能扛得住的领导，能够为下属的错误买单的领导，因为这是他作为领导的责任。

有可能，你碰不到好领导。因为他坐领导的位置，所以他的话就比较有道理，这是传统观念官本位的误区，可能有大量的这种无知、无能的领导，这对于你其实是好事。如果将来有一天你要超过他，你希望他比较聪明还是比较笨？相对来说这样的领导其实不难搞定，只是你要把自己的身段放下来而已。多认识一些人，多和比自己强的人打交道，同样能找到好的老师，不要和一群同样郁闷的人一起控诉社会，控诉老板，这帮不上你，只会让你更消极。职场上最忌讳的是你还在这家公司却又不停地抱怨公司本身。正确的做法是和那些比你强的人打交道，看他们是怎么想的，怎么做的，学习他们，最终提升自己的能力才是最重要的。

希望所有读者都能快乐地工作，不断提升。

第 2 部分
C/C++程序设计

C/C++ program design

本部分主要以 C/C++设计语言为基础，通过大量实际的例子分析各大公司 C/C++面试题目，从技术上分析问题的内涵。为什么要选择 C 系的语言呢？这是因为各大公司的编程语言绝大多数是 C 系语言，虽然 Java 也占很大的比重，可是 C++相对于 Java 来说更有区分度——C++是那种为每一个问题提供若干个答案的语言，远比 Java 灵活，所以面试考题绝大多数以 C/C++为主（或者是两套试题，C++或 Java，面试者可以选择）。

许多面试题看似简单，却需要深厚的基本功才能给出完美的解答。企业要求面试者写一个最简单的 strcpy 函数就可看出面试者在技术上究竟达到了怎样的水平。我们能真正写好一个 strcpy 函数吗？我们都觉得自己能，可是我们写出的 strcpy 很可能只能拿到 10 分中的 2 分。读者可从本部分中关于 C++的几个常用考点，看看自己属于什么样的层次。

第 5 章
程序设计基本概念

作为一个求职者或是应届毕业生，公司除了对你的项目经验有所问询之外，最好的考量办法就是你的基本功，包括你的编程风格，你对赋值语句、递增语句、类型转换、数据交换等程序设计基本概念的理解。当然，在考试之前你最好对你所掌握的程序概念知识有所复习，尤其是各种细致的考点要加以重视。以下的考题来自真实的笔试资料，希望读者先不要看答案，自己解答后再与答案加以比对，找出自己的不足。

5.1 赋值语句

面试例题 1：Which of the following statements describe the results of executing the code snippet below in C++? （下列 C++代码的输出结果是什么？）[台湾某著名杀毒软件公司 2010 年 7 月笔试题]

```
C/C++ code
int i = 1;
void main()
{
    int i = i;
}
```

A. The i within main will have an undefined value. （main()里的 i 是一个未定义值）

B. The i within main will have a value of 1. （main()里的 i 值为 1）

C. The compiler will not allow this statement. （编译器不允许这种写法）

D. The i within main will have a value of 0. （main()里的 i 值为 0）

解析：当面试者看到 int i=i;时，也许第一反应就是怎么有这么诡异的代码？但是在 C++中这样做是完全合法的（但显然不合理）。int i=i, i 变量从声明的那一刻开始就是可见的了，

main()里的 i 不是 1，因为它和 main()外的 i 无关，而是一个未定义值。

答案：A

面试例题 2：What does the following program print?（下面程序的结果是多少？）[中国台湾某著名计算机硬件公司 2005 年 12 月面试题]

```
#include <iostream>
using namespace std;
int main()
{
  int x=2,y,z;
  x *=(y=z=5); cout << x << endl;
  z=3;
  x ==(y=z);   cout << x << endl;
  x =(y==z);   cout << x << endl;
  x =(y&z);    cout << x << endl;
  x =(y&&z);   cout << x << endl;
  y=4;
  x=(y|z);     cout << x << endl;
  x=(y||z);    cout << x << endl;
  return 0;
}
```

解析：

x *=(y=z=5)的意思是说 5 赋值给 z，z 再赋值给 y，x=x*y，所以 x 为 2*5=10。

x ==(y=z)的意思是说 z 赋值给 y，然后看 x 和 y 相等否？不管相等不相等，x 并未发生变化，仍然是 10。

x =(y==z)的意思是说首先看 y 和 z 相等否，相等则返回一个布尔值 1，不等则返回一个布尔值 0。现在 y 和 z 是相等的，都是 3，所以返回的布尔值是 1，再把 1 赋值给 x，所以 x 是 1。

x =(y&z)的意思是说首先使 y 和 z 按位与。y 是 3，z 也是 3。y 的二进制数位是 0011，z 的二进制数位也是 0011。按位与的结果如下表所示。

y	0	0	1	1
z	0	0	1	1
y&z	0	0	1	1

所以 y&z 的二进制数位仍然是 0011，也就是还是 3。再赋值给 x，所以 x 为 3。

x =(y&&z) 的意思是说首先使 y 和 z 进行与运算。与运算是指如果 y 为真，z 为真，则 (y&&z)为真，返回一个布尔值 1。这时 y、z 都是 3，所以为真，返回 1，所以 x 为 1。

x =(y|z) 的意思是说首先使 y 和 z 按位或。y 是 4，z 是 3。y 的二进制数位是 0100，z 的二进制数位是 0011。与的结果如下表所示。

y	0	1	0	0
z	0	0	1	1
y&z	0	1	1	1

所以 y&z 的二进制数位是 0111，也就是 7。再赋值给 x，所以 x 为 7。

x =(y||z) 的意思是说首先使 y 和 z 进行或运算。或运算是指如果 y 和 z 中有一个为真，则(y||z)为真，返回一个布尔值 1。这时 y、z 都是真，所以为真，返回 1。所以 x 为 1。

答案：10, 10, 1, 3, 1, 7, 1。

面试例题 3：以下代码结果是多少？[中国某杀毒软件公司 2010 年 3 月笔试题]

```
#include <iostream>
using namespace std;
int func(int x)
{
   int count = 0;
   while(x)
   {
      count ++;
      x=x&(x-1);
   }
   return count;
}
int main(){
   cout << func(9999) << endl;
   return 0;
}
```

A. 8   B. 9   C. 10   D. 11

解析：本题 func 函数返回值是形参 x 转化成二进制后包含 1 的数量。理解这一点就很容易答出来了。9999 转化为二进制是：

9999: 10011100001111

答案：A

5.2 i++

面试例题 1：下面两段代码的输出结果有什么不同？[中国著名网络企业 XL 公司 2007 年 10 月面试题]

第 1 段：

```
#include<iostream>
using namespace std;
int main()
{
int a,x;
for(a=0,x=0;a<=1 &&!x++;a++)
{
  a++;
}
cout<<a<<x<<endl;
return 0;
}
```

第 2 段：

```
#include<iostream>
using namespace std;
```

```
int main()
{
int a,x;
for(a=0,x=0;a<=1 &&!x++;)
{
 a++;
}
cout<<a<<x<<endl;
return 0;
}
```

解析：这两段代码的不同点就在 for 循环那里，前者是 for(a=0,x=0; a<=1 &&!x++;a++)，后者是 for(a=0,x=0;a<=1 &&!x++;)。

先说第 1 段代码。

第 1 步：初始化定义 a=0，x=0。

第 2 步：a 小于等于 1，x 的非为 1，符合循环条件。

第 3 步：x++后 x 自增为 1。

第 4 步：进入循环体，a++，a 自增为 1。

第 5 步：执行 for(a=0,x=0;a<=1 &&!x++;a++)中的 a++，a 自增为 2。

第 6 步：a 现在是 2，已经不符合小于等于 1 的条件了，所以"&&"后面的"!x++"不执行，x 还是 1，不执行循环体。

第 7 步：打印 a 和 b，分别是 2 和 1。

再说第 2 段代码。

第 1 步：初始化定义 a=0，x=0。

第 2 步：a 小于等于 1，x 的非为 1，符合循环条件。

第 3 步：x++后 x 自增为 1。

第 4 步：进入循环体，a++，a 自增为 1。

第 5 步：a 现在是 1，符合小于等于 1 的条件，所以"&&"后面的"!x++"被执行，x 现在是 1，x 的非为 0，不符合循环条件，不执行循环体，但 x++依然执行，自增为 2。

第 6 步：打印 a 和 b，分别是 1 和 2。

答案：第一段输出结果是 21，第二段输出结果是 12。

面试例题 2：What will be the output of the following C code?（以下代码的输出结果是什么？）

[中国著名通信企业 H 公司 2007 年 7 月面试题]

```
#include <stdio.h>
main()
{
                          int   b=3;
                          int   arr[]={6,7,8,9,10};
```

```
Sint    *ptr=arr;                          printf( "%d,%d\n ",*ptr,*(++ptr));
*(ptr++)+=123;                           }
```

A．8 8　　B．130 8　　C．7 7　　D．7 8

解析：C 中 printf 计算参数时是从右到左压栈的。

几个输出结果分别如下：

printf("%d\n ",*ptr);　　此时 ptr 应指向第一个元素 6。

*(ptr++)+=123 应为*ptr=*ptr+123;ptr++，此时 ptr 应指向第二个元素 7。

printf("%d\n ",*(ptr-1));　　此时输出第一个元素 129，注意此时是经过计算的。

printf("%d\n ",*ptr);　　此时输出第二个元素 7，此时 ptr 还是指向第二个元素 7。

printf("%d,%d\n ",*ptr,*(++ptr));　　从右到左运算，第一个是(++ptr)，也就是 ptr++，*ptr=8，此时 ptr 指向第三个元素 8，所以全部为 8。

答案：A

5.3　编程风格

面试例题：We have two pieces of code , which one do you prefer, and tell why.（下面两段程序有两种写法，你青睐哪种，为什么？）[美国某著名计算机嵌入式公司 2005 年 10 月面试题]

A.

```
    // a is a variable
```

写法 1：

```
    if( 'A'==a ) {
        a++;
    }
```

写法 2：

```
    if( a=='A' ) {
        a++;
    }
```

B.

写法 1：

```
    for(i=0;i<8;i++) {
        X= i+Y+J*7;
        printf("%d",x);
    }
```

写法 2：

```
S= Y+J*7;
for(i=0;i<8;i++) {
    printf("%d",i+S);
}
```

答案：

A．第一种写法'A'==a 比较好一些。这时如果把"=="误写成"="的话，因为编译器不允许对常量赋值，就可以检查到错误。

B．第二种写法好一些，将部分加法运算放到了循环体外，提高了效率。缺点是程序不够简洁。

5.4 类型转换

面试例题 1：下面程序的结果是多少？[中国著名通信企业 S 公司 2007 年 8 月面试题]

```cpp
#include <iostream>
#include <stdio.h>
#include <string.h>
#include <conio.h>
using namespace std;
int main()
{
float a = 1.0f;
cout << (int)a << endl;
cout << &a << endl;
cout << (int&)a << endl;
cout << boolalpha << ( (int)a == (int&)a )
    << endl;          //输出什么？
float b = 0.0f;
cout << (int)b << endl;
cout << &b << endl;
cout << (int&)b << endl;
cout << boolalpha << ( (int)b == (int&)b )
    << endl;          //输出什么？
return 0;
}
```

解析：在机器上运行一下，可以得到结果，"cout << (int&)a << endl;"输出的是 1065353216，而不是 1。这是因为浮点数在内存里和整数的存储方式不同，(int&)a 相当于将该浮点数地址开始的 sizeof(int)个字节当成 int 型的数据输出，因此这取决于 float 型数据在内存中的存储方式，而不是经过(int&)a 显示转换的结果（1）。

因为 float a = 1.0f 在内存中的表示都是 3f800000，而浮点数和一般整型不一样，所以当 (int&)a 强制转换时，会把内存值 3f8000000 当作 int 型输出，所以结果自然变为了 1065353216（0x3f800000 的十进制表示）。

答案：false true 或者 0 1。

面试例题 2：下面程序的结果是多少？[中国著名通信企业 S 公司 2007 年 8 月面试题]

```
#include <stdio.h>

int  main()
{
    unsigned int a = 0xFFFFFFF7;
    unsigned char i = (unsigned char)a;
    char* b = (char*)&a;

    printf("%08x, %08x", i,*b);
```

解析：在 X86 系列的机器中，数据的存储是"小端存储"，小端存储的意思就是，对于一个跨多个字节的数据，其低位存放在低地址单元，其高位存放在高地址单元。比如一个 int 型的数据 ox12345678，假如存放在 0x00000000、0x00000001、0x00000002、0x00000003 这四个内存单元中，那么 ox00000000 中存放的是低位的 ox78，而 ox00000003 中存放的是高位的 0x12，依此类推。

有了以上的认识，继续分析上面的程序为什么输出 ffffff7：char* b = (char*)&a;这句话到底干了什么事呢？其实说来也简单，&a 可以认为是个指向 unsigned int 类型数据的指针，(char *)&a 则把&a 强制转换成 char *类型的指针，并且这个时候发生了截断！截断后，指针 b 只指向 oxf7 这个数据（为什么 b 指向最低位的 oxf7 而不是最高位的 oxff？想想上面刚刚讲过的"小端存储"，低地址单元存放低位数据），又由于指针 b 是 char *型的，属于有符号数，所以有符号数 0xf7 在 printf () 的作用下输出 ffffff7。

或者我们可以通过汇编代码更直观地看内部的情况：

```
int main()
{
01321380  push        ebp
01321381  mov         ebp,esp
01321383  sub         esp,0E4h
01321389  push        ebx
0132138A  push        esi
0132138B  push        edi
0132138C  lea         edi,[ebp-0E4h]
01321392  mov         ecx,39h
01321397  mov         eax,0CCCCCCCCh
0132139C  rep stos    dword ptr es:[edi]
          unsigned int a = 0xFFFFFF65;
0132139E  mov         dword ptr [a],0FFFFFFF7h
          unsigned char i = (unsigned char)a;
013213A5  mov         al,byte ptr [a]
013213A8  mov         byte ptr [i],al
          char* b = (char*)&a;
013213AB  lea         eax,[a]              //取 a 的地址：0x0018FD70
```

```
013213AE  mov       dword ptr [b],eax  //指针b的值为: 0x0018FD70, 该位置放着0xF7;
                    printf("%08x, %08x\n", i, *b);
013213B1  mov       eax,dword ptr [b]  //把b的值, 也就是0x0018FD70放到EAX中;
013213B4  movsx     ecx,byte ptr [eax] //这句话最关键, byte ptr [eax]就是把0xF7取出来, 注意命令是
byte ptr。然后movsx指令是按符号扩展, 放到ecx中, 按符号扩展其实就是将char扩展成int, 然后printf中格式说明的
'x'则说明将这个int按16进制输出, 也就是ffffff7, 而如果将 'x' 变成 'd', 按整数输出, 那么程序就会输出-9
013213B7  mov       esi,esp            //上一句的 byte ptr 就反映了我们上面说的 char* b =
(char*)&a 截取的问题
013213B9  push      ecx
013213BA  movzx     edx,byte ptr [i]   //注意因为i是unsigned char (无符号), 所以按0扩展成unsigned
int
013213BE  push      edx
013213BF  push      offset string "%08x, %08x\n" (1325830h)
013213C4  call      dword ptr [__imp__printf (13282B0h)]
013213CA  add       esp,0Ch
013213CD  cmp       esi,esp
013213CF  call      @ILT+295(__RTC_CheckEsp) (132112Ch)
}
```

答案: 000000f7, ffffff7。

扩展知识

C++定义了一组内置类型对象之间的标准转换, 在必要时它们被编译器隐式地应用到对象上。

隐式类型转换发生在下列这些典型情况下。

1. 在混合类型的算术表达式中

在这种情况下最宽的数据类型成为目标转换类型, 这也被称为算术转换 (Arithmetic Conversion), 例如:

```
int ival = 3;
double dval = 3.14159;

// ival 被提升为double 类型: 3.0
ival + dval;
```

2. 用一种类型的表达式赋值给另一种类型的对象

在这种情况下目标转换类型是被赋值对象的类型。例如在下面第一个赋值中文字常量0的类型是int。它被转换成int*型的指针表示空地址。在第二个赋值中double型的值被截取成int型的值。

```
// 0 被转换成int*类型的空指针值
int *pi = 0;
// dval 被截取为int 值3
ival = dval;
```

3. 把一个表达式传递给一个函数，调用表达式的类型与形式参数的类型不相同
在这种情况下目标转换类型是形式参数的类型。例如：

```
extern double sqrt( double );
// 2 被提升为 double 类型 2.0
cout << "The square root of 2 is "<< sqrt( 2 ) << endl;
```

4. 从一个函数返回一个表达式的类型与返回类型不相同
在这种情况下返回的表达式类型自动转换成函数类型。例如：

```
double difference( int ival1,
    int ival2 )
{
    // 返回值被提升为 double 类型
    return ival1 - ival2;
}
```

算术转换保证了二元操作符，如加法或乘法的两个操作数被提升为共同的类型，然后再用它表示结果的类型。两个通用的指导原则如下：

（1）为防止精度损失，如果必要的话，类型总是被提升为较宽的类型。
（2）所有含有小于整型的有序类型的算术表达式在计算之前其类型都会被转换成整型。

规则的定义如上面所述，这些规则定义了一个类型转换层次结构。我们从最宽的类型 long double 开始。

如果一个操作数的类型是 long double，那么另一个操作数无论是什么类型都将被转换成 long doubless。例如在下面的表达式中，字符常量小写字母 a 将被提升为 long double，它的 ASC 码值为 97，然后再被加到 long double 型的文字常量上：

```
3.14159L + 'a';
```

如果两个操作数都不是 long double 型，那么若其中一个操作数的类型是 double 型，则另一个就将被转换成 double 型。例如：

```
int ival;
float fval;
double dval;
//在计算加法前 fval 和 ival 都被转换成 double
dval + fval + ival;
```

类似地，如果两个操作数都不是 double 型而其中一个操作数是 float 型，则另一个被转换成 float 型。例如：

```
char cval;
int ival;
float fval;
//在计算加法前 ival 和 cval 都被转换成 double
cval + fval + ival;
```

否则如果两个操作数都不是 3 种浮点类型之一，它们一定是某种整值类型。在确定共同的目标提升类型之前，编译器将在所有小于 int 的整值类型上施加一个被称为整值提升（integral promotion）的过程。

在进行整值提升时类型 char、signed char、unsigned char 和 short int 都被提升为类型 int。如果机器上的类型空间足够表示所有 unsigned short 型的值，这通常发生在 short 用半个字而 int 用一个字表示的情况下，则 unsigned short int 也被转换成 int，否则它会被提升为 unsigned int。wchar_t 和枚举类型被提升为能够表示其底层类型（underlying type）所有值的最小整数类型。例如已知如下枚举类型：

```
enum status { bad, ok };
```

相关联的值是 0 和 1。这两个值可以但不是必须存放在 char 类型的表示中。当这些值实际上被作为 char 类型来存储时，char 代表了枚举的底层类型，然后 status 的整值提升将它的底层类型转换为 int。

在下列表达式中：

```
char cval;
bool found;
enum mumble { m1, m2, m3 } mval;
unsigned long ulong;
cval + ulong; ulong + found;
mval + ulong;
```

在确定两个操作数被提升的公共类型之前，cval found 和 mval 都被提升为 int 类型。

一旦整值提升执行完毕，类型比较就又一次开始。如果一个操作数是 unsigned long 型，则第二个也被转换成 unsigned long 型。在上面的例子中所有被加到 ulong 上的 3 个对象都被提升为 unsigned long 型。如果两个操作数的类型都不是 unsigned long 而其中一个操作数是 long 型，则另一个也被转换成 long 型。例如：

```
char cval;
long lval;
// 在计算加法前 cval 和 1024 都被提升为 long 型
cval + 1024 + lval;
```

long 类型的一般转换有一个例外。如果一个操作数是 long 型而另一个是 unsigned int 型，那么只有机器上的 long 型的长度足以存放 unsigned int 的所有值时（一般来说，在 32 位操作系统中 long 型和 int 型都用一个字长表示，所以不满足这里的假设条件），unsigned int 才会被转换为 long 型，否则两个操作数都被提升为 unsigned long 型。若两个操作数都不是 long 型而其中一个是 unsigned int 型，则另一个也被转换成 unsigned int 型，否则两个操作数一定都是 int 型。

尽管算术转换的这些规则带给你的困惑可能多于启发，但是一般的思想是尽可能地保留多类型表达式中涉及的值的精度。这正是通过把不同的类型提升到当前出现的最宽的类型来实现的。

5.5 运算符问题

面试例题 1：下面程序的结果是多少？[中国台湾某著名 CPU 生产公司 2010 年 7 月面试题]

```
#include <iostream>
using namespace std;

int main()
{
  unsigned char a=0xA5;
  unsigned char b=~a>>4+1;
  //cout <<b;
  printf("b=%d\n",b);
  return 0;
}
```

A. 245　　　B. 246　　　C. 250　　　D. 2

解析：这道题目考查两个知识点：一是类型转换问题；二是算符的优先级问题。

对于第一个问题：unsigned char b=~a>> 4，在计算这个表达式的时候，编译器会先把 a 和 4 的值转换为 int 类型（即所谓整数提升）后再进行计算，当计算结果出来后，再把结果转换成 unsigned char 赋值给 b。

对于第二个问题：因为"~"的优先级高于">>"和"+"，本题的过程是这样的：先对于 1010 0101 取反 0101 1010；再右移，这里有一个问题，是先右移 4 位再加 1 呢，还是直接右移 5（4+1）位。因为"+"的优先级高于">>"，所以直接右移 5 位。结果是 0000 0010。

~a 操作时，会对 a 进行整型提升，a 是无符号的，提升时左边补 0（一般机器 32 位，char 是 8 位，左边 24 个 1；16 位 int 则左边补 8 个 0），取反后左边为 1，右移就把左边的 1 都移到右边（注意是算术移位），再按照无符号读取，才有 250 这个结果。

答案：C

扩展知识

运算符优先级如下表所示。

优先级	运算符	案例	结合性	优先级	运算符	案例	结合性

1	()
	[]
	->
	.
	::
	++
	--
		(a + b) / 4;
		array[4] = 2;
		ptr->age = 34;
		obj.age = 34;
		Class::age = 2;
		for(i = 0; i < 10; i++) ...
		for(i = 10; i > 0; i--) ...
			从左向右	7	<
					<=
					>
					>=
						if(i < 42) ...
						if(i <= 42) ...
						if(i > 42) ...
						if(i >= 42) ...
							从左向右

				8	== !=	if(i == 42) ... if(i != 42) ...	从左向右
				9	&	flags = flags & 42;	从左向右
				10	^	flags = flags ^ 42;	从左向右
				11	|	flags = flags | 42;	从左向右

2	!
	~
	++
	--
	-
	+
	*
	&
	(type)
	sizeof
		if(!done) ...
		flags = ~flags;
		for(i = 0; i < 10; ++i) ...
		for(i = 10; i > 0; --i) ...
		int i = -1;
		int i = +1;
		data = *ptr;
		address = &obj;
		int i = (int) floatNum;
		int size = sizeof(floatNum);
			从右向左	12	&&	if(conditionA && conditionB) ...	从左向右

				13	||	if(conditionA || conditionB) ...	从左向右
				14	?:	int i = (a > b) ? a : b;	从右向左

3	->*
	.*
		ptr->*var = 24;
		obj.*var = 24;
			从左向右	15	=
					+=
					-=
					*=
					/=
					%=
					&=
					^=
					|=
					<<=
					>>=
						int a = b;
						a += 3;
						b -= 4;
						a *= 5;
						a /= 2;
						a %= 3;
						flags &= new_flags;
						flags ^= new_flags;
						flags |= new_flags;
						flags <<= 2;
						flags >>= 2;
							从右向左

4	*
	/
	%
		int i = 2 * 4;
		float f = 10 / 3;
		int rem = 4 % 3;
			从左向右				

5	+ -	int i = 2 + 3; int i = 5 - 1;	从左向右				
6	<< >>	int flags = 33 << 1; int flags = 33 >> 1;	从左向右	16	,	for(i = 0, j = 0; i < 10; i++, j++) ..	从左向右

面试例题 2：用一个表达式，判断一个数 X 是否是 2^N 次方(2,4,8,16,…)，不可用循环语句。[中国台湾某著名 CPU 生产公司 2007 年 10 月面试题]

解析：2、4、8、16 这样的数转化成二进制是 10、100、1000、10000。如果 X 减 1 后与 X 做运算，答案若是 0，则 X 是 2^N 次方。

答案：!(X&(X−1))

面试例题 3：下面代码：

```
int f(int x, int y)
{
    return(x&y)+((x^y)>>1)
}
```

(729,271)=_____

解析：这道题如果使用笨办法来求解，就都转化成二进制然后按位与。但这样的做法显然不是面试官所期待的。仔细观察一下题目，x&y 是取相同的位与，这个的结果是 x 和 y 相同位的和的一半，x^y 是取 x 和 y 的不同位，右移相当于除以 2，所以这个函数的功能是取两个数的平均值。(729+271)/2=500。

答案：500

面试例题 4：利用位运算实现两个整数的加法运算，请用代码实现。

答案：代码如下：

```
int Add(int a,int b)
{
    if(b == 0) return a;//没有进位的时候完成运算
    int sum,carry;
    sum = a ^ b;//完成第一步没有进位的加法运算
    carry=(a & b) << 1;//完成第二步进位并且左移运算
    return Add(sum,carry);//进行递归，相加
}
```

5.6 a、b 交换与比较

面试例题 1：There are two int variables: a and b, don't use "if", "? :", "switch" or other judgement statements, find out the biggest one of the two numbers.（有两个变量 a 和 b，不用"if"、"?:"、"switch"或其他判断语句，找出两个数中间比较大的。）[美国某著名网络开发公司 2005 年面试题]

答案：方案一：

```
int max = ((a+b)+abs(a-b)) / 2
```

方案二：

```
int c = a -b;
char *strs[2] = {"a Large ","b Large "};
c = unsigned(c) >> (sizeof(int) * 8 - 1);
```

上面的情况没有考虑溢出的情况，如果考虑溢出的话需要加额外的判断。

面试例题 2：两个整型数，不准用 while, if, for, switch, ? : 等判断语句求出两者最大值。

答案：代码如下，可以采用 bool 值：

```
bool fun(int a, int b)
{
return a>b;
}
int max(int a, int b)
{
    bool flag = fun(a, b);
    return flag*a + (1-flag)*b;
}
```

面试例题 3：有 2 数据，写一个交换数据的宏？

解析：如果用异或语句，无须担心超界的问题

这样做的原理是按位异或运算。按位异或运算符"∧"是双目运算符，其功能是参与运算的两数各对应的二进制位相异，或当对应的二进制位相异时结果为 1。参与运算数仍以补码形式出现。例如 9∧5 可写成如下算式：

```
00001001^00000101 00001100（十进制数为12）
main(){
        int a=9;
        a=a^5;
        printf("a=%d\n",a);}
00001001^00000101 得到 00001100。
00001001^00001100 得到 00000101。
00001100^00000101 得到 00001001。
```

但是如果这个数据是浮点的话，就不好处理了（浮点数不能进行位运算），正确的做法是采用内存交换。

答案：

```c
#include <stdio.h>
#include <string.h>

#define swap(a,b) \
{ char tempBuf[10]; memcpy(tempBuf,&a,sizeof(a));
memcpy(&a,&b,sizeof(b)); memcpy(&b,tempBuf,sizeof(b)); }

int main()
{
   double a=2,b=3;

   swap(a,b);

   printf("%lf %lf \n",a,b);

   return 0;
}
```

5.7　C 和 C++的关系

面试例题 1：在 C++程序中调用被 C 编译器编译后的函数，为什么要加 extern "C"？

答案：C++语言支持函数重载，C 语言不支持函数重载。函数被 C++编译后在库中的名字与 C 语言的不同。假设某个函数的原型为 void foo(int x, int y)。该函数被 C 编译器编译后在库中的名字为_foo，而 C++编译器则会产生像_foo_int_int 之类的名字。

C++提供了 C 连接交换指定符号 extern "C"解决名字匹配问题。

面试例题 2：头文件中的 ifndef/define/endif 是干什么用的？

答案：头文件中的 ifndef/define/endif 是条件编译的一种，除了头文件被防止重复引用（整体），还可以防止重复定义（变量、宏或者结构）。

面试例题 3：评价一下 C 与 C++的各自特点。如果一个程序既需要大量运算，又要有一个好的用户界面，还需要与其他软件大量交流，应该怎样选择合适的语言？

答案：C 是一种结构化语言，重点在于算法和数据结构。C 程序的设计首先考虑的是如何通过一个过程，对输入（或环境条件）进行运算处理得到输出（或实现过程（事务）控制）。而对于 C++，首先考虑的是如何构造一个对象模型，让这个模型能够契合与之对应的问题域，这样就可以通过获取对象的状态信息得到输出或实现过程（事务）控制。

对于大规模数值运算，C/C++和 Java/.NET 之间没有明显的性能差异。不过，如果运算设计向量计算、矩阵运算，可以使用 FORTRAN 或者 MATLAB 编写计算组件（如 COM）。

大规模用户界面相关的软件可以考虑使用.NET 进行开发（Windows 环境下），而且.NET 同 COM 之间的互操作十分容易，同时.NET 对数据库访问的支持也相当好。

5.8 程序设计的其他问题

面试例题 1：下面的 switch 语句输出什么。[日本著名软件企业 F 公司 2013 年 2 月面试题]

```
int n='c';
switch(n++)
{default:printf("error");break;
case 'a':case'A':case 'b':case'B':printf("ab");break;
case 'c':case 'C':printf("c");
case 'd':case 'D':printf("d");}
```

A．cdd   B．cd   C．abcd   D．cderror

解析：本题考的是 switch 中的"fall through"：如果 case 语句后面不加 break，就依次执行下去。

所以先顺序执行，考虑 n 的初始值，从'c'开始查找输出(default 和 ab 直接略过)，输出 c；没有 break，那么继续输出后面的，输出 d。

答案：B

面试例题 2：上机题目描述： 选秀节目打分，分为专家评委和大众评委，score[] 数组里面存储每个评委打的分数，judge_type[] 里存储与 score[] 数组对应的评委类别，judge_type == 1，表示专家评委，judge_type== 2，表示大众评委，n 表示评委总数。打分规则如下：专家评委和大众评委的分数先分别取一个平均分（平均分取整），然后，总分 = 专家评委平均分 * 0.6 + 大众评委 * 0.4，总分取整。函数最终返回选手得分。[中国著名通信企业 H 公司 2013 年 2 月面试题]

函数接口　int cal_score(int score[], int judge_type[], int n)

解析：上机题目都是很简单的，但是考的就是考虑问题全面与否。

答案：代码如下：

```
int CallScore(int N,int *Score,int *Judge_type)
{
 int ret=0,n=0,m=0;
 double sum1=0,sum2=0; //评分可能出现小数,所以要用双精度
 if(N&&Score&&Judge_type){
  for(int i=0;i<N;++i)
   switch(Judge_type[i]){
    case 1: sum1 += Score[i];++n;break;
    case 2: sum2 += score[i];++m;break;
    default:;//-----舍弃不符要求数据
   }
  if(n)sum1=int(sum1 / n); //考虑到专家人数可能为0,务必确保除数不为0;
  if(m)sum2 = int (sum2/m);//考虑到大众人数可能为0,务必确保除数不为0;
  ret = m?sum1*0.6+sum2*0.4:sum1;//最后总分取整。要把double 转化成int
 }
 return ret;
}
```

第 6 章

预处理、const 与 sizeof

预处理问题、const 问题和 sizeof 问题是 C++设计语言中的三大难点,也是各大企业面试中反复出现的问题。就 sizeof 问题而言,我们曾在十几家公司、几十套面试题目中发现它的存在。所以本章把这三大问题单独提出来,并结合详细的分析和解释来阐述各个知识点。

6.1 宏定义

面试例题 1:下面代码输出结果是多少?[美国著名搜索引擎公司 G 2012 年秋季校园招聘题目]

```
#define SUB(x,y) x-y
#define ACCESS_BEFORE(element,offset,value) *SUB(&element, offset) =value
int main(){
    int i; int array[10]= {1,2,3,4,5,6,7,8,9,10};
    ACCESS_BEFORE(array[5], 4, 6);
    for (i=0; i<10; ++i) { printf("%d", array[i]); }
    return (0);
}
```

A. array: 1 6 3 4 5 6 7 8 9 10　　　　　　B. array: 6 2 3 4 5 6 7 8 9 10
C. 程序可以正确编译,但是运行时会崩溃　　D. 程序语法错误,编译不成功

解析:宏的那句被预处理器替换成了:*&array[5]-4 = 6;

由于减号比赋值优先级高,因此先处理减号;由于减号返回一个数而不是合法的值,所以编译报错。

答案:C

扩展知识:请思考#define SUB(x,y) (x-y)的情况。

面试例题 2:用预处理指令#define 声明一个常数,用以表明 1 年中有多少秒(忽略闰年问题)。

[美国某著名计算机嵌入式公司 2005 年面试题]

解析：

通过这道题面试官想考以下几个知识点：

- #define 语法的基本知识（例如，不能以分号结束、括号的使用，等等）。
- 要懂得预处理器将为你计算常数表达式的值，因此，写出你是如何计算一年中有多少秒而不是计算出实际的值，会更有意义。
- 意识到这个表达式将使一个 16 位机的整型数溢出，因此要用到长整型符号 L，告诉编译器这个常数是长整型数。

如果在表达式中用到 UL（表示无符号长整型），那么你就有了一个好的起点。记住，第一印象很重要。

答案：
```
#define SECONDS_PER_YEAR (60 * 60 * 24 * 365)UL
```

面试例题 3： 写一个"标准"宏 MIN，这个宏输入两个参数并返回较小的一个。[美国某著名计算机嵌入式公司 2005 年面试题]

解析：

这个测试是为下面的目的而设的：

- 标识#define 在宏中应用的基本知识。这是很重要的，因为直到嵌入（inline）操作符变为标准 C 的一部分，宏都是方便地产生嵌入代码的唯一方法。对于嵌入式系统来说，为了能达到要求的性能，嵌入代码经常是必须的方法。
- 三重条件操作符的知识。这个操作符存在 C 语言中的原因是它使得编译器能产生比 if-then-else 更优化的代码，了解这个用法是很重要的。
- 懂得在宏中小心地把参数用括号括起来。

答案：
```
#define MIN(A,B) ((A) <= (B) ? (A) : (B)).
```

6.2　const

面试例题 1： Which "const" modifier should be removed　（下面哪个 const 应该被移除）？[美国某著名软件开发公司 2013 年面试题]

```
      const bufsize=100;
#include <windows.h>
#include  <iostream>
```

```
#define BUF_SIZE 30

using namespace std;

class A
{
public:
 A();
 ~A(){};
public:
 inline    const[A] BYTE* GetBuffer() const[B]   {return m_pBuf; }
 int Pop(void);
private:
    const[C] BYTE   * const[D] m_pBuf;
};


A::A():m_pBuf()
{
  BYTE* pBuf = new BYTE[BUF_SIZE];
  if(pBuf == NULL)
   return;

  for(int i = 0; i < BUF_SIZE; i++)
  {
    pBuf[i]=i;
  }
  m_pBuf = pBuf;
}

int main()
{
   A a;
   Const[E] BYTE* pB = a.GetBuffer();
   if(pB != NULL)
   {
    for(int i = 0; i< BUF_SIZE; i++)
    {
      printf("%u", pB[i++]);
    }
   }
  system("pause");
  return 0;
}
```

解析：关于 const 修饰指针的情况，一般分为如下 4 种情况：

```
int b = 500;
const int* a = &b          //情况 1
int const *a = &b          //情况 2
int* const a = &b          //情况 3
const int* const a = &b    //情况 4
```

如何区别呢？

1）先看情况 1。

如果 const 位于星号的左侧，则 const 就是用来修饰指针所指向的变量，即指针指向为常量；如果 const 位于星号的右侧，const 就是修饰指针本身，即指针本身是常量。因此，1 和 2 的情况相同，都是指针所指向的内容为常量（与 const 放在变量声明符中的位置无关），这种情况下不允许对内容进行更改操作。

换句话来说，如果 a 是一名仓库管理员的话，他所进入的仓库，里面的货物(*a)是他没权限允许动的，仓库里面的东西原来是什么就是什么；所以

```
int b = 500;
const int* a = &b;
*a = 600; // 错误
```

但是也有别的办法去改变*a 的值，一个是通过改变 b 的值：

```
int b = 500;
const int* a = &b
b = 600;
cout << * a << endl // 得到 600。
```

还有一种改变*a 办法就是 a 指向别处(管理员换个仓库)：

```
int b = 500, c = 600;
const int* a = &b;
a = &c;
cout << * a << endl // 得到 600
```

对于情况 1，可以先不进行初始化。因为虽然指针内容是常量，但指针本身不是常量。

```
const int* a ; //正确
```

2）情况 2 与情况 1 相同。

3）情况 3 为指针本身是常量，这种情况下不能对指针本身进行更改操作，而指针所指向的内容不是常量。

举例来说：如果 a 是一名仓库管理员的话，他只能进入指定的某仓库，而不能去别的仓库(所以 a++是错误的)；但这个仓库里面的货物(*a)是可以随便动的，(*a=600 是正确的)。

此外，对于情况 3：定义时必须同时初始化。

```
int b = 500, c = 600;
int* const a; //错误 没有初始化
int* const a = &b; //正确 必须初始化
*a = 600; //正确, 允许改值
cout << a++ << endl; //错误
```

4）对于情况 4 为指针本身和指向的内容均为常量。 那么这个仓库管理员只能去特定的仓库，并且仓库里面所有的货物他都没有权限去改变。

下面再说一下 const 成员函数是什么？

我们定义的类的成员函数中，常常有一些成员函数不改变类的数据成员，也就是说，这些函数是"只读"函数，而有一些函数要修改类数据成员的值。如果把不改变数据成员的函数都加上 const 关键字进行标识，显然，可提高程序的可读性。其实，它还能提高程序的可靠性，已定义成 const 的成员函数，一旦企图修改数据成员的值，则编译器按错误处理。

一些成员函数改变对象，例如：

```
void Point:: SetPt (int x, int y)
{
xVal=x;
yVal=y;
}
```

一些成员函数不改变对象。

```
int Point::GetY()
{
return yVal;
}
```

为了使成员函数的意义更加清楚，我们可在不改变对象的成员函数的函数原型中加上 const，下面是定义 const 成员函数的一个实例：

```
class Point
{
    int xVal, yVal;
    public:
    int GetY() const;
};
//关键字 const 必须用同样的方式重复出现在函数实现里，否则编译器会把它看成一个不同的函数：
int Point::GetY() const

{
    return yVal;
}
```

如果 GetY( )试图用任何方式改变 yVal 或调用另一个非 const 成员函数，编译器将给出错误信息。任何不修改成员数据的函数都应该声明为 const 函数，这样有助于提高程序的可读性和可靠性。

如果把 const 放在函数声明前呢？因为这样做意味着函数的返回值是常量，意义就完全不同了。

本题中，选项 A 修饰函数返回值，表示返回的是指针所指向值是常量；选项 B 的 const 这样的函数是常成员函数。常成员函数可以理解为是一个"只读"函数，它既不能更改数据成员的值，也不能调用那些能引起数据成员值变化的成员函数，只能调用 const 成员函数，把不会修改数据成员的函数 GetBuffer 声明为 const 类型。这大大提高了程序的健壮性。

选项 D 显然不对因为如果存在 const BYTE * const m_pBuf;的情况，势必要进行初始化。

答案：D。

面试例题 2：const 与#define 相比有什么不同?

答案：C++语言可以用 const 定义常量，也可以用#define 定义常量，但是前者比后者有更多的优点：

- const 常量有数据类型，而宏常量没有数据类型。编译器可以对前者进行类型安全检查，而对后者只进行字符替换，没有类型安全检查，并且在字符替换中可能会产生意料不到的错误（边际效应）。
- 有些集成化的调试工具可以对 const 常量进行调试，但是不能对宏常量进行调试。在 C++程序中只使用 const 常量而不使用宏常量，即 const 常量完全取代宏常量。

扩展知识

常量的引进是在早期的 C++版本中，当时标准 C 规范正在制订。那时，常量被看作一个好的思想而被包含在 C 中。但是，C 中的 const 的意思是"一个不能被改变的普通变量"。在 C 中，它总是占用内存，而且它的名字是全局符。C 编译器不能把 const 看成一个编译期间的常量。在 C 中，如果写：

```
const bufsize=100;
char buf[bufsize];
```

尽管看起来好像做了一件合理的事，但这将得到一个错误的结果。因为 bufsize 占用内存的某个地方，所以 C 编译器不知道它在编译时的值。在 C 语言中可以选择这样书写：

```
const bufsize;
```

这样写在 C++中是不对的，而 C 编译器则把它作为一个声明，这个声明指明在别的地方有内存分配。因为 C 默认 const 是外部连接的，C++默认 const 是内部连接的，这样，如果在 C++中想完成与 C 中同样的事情，必须用 extern 把内部连接改成外部连接：

```
extern const bufsize;//declaration only
```

这种方法也可用在 C 语言中。在 C 语言中使用限定符 const 不是很有用，即使是在常数表达式里（必须在编译期间被求出）想使用一个已命名的值，使用 const 也不是很有用的。C 迫使程序员在预处理器里使用#define。

面试例题3：有类如下：

```
Class A_class
{
  void f() const
  {
    ......
  }
}
```

在上面这种情况下，如果要修改类的成员变量，应该怎么办？[美国著名软件企业GS公司2007年12月面试题]

解析：在C++程序中，类里面的数据成员加上mutable后，修饰为const的成员变量，就可以修改它了，代码如下：

```
#include <iostream>
#include <iomanip>
using namespace std;

class C
{
  public:
    C(int i):m_Count(i){}
    int incr() const
    //注意这里的const
    {
      return ++m_Count;
    }
    int decr() const
    {
      return --m_Count;
    }
  private:
    mutable int m_Count;
    //可以将这里的mutable去掉再编译试一试
};
int main()
{
  C c1(0),c2(10);
  for(int tmp,i=0;i<10;i++)
  {
    tmp = c1.incr();
    cout<<setw(tmp)<<setfill(' ')<<tmp<<endl;
    tmp = c2.decr();
    cout<<setw(tmp)<<setfill(' ')<<tmp<<endl;
  }
  return 0;
}
```

答案：在const成员函数中，用mutable修饰成员变量名后，就可以修改类的成员变量了。

6.3 sizeof

面试例题1：What is the output of the following code? （下面代码的输出结果是什么？）[美国某著名计算机软硬件公司2005年、2007年面试题]

```
#include <iostream>
#include <stdio.h>
#include <string.h>
using namespace std;
struct{
  short a1;
  short a2;
  short a3;
}A;
struct{
  long a1;
  short a2;
}B;
int main()
{
  char* ss1 = "0123456789";
  char ss2[] = "0123456789";
  char ss3[100] = "0123456789";
  int ss4[100] ;
```

```cpp
char q1[]="abc";
char q2[]="a\n";
char* q3="a\n";
char *str1 = (char *)malloc(100);

void *str2 = (void *) malloc(100);

cout << sizeof(ss1) << " ";
cout << sizeof(ss2) << " ";
cout << sizeof(ss3) << " ";
cout << sizeof(ss4) << " ";

cout << sizeof(q1) << " ";
cout << sizeof(q2) << " ";
cout << sizeof(q3) << " ";
cout << sizeof(A) << " ";
cout << sizeof(B) << " ";
cout << sizeof(str1) << " ";
cout << sizeof(str2) << " ";

return 0;
}
```

解析：

ss1 是一个字符指针，指针的大小是一个定值，就是 4 字节，所以 sizeof(ss1) 是 4 字节。

ss2 是一个字符数组，这个数组最初未定大小，由具体填充值来定。填充值是 "0123456789"。1 个字符所占空间是 1 字节，10 个就是 10 字节，再加上隐含的 "\0"，所以一共是 11 字节。

ss3 也是一个字符数组，这个数组开始预分配 100，所以它的大小一共是 100 字节。

ss4 也是一个整型数组，这个数组开始预分配 100，但每个整型变量所占空间是 4，所以它的大小一共是 400 字节。

q1 与 ss2 类似，所以是 4 字节。

q2 里面有一个 "\n"，"\n" 算作一位，所以它的空间大小是 3 字节。

q3 是一个字符指针，指针的大小是一个定值，就是 4，所以 sizeof(q3) 是 4 字节。

A 和 B 是两个结构体。在默认情况下，为了方便对结构体内元素的访问和管理，当结构体内的元素的长度都小于处理器的位数的时候，便以结构体里面最长的数据元素为对齐单位，也就是说，结构体的长度一定是最长的数据元素的整数倍。如果结构体内存在长度大于处理器位数的元素，那么就以处理器的位数为对齐单位。但是结构体内类型相同的连续元素和数组一样，将在连续的空间内。

结构体 A 中有 3 个 short 类型变量，各自以 2 字节对齐，结构体对齐参数按默认的 8 字节对齐，则 a1、a2、a3 都取 2 字节对齐，sizeof(A) 为 6，其也是 2 的整数倍。B 中 a1 为 4 字节对齐，a2 为 2 字节对齐，结构体默认对齐参数为 8，则 a1 取 4 字节对齐，a2 取 2 字节对齐；结构体大小为 6 字节，6 不为 4 的整数倍，补空字节，增到 8 时，符合所有条件，则 sizeof(B) 为 8。

CPU 的优化规则大致原则是这样的：对于 n 字节的元素（n=2,4,8,…），它的首地址能被 n 整除，才能获得最好的性能。设计编译器的时候可以遵循这个原则：对于每一个变量，可以从当前位置向后找到第一个满足这个条件的地址作为首地址。例子比较特殊，因为即便采用这个原则，得到的结果也应该为 6 字节（long 的首地址偏移量 0000，short 首地址偏移量 0004，都符合要求）。但是结构体一般会面临数组分配的问题。编译器为了优化这种情况，干脆把它的大小设为 8 字节，这样就没有麻烦了，否则的话，会出现单个结构体的大小为 6 字节，而大小为 n 的结构体数组大小却为 $8 \times (n-1)+6$ 的尴尬局面。IBM 出这道题并不是考查理解语言本身和编译器，而是考查应聘者对计算机底层机制的理解和设计程序的原则。也就是说，如果让你设计编译器，你将怎样解决内存对齐的问题。

答案：

4，11，100，400，4，3，4，6，8，4，4。

扩展知识（内存中的数据对齐）

数据对齐，是指数据所在的内存地址必须是该数据长度的整数倍。DWORD 数据的内存起始地址能被 4 除尽，WORD 数据的内存起始地址能被 2 除尽。x86 CPU 能直接访问对齐的数据，当它试图访问一个未对齐的数据时，会在内部进行一系列的调整。这些调整对于程序来说是透明的，但是会降低运行速度，所以编译器在编译程序时会尽量保证数据对齐。同样一段代码，我们来看看用 VC、Dev C++和 LCC 这 3 个不同的编译器编译出来的程序的执行结果：

```
#include <stdio.h>

int main()
{
  int a;
  char b;
  int c;
  printf("0x%08x ",&a);
  printf("0x%08x ",&b);
  printf("0x%08x ",&c);
  return 0;
}
```

这是用 VC 编译后的执行结果：

```
0x0012ff7c
0x0012ff7b
0x0012ff80
```

变量在内存中的顺序：b（1 字节）—a（4 字节）—c（4 字节）。

这是用 Dev C++编译后的执行结果：

```
0x0022ff7c
0x0022ff7b
0x0022ff74
```

变量在内存中的顺序：c（4 字节）—中间相隔 3 字节—b（占 1 字节）—a（4 字节）。

这是用 LCC 编译后的执行结果：

```
0x0012ff6c
0x0012ff6b
0x0012ff64
```

变量在内存中的顺序：同上。

3 个编译器都做到了数据对齐，但是后两个编译器显然没 VC "聪明"，让一个 char 占了 4 字节，浪费内存。

面试例题 2：以下代码为 32 位机器编译，数据是以 4 字节为对齐单位，这两个类的输出结果为什么不同？[中国著名软件企业 JS 公司 2008 年 4 月面试题]

```
class B
{
private:
    bool m_bTemp;
    int  m_nTemp;
    bool m_bTemp2;
};

class C
{
private:
    int  m_nTemp;
    bool m_bTemp;
    bool m_bTemp2;
};

cout << sizeof(B) << endl;
cout << sizeof(C) << endl;
```

解析：在访问内存时，如果地址按 4 字节对齐，则访问效率会高很多。这种现象的原因在于访问内存的硬件电路。一般情况下，地址总线总是按照对齐后的地址来访问的。例如你想得到 0x00000001 开始的 4 字节内容，系统首先需要以 0x00000000 读 4 字节，从中取得 3 字节，然后再用 0x00000004 作为开始地址，获得下一个 4 字节，再从中得到第一个字节，两次组合出你想得到的内容。但是如果地址一开始就是对齐到 0x00000000，则系统只要一次读写即可。

考虑到性能方面，编译器会对结构进行对齐处理。考虑下面的结构：

```
struct aStruct
...{
    char cValue;
    int  iValue;
};
```

直观地讲，这个结构的尺寸是 sizeof(char)+sizeof(int) = 6，但是在实际编译下，这个结构尺寸默认是 8，因为第二个域 iValue 会被对齐到第 4 个字节。

在 VC 中，我们可以用 pack 预处理指令来禁止对齐调整。例如，下面的代码将使得结构尺寸更加紧凑，不会出现对齐到 4 字节问题：

```
#pragma pack(1)
struct aStruct...{
    char cValue;
    int  iValue;
};
#pragma pack()
```

对于这个 pack 指令的含义，大家可以查询 MSDN。请注意，除非你觉得必须，否则不要轻易做这样的调整，因为这将降低程序的性能。目前比较常见的用法有两种，一是这个结构需要被直接写入文件；二是这个结构需要通过网络传给其他程序。

注意：字节对齐是编译时决定的，一旦决定则不会再改变，因此即使有对齐的因素在，也不会出现一个结构在运行时尺寸发生变化的情况。

在本题中，第一种类的数据对齐是下面的情况：

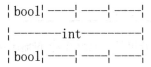

```
¦bool¦----¦----¦----¦
¦--------int---------¦
¦bool¦----¦----¦----¦
```

第二种类的数据对齐是下面的情况：

```
¦--------int---------¦
¦bool¦bool¦----¦----¦
```

所以类的大小分别是 3×4 和 2×4。

答案：B 类输出 12 字节，C 类输出 8 字节。

面试例题 3：求解下面程序的结果。[中国著名通信企业 H 公司面试题]

```cpp
#include <iostream>
using namespace std;

class A1
{
 public:
  int a;
  static int b;

  A1();
  ~A1();
};

class A2
{
 public:
  int a;
  char c;
  A2();
  ~A2();
};

class A3
{
 public:
  float a;
  char c;
  A3();
  ~A3();
};

class A4
{
 public:
  float a;
  int b;
  char c;
  A4();
  ~A4();
};

class A5
{
 public:
  double d;
  float a;
  int b;
  char c;
  A5();
  ~A5();
};

int main() {
    cout<<sizeof(A1)<<endl;
    cout<<sizeof(A2)<<endl;
    cout<<sizeof(A3)<<endl;
    cout<<sizeof(A4)<<endl;
    cout<<sizeof(A5)<<endl;
```

```
            return 0;                    |           }
```

解析：因为静态变量是存放在全局数据区的，而 sizeof 计算栈中分配的大小，是不会计算在内的，所以 sizeof(A1)是 4。

- 为了照顾数据对齐，int 大小为 4，char 大小为 1，所以 sizeof(A2)是 8。
- 为了照顾数据对齐，float 大小为 4，char 大小为 1，所以 sizeof(A3)是 8。
- 为了照顾数据对齐，float 大小为 4，int 大小为 4，char 大小为 1，所以 sizeof(A4)是 12。
- 为了照顾数据对齐，double 大小为 8，float 大小为 4，int 大小为 4，char 大小为 1，所以 sizeof(A5)是 24。

答案：4，8，8，12，24。

面试例题 4：说明 sizeof 和 strlen 之间的区别。

解析：

由以下几个例子我们说明 sizeof 和 strlen 之间的区别。

第 1 个例子：

```
char* ss = "0123456789";
```

sizeof(ss) 结果为 4，ss 是指向字符串常量的字符指针。

sizeof(*ss) 结果为 1，*ss 是第一个字符。

第 2 个例子：

```
char ss[] = "0123456789";
```

sizeof(ss)结果为 11，ss 是数组，计算到 "\0" 位置，因此是（10+1）。

sizeof(*ss)结果为 1，*ss 是第一个字符。

第 3 个例子：

```
char ss[100] = "0123456789";
```

sizeof(ss)结果为 100，ss 表示在内存中预分配的大小，100×1。

strlen(ss)结果为 10，它的内部实现是用一个循环计算字符串的长度，直到 "\0" 为止。

第 4 个例子：

```
int ss[100] = "0123456789";
```

sizeof(ss)结果为 400，ss 表示在内存中的大小，100×4。

strlen(ss)错误，strlen 的参数只能是 char*，且必须是以 "\0" 结尾的。

第 5 个例子：

```
class X                        |            {
```

```
    int i;                              };
    int j;                              X x;
    char k;
```

cout<<sizeof(X)<<endl; 结果为 12，内存补齐。

cout<<sizeof(x)<<endl; 结果为 12，理由同上。

答案：

通过对 sizeof 与 strlen 的深入理解，得出两者区别如下：

（1）sizeof 操作符的结果类型是 size_t，它在头文件中的 typedef 为 unsigned int 类型。该类型保证能容纳实现所建立的最大对象的字节大小。

（2）sizeof 是运算符，strlen 是函数。

（3）sizeof 可以用类型做参数，strlen 只能用 char*做参数，且必须是以 "\0" 结尾的。sizeof 还可以用函数做参数，比如：

```
short f();
printf("%d\n", sizeof(f()));
```

输出的结果是 sizeof(short)，即 2。

（4）数组做 sizeof 的参数不退化，传递给 strlen 就退化为指针。

（5）大部分编译程序在编译的时候就把 sizeof 计算过了，是类型或是变量的长度。这就是 sizeof(x)可以用来定义数组维数的原因：

```
char str[20]="0123456789";
int a=strlen(str);  //a=10;
int b=sizeof(str);  //而 b=20;
```

（6）strlen 的结果要在运行的时候才能计算出来，用来计算字符串的长度，而不是类型占内存的大小。

（7）sizeof 后如果是类型必须加括号，如果是变量名可以不加括号。这是因为 sizeof 是个操作符而不是个函数。

（8）当使用了一个结构类型或变量时，sizeof 返回实际的大小。当使用一静态的空间数组时，sizeof 返回全部数组的尺寸。sizeof 操作符不能返回被动态分配的数组或外部的数组的尺寸。

（9）数组作为参数传给函数时传递的是指针而不是数组，传递的是数组的首地址，如 fun(char [8])、fun(char [])都等价于 fun(char *)。在 C++里传递数组永远都是传递指向数组首元素的指针，编译器不知道数组的大小。如果想在函数内知道数组的大小，需要这样做：进入函数后用 memcpy 将数组复制出来，长度由另一个形参传进去。代码如下：

```
fun (unsigned char *p1, int len)
{
```

```
    unsigned char* buf = new unsigned
        char[len+1]
    memcpy(buf, p1, len);
}
```

（10）计算结构变量的大小就必须讨论数据对齐问题。为了使 CPU 存取的速度最快（这同 CPU 取数操作有关，详细的介绍可以参考一些计算机原理方面的书），C++在处理数据时经常把结构变量中的成员的大小按照 4 或 8 的倍数计算，这就叫数据对齐（data alignment）。这样做可能会浪费一些内存，但在理论上 CPU 速度快了。当然，这样的设置会在读写一些别的应用程序生成的数据文件或交换数据时带来不便。MS VC++中的对齐设定，有时候 sizeof 得到的与实际不等。一般在 VC++中加上#pragma pack(n)的设定即可。或者如果要按字节存储，而不进行数据对齐，可以在 Options 对话框中修改 Advanced Compiler 选项卡中的 "Data Alignment" 为按字节对齐。

（11）sizeof 操作符不能用于函数类型、不完全类型或位字段。不完全类型指具有未知存储大小数据的数据类型，如未知存储大小的数组类型、未知内容的结构或联合类型、void 类型等。

面试例题 5：说明 sizeof 的使用场合。

答案：

（1）sizeof 操作符的一个主要用途是与存储分配和 I/O 系统那样的例程进行通信。例如：
```
void *malloc(size_t size),
size_t fread(void * ptr, size_t size, size_t nmemb, FILE * stream)
```

（2）用它可以看看某种类型的对象在内存中所占的单元字节。例如：
```
void * memset (void * s, int c, sizeof(s))
```

（3）在动态分配一对象时，可以让系统知道要分配多少内存。

（4）便于一些类型的扩充。在 Windows 中有很多结构类型就有一个专用的字段用来存放该类型的字节大小。

（5）由于操作数的字节数在实现时可能出现变化，建议在涉及操作数字节大小时用 sizeof 代替常量计算。

（6）如果操作数是函数中的数组形参或函数类型的形参，sizeof 给出其指针的大小。

面试例题 6：How many bytes will be occupied for the variable (definition: int **a[3][4])？（这个数组占据多大空间？）[中国某著名计算机金融软件公司 2005 年面试题]

  A．64   B．12   C．48   D．128

解析：sizeof问题，3×4×4=48。

答案：C

面试例题 7：Find the defects in each of the following programs, and explain why it is incorrect.（找出下面程序的错误，并解释它为什么是错的。）[中国台湾某著名杀毒软件公司2005年、2007年面试题]

```
#include <iostream>
#include <string>
using namespace std;

int main(int argc, char* argv[]) {
    //To output "TrendMicroSoftUSCN"
    string strArr1[]=
      {"Trend","Micro","Soft"};
    string *pStrArr1=new string[2];
    pStrArr1[0]="US";
    pStrArr1[1]="CN";
    for(int i=0;i<sizeof(strArr1)
     /sizeof(string);i++)
         cout<<strArr1[i];
    for(int j=0;j<sizeof(pStrArr1)
     /sizeof(string);j++)
         cout<<pStrArr1[j];
    return 0;
}
```

解析：sizeof 问题。本题在 2005、2007 两年的面试题中都出现过。

程序运行后输出：TrendMicroSoftUS。这是因为 sizeof(pStrArr1)运算得出的结果是指针 pStrArr1 的大小，即 4。这样就不能正确地输出"USCN"。而字符串 strArr1 是由 3 段构成的，所以 sizeof(strArr1)大小是 12。

首先要明确 sizeof 不是函数，也不是一元运算符，它是个类似宏定义的特殊关键字，sizeof（）。括号内的内容在编译过程中是不被编译的，而是被替代类型，如 int a=8；sizeof（a）。在编译过程中，不管 a 的值是什么，只是被替换成类型 sizeof（int），结果为 4。如果 sizeof（a=6）呢？也是一样地转换成 a 的类型。但是要注意，因为 a=6 是不被编译的，所以执行完 sizeof（a=6）后，a 的值还是 8，是不变的。

请记住以下几个结论：

（1）unsigned 影响的只是最高位 bit 的意义（正/负），数据长度是不会被改变的，所以：

```
sizeof(unsigned int) == sizeof(int)
```

（2）自定义类型的 sizeof 取值等同于它的类型原形。如：

```
typedef short WORD;sizeof(short) == sizeof(WORD)
```

（3）对函数使用 sizeof，在编译阶段会被函数返回值的类型取代。如：int f1(){return 0;}。

```
cout <<sizeof(f1()) <<endl; // f1()返回值为int，因此被认为是 int
```

（4）只要是指针，大小就是 4。如：

```
cout <<sizeof(string*) <<endl; // 4
```

（5）数组的大小是各维数的乘积×数组元素的大小。如：

```
char a[] ="abcdf ";                  cout <<sizeof(a) <<endl;
int b[20] = {3, 4};                  cout <<sizeof(b) <<endl;    // 20×4
char c[2][3] = { "aa ", "bb "};      cout <<sizeof(c) <<endl;    // 6
// 7, 注意还有空格及 '\0'
```

数组 a 的大小在定义时未指定,编译时给它分配的空间是按照初始化的值确定的,也就是 7,包括 '\0'。

所以上面的问题就解决得差不多了,sizeof(string)=4。

有的面试者说正确答案是将:

```
for(i=0;i <sizeof(p)/sizeof(string);i++)
```

改为:

```
for(i=0;i <sizeof(p)*2/sizeof(string);i++)
```

这样修改的结果能得到正确的输出结果,但却不是正确答案。sizeof (p))) 只是指针大小为 4,要想求出数组 p 指向数组的成员个数,应该为 sizeof(*p)*2/sizeof(string)。这是因为指针 p 指向数组,则*p 就是指向数组中的成员了,成员的类型是 string 型,那么 sizeof(*p) 为 4,乘以 2 才是整个数组的大小。sizeof (p)的大小只是碰巧与 sizeof (*p)大小一致罢了。

答案:

正确的程序如下:

```
#include <iostream>                           cout << sizeof(string) << endl;
#include <string>                             for(int i =0; i< sizeof(strArr1)/
using namespace std;                              sizeof(string);i++)
                                                  cout << strArr1[i];
int main(int argc,char *argv[])                   cout << endl;
{                                             for(int j =0; j< sizeof(*pStrArr1)*2/
    string strArr1[] = {"Trend",                  sizeof(string);j++)
      "Micro","Soft"};                            cout << pStrArr1[j];
    string *pStrArr1 = new string[2];         return 0;
    pStrArr1[0] = "US";                       }
    pStrArr1[1] = "CN";
    cout << sizeof(strArr1) << endl;
```

面试例题 8:写出下面 sizeof 的答案。[德国某著名软件咨询企业 2005 年面试题]

```
#include <iostream>                           virtual void g(int i = 10) {cout<<"Base::
#include <complex>                                g()"<<i<<endl; }
using namespace std;                          void g2(int i = 10) {cout<<"Base::
class Base                                        g2()"<<i<<endl; }
{                                             };
public:
    Base() { cout<<"Base-ctor"<<endl; }       class Derived: public Base
    ~Base() { cout<<"Base-dtor"<<endl; }      {
    virtual void f(int) { cout<<"Base::       public:
      f(int)"<<endl; }                            Derived() { cout<<"Derived-ctor"
    virtual void f(double) {cout<<"Base::           <<endl; }
      f(double)"<<endl; }                         ~Derived() { cout<<"Derived-dtor"
```

```
        <<endl; }
    void f(complex<double>) { cout
        <<"Derived::f(complex)"<<endl; }
    virtual void g(int i = 20) {cout
        <<"Derived::g()"<<i<<endl; }
};

int main()
{
  Base b;
  Derived d;
```

```
Base* pb = new Derived;
    //从下面的4个答案中选出1个正确的答案
cout<<sizeof(Base)<<"tt"<<endl;
//A.4    B.32    C.20
//D Platform-dependent
cout<<sizeof(Derived)<<"bb"<<endl;
//A.4    B.8 C.36    D.Platform-dependent
}
```

解析：求类 base 的大小。因为类 base 只有一个指针，所以类 base 的大小是 4。Derive 大小与 base 类似，所以也是 4。

答案：A，A。

面试例题 9：以下代码的输出结果是多少？[中国某著名计算机金融软件公司 2006 年面试题]

```
char var[10]
int test(char var[])
{
```

```
return sizeof(var)
};
```

A. 10   B. 9   C. 11   D. 4

解析：因为 var[]等价于*var，已经退化成一个指针了，所以大小是 4。

答案：D。

面试例题 10：以下代码的输出结果是多少？[美国某著名防毒软件公司 2006 年面试题]

```
class B
{
 float f;
 char p;
```

```
 int adf[3];
};
cout << ""<< sizeof(B);
```

解析：float f 占 4 个字节，char p 占 1 字节，int adf[3]占 12 字节，总共是 17 字节。根据内存对齐原则，要选择 4 的倍数，是 20 字节。

答案：20

面试例题 11：一个空类占多少空间？多重继承的空类呢？[英国某著名计算机图形图像公司面试题]

解析：我们用程序来实现一个空类和一个多重继承的空类。看看它们的大小是多少。代码如下：

```
#include <iostream>
#include <memory.h>
#include<assert.h>

using namespace std;
class A
{
```

```
};
class A2
{
};
class B : public A
```

```
{
};
class C : public virtual B
{
};
class D : public A,public A2
{
};
int main(int argc,char *argv[])
{
```

```
    cout << "sizeof(A): " << sizeof(A)
        << endl;
    cout << "sizeof(B): " << sizeof(B)
        << endl;
    cout << "sizeof(C): " << sizeof(C)
        << endl;
    cout << "sizeof(D): " << sizeof(D)
        << endl;
    return 0;
}
```

以上答案分别是：1，1，4，1。这说明空类所占空间为 1，单一继承的空类空间也为 1，多重继承的空类空间还是 1。但是虚继承涉及虚表（虚指针），所以 sizeof(C) 的大小为 4。

答案：一个空类所占空间为 1，多重继承的空类所占空间还是 1。

6.4 内联函数和宏定义

面试例题：内联函数和宏的差别是什么？

答案：内联函数和普通函数相比可以加快程序运行的速度，因为不需要中断调用，在编译的时候内联函数可以直接被镶嵌到目标代码中。而宏只是一个简单的替换。

内联函数要做参数类型检查，这是内联函数跟宏相比的优势。

inline 是指嵌入代码，就是在调用函数的地方不是跳转，而是把代码直接写到那里去。对于短小的代码来说 inline 增加空间消耗换来的是效率提高，这方面和宏是一模一样的，但是 inline 在和宏相比没有付出任何额外代价的情况下更安全。至于是否需要 inline 函数，就需要根据实际情况来取舍了。

inline 一般只用于如下情况：

（1）一个函数不断被重复调用。

（2）函数只有简单的几行，且函数内不包含 for、while、switch 语句。

一般来说，我们写小程序没有必要定义成 inline，但是如果要完成一个工程项目，当一个简单函数被调用多次时，则应该考虑用 inline。

宏在 C 语言里极其重要，而在 C++ 里用得就少多了。关于宏的第一规则是绝不应该去使用它，除非你不得不这样做。几乎每个宏都表明了程序设计语言里、程序里或者程序员的一个缺陷，因为它将在编译器看到程序的正文之前重新摆布这些正文。宏也是许多程序设计工具的主要麻烦。所以，如果你使用了宏，就应该准备只能从各种工具（如排错系统、交叉引用系统、轮廓程序等）中得到较少的服务。

宏是在代码处不加任何验证的简单替代，而内联函数是将代码直接插入调用处，而减少了普通函数调用时的资源消耗。

宏不是函数，只是在编译前（编译预处理阶段）将程序中有关字符串替换成宏体。

关键字 inline 必须与函数定义体放在一起才能使函数成为内联，仅将 inline 放在函数声明前面不起任何作用。如下风格的函数 Foo 不能成为内联函数：

```
inline void Foo(int x, int y);  // inline 仅与函数声明放在一起
void Foo(int x, int y){}
```

而如下风格的函数 Foo 则成为内联函数：

```
void Foo(int x, int y);
inline void Foo(int x, int y)  // inline 与函数定义体放在一起
```

所以说，inline 是一种"用于实现的关键字"，而不是一种"用于声明的关键字"。内联能提高函数的执行效率，至于为什么不把所有的函数都定义成内联函数？如果所有的函数都是内联函数，还用得着"内联"这个关键字吗？内联是以代码膨胀（复制）为代价，仅仅省去了函数调用的开销，从而提高函数的执行效率。如果执行函数体内代码的时间，相比于函数调用的开销较大，那么效率的收获会很少。另一方面，每一处内联函数的调用都要复制代码，将使程序的总代码量增大，消耗更多的内存空间。

以下情况不宜使用内联：1 如果函数体内的代码比较长，使用内联将导致内存消耗代价较高。2 如果函数体内出现循环，那么执行函数体内代码的时间要比函数调用的开销大。类的构造函数和析构函数容易让人误解成使用内联更有效。要当心构造函数和析构函数可能会隐藏一些行为，如"偷偷地"执行了基类或成员对象的构造函数和析构函数。所以不要随便地将构造函数和析构函数的定义体放在类声明中。一个好的编译器将会根据函数的定义体，自动地取消不值得的内联（这进一步说明了 inline 不应该出现在函数的声明中）。

第 7 章

指针与引用

指针是 C 系语言的特色。指针是 C++提供的一种颇具特色的数据类型，允许直接获取和操纵数据地址，实现动态存储分配。

指针是 C 和 C++的精华所在，也是 C 和 C++中一个十分重要的概念。一个数据对象的内存地址称为该数据对象的指针。指针可以表示各种数据对象，如简单变量、数组、数组元素、结构体，甚至函数。换句话说，指针具有不同的类型，可以指向不同的数据存储体。

指针问题，包括常量指针、数组指针、函数指针、this 指针、指针传值、指向指针的指针等，这些问题也是各大公司的常备考点。本章不对指针基本知识做回顾和分析（请参考 C++其他经典著作），而是通过对各公司面试题目进行全面、仔细的解析帮助读者解决其中的难点。

7.1 指针基本问题

面试例题 1：指针和引用的差别？

答案：

（1）非空区别。在任何情况下都不能使用指向空值的引用。一个引用必须总是指向某些对象。因此如果你使用一个变量并让它指向一个对象，但是该变量在某些时候也可能不指向任何对象，这时你应该把变量声明为指针，因为这样你可以赋空值给该变量。相反，如果变量肯定指向一个对象，例如你的设计不允许变量为空，这时你就可以把变量声明为引用。不存在指向空值的引用这个事实意味着使用引用的代码效率比使用指针要高。

（2）合法性区别。在使用引用之前不需要测试它的合法性。相反，指针则应该总是被测试，防止其为空。

(3) 可修改区别。指针与引用的另一个重要的区别是指针可以被重新赋值以指向另一个不同的对象。但是引用则总是指向在初始化时被指定的对象，以后不能改变，但是指定的对象其内容可以改变。

(4) 应用区别。总的来说，在以下情况下应该使用指针：一是考虑到存在不指向任何对象的可能（在这种情况下，能够设置指针为空），二是需要能够在不同的时刻指向不同的对象（在这种情况下，你能改变指针的指向）。如果总是指向一个对象并且一旦指向一个对象后就不会改变指向，那么应该使用引用。

面试例题 2：Please check out which of the following statements are wrong？（看下面的程序哪里有错？）[中国台湾某著名计算机硬件公司 2005 年 12 月面试题]

```
#include <iostream>
using namespace std;
int main()
{
  int iv;                      //1
  int iv2=1024;                //2
  int iv3=999;                 //3
  int &reiv;                   //4
  int &reiv2 = iv;             //5
  int &reiv3 = iv;             //6
  int *pi;                     //7
  *pi = 5;                     //8
  pi=&iv3;                     //9
  const dobule di;             //10
  const double maxWage =10.0;  //11
  const double minWage =0.5;
  const double *pc =&maxWage;  //12

  cout << pi;
  return 0;
}
```

答案：

- 1 正确，很正常地声明了一个整型变量。
- 2 正确，很正常地声明了一个整型变量，同时初始化这个变量。
- 3 正确，理由同上。
- 4 错误，声明了一个引用，但引用不能为空，必须同时初始化。
- 5 正确，声明了一个引用 reiv2，同时初始化了，也就是 reiv2 是 iv 的别名。
- 6 正确，理由同上。
- 7 正确，声明了一个整数指针，但是并没有定义这个指针所指向的地址。
- 8 错误，整数指针 pi 并没有指向实际的地址。在这种情况下就给它赋值是错误的，因为赋的值不知道该放到哪里去，从而造成错误。
- 9 正确，整数指针 pi 指向 iv3 实际的地址。
- 10 错误，const 常量赋值时，必须同时初始化。
- 11 正确，const 常量赋值并同时初始化。
- 12 正确，const 常量指针赋值并同时初始化。

7.2 传递动态内存

面试例题 1：下面 5 个函数哪个能够成功进行两个数的交换？[中国某互联网公司 2009 年 12 月笔试题]

```
#include <iostream>
using namespace std;
void swap1(int p, int q)
{
    int temp;
    temp=p;
    p=q;
    q=temp;
}
void swap2(int *p, int *q)
{
    int *temp;
    *temp=*p;
    *p=*q;
    *q=*temp;
}
void swap3(int *p, int *q)
{
    int *temp;
    temp=p;
    p=q;
    q=temp;
}
```

```
void swap4(int *p, int *q)
{
    int temp;
    temp=*p;
    *p=*q;
    *q=temp;
}
void swap5(int &p, int &q)
{
    int temp;
    temp=p;
    p=q;
    q=temp;
}
int main(){
    int a=1,b=2;
    //swap1(a,b);
    //swap2(&a,&b);
    //swap3(&a,&b);
    //swap4(&a,&b);
    //swap5(a,b);
    cout <<a <<" " <<b<< endl;
    return 0;
}
```

解析：这道题考察函数参数传递、值传递、指针传递（地址传递）、引用传递。

swap1 传的是值的副本，在函数体内被修改了形参 p、q（实际参数 a、b 的一个复制），p、q 的值确实交换了，但是它们是局部变量，不会影响到主函数中的 a 和 b。当函数 swap1 生命周期结束时，p、q 所在栈也就被删除了，如下图所示。

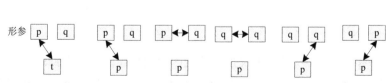

swap2 传的是一个地址进去，在函数体内的形参*p、*q 是指向实际参数 a、b 地址的两个

指针。

这里要注意：

```
int *temp;
*temp=*p;
```

是不符合逻辑的一段代码，int *temp 新建了一个指针（但没有分配内存）。*temp=*p 不是指向而是复制。把*p 所指向的内存里的值（也就是实参 a 的值）复制到*temp 所指向内存里了。但是 int *temp 不是不分配内存吗？的确不分配，于是系统在复制时临时给了一个随机地址，让它存值。分配的随机地址是个"意外"，且函数结束后不收回，造成内存泄漏，如下图所示。

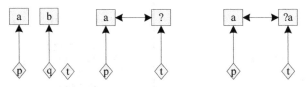

那么 swap2 到底能否实现两数交换吗？这要视编译器而定，笔者在 Dev-C++可以通过测试，但是在更加"严格"的编译器如 vs2008，这段代码会报错。

swap3 传的是一个地址进去，在函数体内的形参*p、*q 是指向实际参数 a、b 地址的两个指针。这里要注意：

```
int *temp;
temp=p;
```

int *temp 新建了一个指针（但没有分配内存）。temp=p 是指向而不是复制。temp 指向了*p 所指向的地址（也就是 a）。而代码：

```
p=q;
q=temp;
```

意思是 p 指向了*q 所指向的地址（也就是 b）。q 指向了*t 所指向的地址（也就是 a），如下图所示。

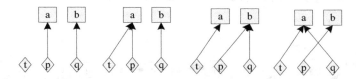

但是函数 swap3 不能实现两数的交换，这是因为函数体内只是指针的变化，而对地址中的值却没有改变。举个简单的例子，a、b 两个仓库的两把备用钥匙 p、q，p 钥匙用来开 a 仓库，q 钥匙用来开 b 仓库。现在进入函数体，p、q 钥匙功能发生了改变：p 钥匙用来开 b 仓库,q 钥匙用来开 a 仓库;但是仓库本身的货物没有变化(a 仓库原来是韭菜现在还是韭菜,b 仓库原来是番薯现在还是番薯)。当函数结束,p、q 两把备用钥匙自动销毁。主函数里用主钥匙打开 a、b 两个仓库,发现值还是没有变化。

函数 swap4 可以实现两数的交换,因为它修改的是指针所指向地址中的值,如下图所示。

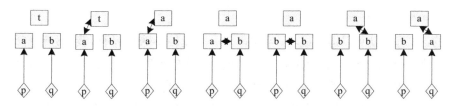

swap5 函数与 swap4 类似,是一个引用传递,修改的结果直接影响实参。

答案:swap4 函数和 swap5 函数。

面试例题 2:What will happen after running the "Test"?(这个程序测试后会有什么结果?)[美国某著名计算机嵌入式公司 2005 年 9 月面试题]

```
#include <iostream>

void GetMemory(char *p, int num)
{
 p = (char *)malloc(sizeof(char) * num);
};
int main()
{
```

```
char *str = NULL;

GetMemory(str,100);
strcpy(str,"hello");
return 0;
}
```

解析:毛病出在函数 GetMemory 中。void GetMemory(char *p, int num)中的*p 实际上是主函数中 str 的一个副本,编译器总是要为函数的每个参数制作临时副本。在本例中,p 申请了新的内存,只是把 p 所指的内存地址改变了,但是 str 丝毫未变。因为函数 GetMemory 没有返回值,因此 str 并不指向 p 所申请的那段内存,所以函数 GetMemory 并不能输出任何东西,如下图所示。事实上,每执行一次 GetMemory 就会申请一块内存,但申请的内存却不能有效释放,结果是内存一直被独占,最终造成内存泄漏。

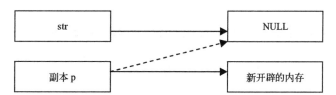

如果一定要用指针参数去申请内存,那么应该采用指向指针的指针,传 str 的地址给函数 GetMemory。代码如下:

```
#include <iostream>
void GetMemory(char **p, int num)
{
  *p = (char *)malloc(sizeof(char) * num);
};
int main()
{
  char *str = NULL;
  GetMemory(&str,100);
  strcpy(str,"hello");
  cout << *str << endl;
  cout << str << endl;
  cout << &str << endl;
  return 0;
}
```

这样的话,程序就可以运行成功。字符串是一个比较特殊的例子。我们分别打印*str、str、&str 可以发现,结果分别是 h、hello、0*22f7c。str 就是字符串的值;*str 是字符串中某一字符的值,默认的是首字符,所以是 h;&str 是字符串的地址值。

由于"指向指针的指针"这个概念不容易理解,我们可以用函数返回值来传递动态内存。这种方法更加简单,代码如下:

```
#include <iostream>
using namespace std;
char *GetMemory(char *p, int num)
{
  p = (char *)malloc(sizeof(char) * num);
  return p;
}
int main()
{
  char *str = NULL;
  str=GetMemory(str,100);
  strcpy(str,"hello");
  return 0;
}
```

我们可以对这道题推而广之,看一下整型变量是如何传值的,代码如下:

```
#include <iostream>
using namespace std;
void GetMemory2(int *z)
{
  *z=5;
};
int main()
{
  int v;
  GetMemory2(&v);
  cout << v << endl;
  return 0;
}
```

GetMemory2 把 v 的地址传了进来,*z 是地址里的值,是 v 的副本。通过直接修改地址里的值,不需要有返回值,也把 v 给修改了,因为 v 所指向地址的值发生了改变。

答案:程序崩溃。因为 GetMemory 并不能传递动态内存,Test 函数中的 str 一直都是 NULL。

面试例题 3:这个函数有什么问题?该如何修改?[美国著名硬盘公司 S 2008 年 4 月面试题]

```
char *strA()
{
  char str[] = "hello word";
  return str;
}
```

解析:这个 str 里存的地址是函数 strA 栈帧里 "hello word " 的首地址。函数调用完成,栈帧恢复到调用 strA 之前的状态,临时空间被重置,堆栈 "回缩",strA 栈帧不再属于应该访问的范围。存于 strA 栈帧里的"hello word"当然也不应该访问了。这段程序可以正确输出结果，但是这种访问方法违背了函数的栈帧机制。

分配内存时有一句老话：First time you do it, then something change it（一旦使用，它即改变）。也许是一个妨碍其他函数调用的内存块，这些情况都是无法预知的。如果运行一段函数，不会改变其他函数所调用的内存，在这种情况下，你运行多少次都不是问题。

但是只要另外一个函数调用的话，你就会发现，这种方式的不合理及危险性。我们面对的是一个有操作系统覆盖的计算机，而一个不再访问的内存块，随时都有被收回或作为他用的可能。

如果想获得正确的函数，改成下面这样就可以：

```
const char* strA()                        return str;
{                                         }
    char *str = "hello word";
```

首先要搞清楚 char *str 和 char str[]：

```
char c[] = "hello world";
```

是分配一个局部数组：

```
char *c = "hello world";
```

是分配一个指针变量：

局部数组是局部变量，它所对应的是内存中的栈。指针变量是全局变量，它所对应的是内存中的全局区域。字符串常量保存在只读的数据段，而不是像全局变量那样保存在普通数据段（静态存储区），如：

```
char *c = "hello world";
*c = 't'; //false
```

c 占用一个存储区域，但是局部区的数据是可以修改的：

```
char c[] = "hello world";
c[0] = 't'; //ok
```

这里 c 不占存储空间。

另外要想修改，也可以这样：

```
const char* strA()
{
    static char str[] = "hello word";
    return str;
}
```

通过 static 开辟一段静态存储空间。

答案：因为这个函数返回的是局部变量的地址，当调用这个函数后，这个局部变量 str 就释放了，所以返回的结果是不确定的且不安全，随时都有被收回的可能。

面试例题 4：写出下面程序的运行结果。[美国著名硬盘公司 S 2008 年 4 月面试题]

```
int a[3];
a[0]=0; a[1]=1; a[2]=2;
int *p, *q;
p=a;
q=&a[2];
cout << a[q - p] << '\n';
```

解析：本题考的是指针与地址的关系问题。

本程序结构如下：

（1）先声明了一个整型数组 a[3]，然后分别给数组赋值。

（2）又声明了两个整数指针 p、q，但是并没有定义这两个指针所指向的地址。

（3）使整数指针 p 的地址指向 a（注意 a 就是 a[0]），使整数指针 q 的地址指向 a[2]。

可实际验证程序如下：

```
#include <iostream>
using namespace std;
int main()
{
    int a[3];
    a[0]=0; a[1]=1; a[2]=2;
    int *p, *q;
    p=a;
    cout << p << '\n';
    cout << *p << '\n';
    q=&a[2];
    cout << q << '\n';
    cout << *q << '\n';
    cout << a[q - p] << '\n';
    cout << a[*q - *p] << '\n';
}
```

上面的输出结果分别是：

```
0x22ff68
0
0x22ff70
2
2
2
```

q 的实际地址是 0x22ff70，p 的实际地址是 0x22ff68。0x22ff70-0x22ff68=0x08（十六进制减法），相差是 8。

q-p 的实际运算是（q 的地址值(0x22ff70)-p 的地址值(0x22ff68))/sizeof(int)，即 8/sizeof(int)=2。

答案：运行结果是 2。

面试例题 5：请问下面代码的输出结果是多少？[中国某互联网公司 2009 年 12 月笔试题]

```
#include <stdio.h>
class A
{
public:
    A() {m_a = 1; m_b = 2;}
    ~A(){};
    void fun(){printf("%d%d", m_a,m_b);}
private:
    int m_a;
    int m_b;
};
class B
{
public:
    B(){m_c = 3;}
    ~B();
    void fun() {printf("%d", m_c);}
private:
    int m_c;
};
void main()
{
    A a;
    B *pb= (B*)(&a);
    pb->fun();
}
```

解析：首先可以肯定的是上面这段代码是非常糟糕的，无论是可读性还是安全性都很差。写这种代码的人，按照 Bjarne Stroustrup（C++标志化制定者）的说法，应该"斩立决"。

这道题出的目的就是考察你对内存偏移的理解：

```
B*pb = (*)(&a);
```

这是一个野蛮的转化，强制把 a 地址内容看成是一个 B 类对象，pb 指向的是 a 类的内存空间：

```
pb->fun();
```

正常情况下，B 类只有一个元素是 int m_c，但是 a 类的内存空间中存放第一个元素的位置是 m_a，pb 指向的是对象的内存首地址，比如 0x22ff58，当 pb->func( )调用 B::func( )来打印 m_c 时，编译器对 m_c 对它的认识就是 m_c 距离对象的偏移量 0，于是打印了对象 a 首地址的编译量 0x22ff58+0 变量值。所以打印的是 m_a 的值 1。以下代码来证明如下：

```
#include <string.h>
#include <stdio.h>
#include <iostream>
using namespace std;
class A
{
public:
    A() {m_a = 1; m_b = 2;}
    ~A(){};
    void fun(){printf("%d%d", m_a,m_b);}
public:
    int m_a;
    int m_b;
};
class B
{
public:
    B(){m_c = 3;}
    ~B();
    void fun() {printf("%d", m_c);}
public:
    int m_c;
};
int main( void )
{
A a;
B*pb = (B*)(&a);
cout << &a << endl;         // 0x22ff58
cout << &(a.m_a) << endl;   // print the address of the a.m_a 0x22ff58
printf("%p\n", &A::m_a);    // print the offset from m_a to the beginning A object adress 00000000
printf("%p\n", &A::m_b);    // print the offset from m_b to the beginning A object adress 00000004
printf("%p\n", &B::m_c);    // print the offset from m_c to the beginning B object adress 00000000
pb->fun();
return 0;
}
```

答案：1

面试例题 6：What results after run the following code?（下列代码的运行结果是什么？）[中国台湾某著名 CPU 生产公司 2005 年面试题]

```
int *ptr;
    ptr=(int*)0x8000;
    *ptr=oxaabb;
```

解析：指针问题。

答案：这样做会导致运行时错误，因为这种做法会给一个指针分配一个随意的地址，这是非常危险的。不管这个指针有没有被使用过，这么做都是不允许的。

面试例题 7：下列程序的输出结果是什么？[中国著名网络企业 XL 公司 2007 年 12 月面试题]

```
#include <iostream>
using namespace std;
class A
  {
  public:
  int _a;
  A()
    {
      _a = 1;
    }
  void print()
    {
      printf("%d", _a);
    }
  };
```

```
class B  : public A
  {
  pulic:
  int _a;
  B()
    {
      _a = 2;
    }
  };
int main()
  {
  B b;
  b.print();
  printf("%d ",b._a);
  }
```

A．22　　　　　B．11　　　　　C．12　　　　　D．21

解析：B 类中的_a 把 A 类中_a 的"隐藏"了。在构造 B 类时，先调用 A 类的构造函数。所以 A 类的_a 是 1，而 B 类的_a 是 2。

答案：C

面试例题 8：以下描述正确的是（　　）。[中国著名网络企业 XL 公司 2010 年 7 月面试题]

A．函数的形参在函数未调用时预分配存储空间
B．若函数的定义出现在主函数之前，则可以不必再说明
C．若一个函数没有 return 语句，则什么值都不返回
D．一般来说，函数的形参和实参的类型应该一致

解析：

A：错误的，调用到实参才会分配空间。
B：函数需要在它被调用之前被声明，这个跟 main()函数无关。
C：错误的，在主函数 main 中可以不写 return 语句，因为编译器会隐式返回 0；但是在

一般函数中没 return 语句是不行的。

D：正确的。

答案：D

面试例题 9：下列程序会在哪一行崩溃？[美国著名软件企业 M 公司 2007 年 11 月面试题]

```
struct S {
    int   i;
    int  * p;
};
main()
{
    S  s;
    int*p=&s.i;
    p[0]=4;
    p[1]=3;
    s.p=p;
    s.p[1]=1;
    s.p[0]=2;
}
```

解析：

int *p = &s.i;相当于 int *p; p = &si;。当执行 p[0]=4; p[1]=3;的时候，p 始终等于&si。s.p = p 相当于建立了如下关系：

s.p 存了 p 的值，也就是&s.i；s.p[1]相当于*(&s.i + 1)，即 s.i 的地址加 1，也就是 s.p。s.p[1] 跟 s.p 其实是同一个地方，所以到 s.p[1]=1，那么 s.p[0]将指向内存地址为 1 的地方。

s.p[0] = 2;并不是给 s.i 赋值，而是相当于 *((int *)1) = 2;。

也就是要访问 0x00000001 空间——对于一个未做声明的地址直接进行访问，所以访问出错。

编写程序如下：

```
#include <iostream>
using  namespace  std;
struct   S
{
    int   i;
    int   *p;
};
main()
{
    S   s;
    int  *p=&s.i;
    p[0] =1;
    p[1] =5;
    //s.p=p;
    //s.p[1]=1;
    cout << p[0] << " " << s.i << endl;
    cout << &p[0] << " " << &s.i << endl;
    cout << p[1] << " " << s.p << " " << endl;
    cout << &p[1] << " " << &s.p << " " << &s.p[1] << endl;
    cout << endl;
    s.p  = p;
    cout << p[0] << " " << s.i << endl;
    cout << &p[0] << " " << &s.i << endl;
    cout << p[1] << " " << s.p << " " << s.p[1] << endl;
    cout << &p[1] << " " << &s.p << " " << &s.p[1] << endl;
    s.p[1]  =  1;
    cout <<  s.p << " " << &s.p <<endl;
    //*s.p << " " << endl;

    //s.p[0]  =  2; //程序崩溃
    //*s.p  =  2;  // s.p[0]相当于*s.p
}
```

可以看到输出结果如下：

1 1   0x22ff78 0x22ff78

```
5 0x5                              0x22ff78 0x22ff78
0x22ff7c 0x22ff7c 0x9              2293624 0x22ff78 2293624
                                   0x22ff7c 0x22ff7c 0x22ff7c
1 1                                0x1 0x22ff7c
```

答案：s.p[0] = 2;行程序会崩溃。

7.3 函数指针

面试例题 1：const char *const * keyword1; const char const * keyword2; const char *const keyword3; const char const keyword4。请问以上四种定义，所得出的变量有什么区别，各代表什么？

答案：const char *const * keywords1;是二级指针，const 在第二个*之前表示二级指针指向的内容不可修改，但是二级指针本身可以修改。如下例所示：

```
#include <iostream>                 const char *p = "Hello world!\n";
using namespace std;                keywords = &p;
                                    cout << p << *keywords;
int main(void)                      return 0;
{                                   }
    const char *const * keywords;
```

const char const * keywords2;

相当于 const char* keywords2; 它是一个指向 const char 的指针。

const char *const   keywords3;

它是一个指向 const char 的常指针，即指针本身的存储属性也是 const。

const char const keywords4；

它是一个字符常量：

面试例题 2：Find the defects in each of the following programs, and explain why it is incorrect.（找出下面程序的错误，并解释它为什么是错的。）[中国台湾某著名杀毒软件公司 2005 年 10 月面试题]

```
//在这三个程序中找出最大值的程序           printf("Please input three integer
    #include <stdio.h>               \n");
                                     scanf("%d%d%d",a,b,c);
    int max(int x,int y) {           d=(*p)((*p)(a,b),c);
        return x>y?x:y;              printf("Among %d, %d, and %d, the
    }                                maxmal integer is
    int main () {                            %d\n", a,b,c,d);
      int max(x,y);                  return 0;
      int *p=&max;                   }
      int a,b,c,d;
```

解析：这道程序体存在着函数指针的错误使用问题。

答案:

正确的程序如下:

```
//最好使用 <cstdio>
#include <stdio.h>
int max(int x,int y) {
    return x>y?x:y;
}
int main () {
    int max(int,int);              //错误 1
    int (*p) (int,int)=&max;       //错误 2
    int a,b,c,d;
    printf("Please input three integer\n");
    scanf("%d%d%d",&a,&b,&c);      //错误 3
    d=(*p)((*p)(a,b),c);
    printf("Among %d, %d, and %d, the maxmal integer is
           %d\n", a,b,c,d);
    return 0;
}
```

面试例题 3: Write in words the data type of the identifier involved in the following definitions. (下面的数据声明都代表什么?) [美国某著名计算机嵌入式公司 2005 年 9 月面试题]

(1) float(**def)[10];

(2) double*(*gh)[10];

(3) double(*f[10])();

(4) int*((*b)[10]);

(5) Long (* fun)(int)

(6) Int (*(*F)(int,int))(int)

解析: 函数指针的问题。

就像数组名是指向数组第一个元素的常指针一样,函数名也是指向函数的常指针。可以声明一个指向函数的指针变量,并且用这个指针来调用其他函数——只要这个函数和你的函数指针在签名、返回、参数值方面一致即可。

```
Long (* fun)(int)
```

上面就是一个函数指针——指向函数的指针,这个指针返回值是 long,所带的参数是 int。如果去掉(* fun)的"()"它就是指针函数,是一个带有整数参量并返回一个长整型变量的指针的函数。

```
Int (*(*F)(int,int))(int)
```

如上所示,F 是一个指向函数的指针,它指向一种函数(该函数参数为 int, int 返回值为一个指针),返回的这个指针指向的是另外一个函数(参数类型为 int,返回值为 int 类型的函数)。

答案:

(1) float(**def)[10];

def 是一个二级指针,它指向的是一个一维数组的指针,数组的元素都是 float。

(2) double*(*gh)[10];

gh 是一个指针，它指向一个一维数组，数组元素都是 double*。

(3) double(*f[10])();

f 是一个数组，f 有 10 个元素，元素都是函数的指针，指向的函数类型是没有参数且返回 double 的函数。

(4) int*((*b)[10]);

就跟"int* (*b)[10]"是一样的，是一维数组的指针。

(5) Long (* fun)(int)

函数指针。

(6) Int (*(*F)(int,int))(int)

F 是一个函数的指针，指向的函数的类型是有两个 int 参数并且返回一个函数指针的函数，返回的函数指针指向有一个 int 参数且返回 int 的函数。

7.4 指针数组和数组指针

面试例题 1：以下程序的输出是（   ）[美国某软件公司 2009 年 12 月面试题目]

```
#include<stdio.h>
#include<iostream>
using namespace std;
int main()
{
    int v[2][10] = {{1,2,3,4,5,6,7,8,9,10},
{11,12,13,14,15,16,17,18,19,20}};
    int (*a)[10] = v; //数组指针
    cout<< **a<<endl;
    cout<< **(a+1)<<endl;
    cout<< *(*a+1)<<endl;
    cout<< *(a[0]+1)<<endl;
    cout<< *(a[1])<<endl;
    return 0;
}
```

解析：本题定义一个指针指向一个 10 个 int 元素的数组。a+1 表明 a 指针向后移动 1*sizeof(数组大小)；a+1 后共向后移动 40 个字节。*a+1 仅针对这一行向后移动 4 个字节，如下图所示。

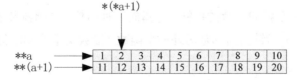

答案：输出如下：

1   11   2   2   11

面试例题 2：一个指向整型数组的指针的定义为（   ）。

A．int (*ptr)[]   B．int *ptr[]   C．int *(ptr[])   D．int ptr[]

解析：

int (*ptr)[]是一个指向整型数组的指针。

int *ptr[]是指针数组，ptr[]里面存的是地址。它指向位置的值就是*ptr[0]、*ptr[1]、*ptr[2]、*ptr[3]。不要存*ptr[0]=5;、*ptr[1]=6;，因为这里面没有相应的地址。

int *(ptr[])与 B 相同。

int ptr[]是一个普通的数组。

答案： A

扩展知识

a是指针数组，是指一个数组里面装着指针。

b是指向数组的指针，代表它是指针，指向整个数组。

以下是指针数组a：

```
#include<iostream>
using namespace std;
int main()
{
    static int a[2]={1,2};

    int *ptr[5];
    //指针数组
    int p=5,p2=6,*page,*page2;
    page = &p;
    page2 = &p2;

    ptr[0]=&p;
    ptr[1]=page2;

    cout << *ptr[0] << endl;
    cout << *page << endl;
    cout << *ptr[1] << endl;
    return 0;
}
```

下面是数组指针b：

```
#include<stdio.h>
#include<iostream>
using namespace std;
int main()
{
    static int a[2]={1,2};

    int p=5,p2=6,*page,*page2;
    //测试用二维数组
    int Test[2][3] = {{1,2,3}, {4,5,6}};

    //测试用二维数组
    int Test2[3] = {1,2,3};

    page = &p;
    page2 = &p2;
    ptr[0]=&p;
    ptr[1]=page2;
    //int (*A)[3] = &Test[1];
    //数组指针
    int (*A)[3],(*B)[3];

    A = &Test[1];
    B = &Test2;
    cout << *page << endl;
    cout << (*A)[0] << (*A)[1] << (*A)[2] << endl;
    cout << (*B)[3] << endl;
    return 0;
}
```

面试例题 3：用变量 a 给出下面的定义。[中国台湾某著名 CPU 生产公司 2005 年面试题]

（1）一个整型数（An integer）

（2）一个指向整型数的指针（A pointer to an integer）

（3）一个指向指针的指针，它指向的指针是指向一个整型数（A pointer to a pointer to an integer）

（4）一个有 10 个整型数的数组（An array of 10 integers）

（5）一个有 10 个指针的数组，该指针是指向一个整型数的（An array of 10 pointers to integers）

（6）一个指向有 10 个整型数数组的指针（A pointer to an array of 10 integers）

（7）一个指向函数的指针，该函数有一个整型参数并返回一个整型数（A pointer to a function that takes an integer as an argument and returns an integer）

（8）一个有 10 个指针的数组，该指针指向一个函数，该函数有一个整型参数并返回一个整型数(An array of 10 pointers to functions that take an integer argument and return an integer)

解析：这道面试例题是嵌入式编程和指针运用中经常考到的问题。是那种要翻一下书才能回答的问题。当我写这本书时，为了确定语法的正确性，我的确查了一下书。但是当我被面试的时候，我期望被问到这个问题（或者相近的问题）。因为在被面试的这段时间里，我确定我知道这个问题的答案。应试者如果不知道所有的答案（或至少大部分答案），那么也就没有为这次面试做好准备。如果该面试者没有为这次面试做好准备，那么他又能为什么做好准备呢？

答案：

（1）int a; // An integer

（2）int *a; // A pointer to an integer

（3）int **a; // A pointer to a pointer to an integer

（4）int a[10]; // An array of 10 integers

（5）int *a[10]; // An array of 10 pointers to integers

（6）int (*a)[10]; // A pointer to an array of 10 integers

（7）int (*a)(int); // A pointer to a function that takes an integer argument and returns an integer

（8）int (*a[10])(int); //An array of 10 pointers to functions that take an integer argument and return an integer

面试例题 4：写出如下程序片段的输出。[美国某著名 CPU 生产公司面试题]

```
int a[] = {1, 2, 3, 4, 5};
```

```
int *ptr = (int*)(&a + 1);
printf("%d %d", *(a + 1), *(ptr - 1));
```

解析：第一个结果好理解，是正常的指针运算。但是第二个却有点难以理解。

第二个的确是 5。首先 a 表示一个 1 行 5 列数组，在内存中表示为一个 5 个元素的序列。int *ptr = (int*)(&a + 1)的意思是，指向 a 数组的第 6 个元素（尽管这个元素不存在）。那么显然，(ptr - 1)所指向的数据就是 a 数组的第 5 个元素——5。

如果存在这样的数组：

```
int b[2][5]={1,2,3,4,5,6,7,8,9,10}
```

那么显然：

```
int *p=(int *)(&a+1)=b[1]
```

实际上，b 的数据分布还是按照 1、2、3、4、5、6、7、8、9、10 分布的，所谓 b[0]和 b[1]实际上只是指向其中一个元素的指针。

时刻牢记这样的观点：数组名本身就是指针，再加个&，就变成了双指针，这里的双指针就是指二维数组，加 1，就是数组整体加一行，ptr 指向 a 的第 6 个元素。

答案：2，5。

扩展知识（火烧赤壁的故事）

0X0000（a）里含有至少两个信息，第一就是地址本身，第二个是隐藏的所指向的数组的大小。1F000 地址直接和 0X0000 进行通信并为之提供服务，而不和 1、2、3、4、5 等直接通信，服务的内容为 0X0000 的需求，而和数组每个元素本身的大小没有直接关系（只是间接）。1F000 里也至少含有两个信息，即一是地址本身，二是所服务的对象的容量。就像一艘船按序排列有 1、2、3、4、5 个座位，&a+1 的意思是我要坐下一艘船的 1 号座位，而不是这艘船本身的座位。

话说曹操听了别人的计策，把 800 艘战船用铁链首尾相接（两船间稍有空隙）连成一条龙，准备攻打东吴。每艘船上顺序排列有 5 个位子，分别坐着船长、舵手、枪兵、弓兵、刀兵，每艘船及座位编号规律为 boat1~boat800_1~5，其中 boat1~800 代表本船在船队中的序号，1~5 代表本船上的位子。周瑜说："把所有位子的人员按顺序逐个消灭。"诸葛亮说："公瑾此言差矣，我用火攻，&a+1 的方法岂不是比逐个遍历 a[]更快捷？即所谓倾巢之下，安有完卵？"周瑜听后道："既生瑜，何生亮！"

7.5 迷途指针

面试例题 1：以下代码有什么错误？会造成什么问题？[美国某著名CPU生产公司面试题]

```
typedef unsigned short int USHORT;
#include <iostream.h>
int main()
{
    USHORT * pInt = new USHORT;
    *pInt = 10;
    cout << "*pInt: " << *pInt << endl;
    delete pInt;
    pInt = 0;
    long * pLong = new long;
    *pLong = 90000;
    cout << "*pLong: " << *pLong << endl;

    *pInt = 20;    // uh oh, this was deleted!

    cout << "*pInt: " << *pInt << endl;
    cout << "*pLong: " << *pLong << endl;
    delete pLong;
    return 0;
}
```

解析：编程中一种很难发现的错误是迷途指针。迷途指针也叫悬浮指针、失控指针，是当对一个指针进行 delete 操作后——这样会释放它所指向的内存——并没有把它设置为空时产生的。而后，如果你没有重新赋值就试图再次使用该指针，引起的结果是不可预料的。如果程序崩溃算都算走运了。

这就如同一家水果公司搬家了，但你使用的仍然是它原来的电话号码。这可能不会导致什么严重的后果——也许这个电话号码是放在一个无人居住的房子里面。另一方面，这个号码也可能被重新分配给一个军工厂，你的电话可能引起爆炸，把整个城市炸毁。

总之，在删除指针后小心不要再使用它。虽然这个指针仍然指向原来的内存区域，但是编译器已经把这块内存区域分配给了其他的数据。再次使用这个指针会导致你的程序崩溃。更糟糕的情况是，程序可能表面上运行得很好，过不了几分钟就崩溃了。这被称为定时炸弹，可不是开玩笑。为了安全起见，在删除一个指针后，把它设置为空指针（0）。这样就可以消除它的危害。

在本题中，首先声明了一个指针 pInt，然后打印。打印后使用 delete 将其删除。那么现在 pInt 就是一个迷途指针，或者说是悬浮指针。

第 2 步，声明了一个新的指针 pLong，把 90 000 赋值给它，然后打印。

第 3 步，把值 20 赋给 pInt 所指向的内存区域，但此时 pInt 不指向任何有效的空间。因为它原来所指向的内存空间已经被释放了，所以这样做会给内存区域带来很坏的结果。

第 4 步，打印 pInt 的值，结果是 20。再打印 pLong 的值，发现它变成了 65556 而不是 90 000 了。这是因为把 90 000 赋给*pLong 后，它实际存储为 5F 90 00 01。把 20（也就是十六进制的 00 14）赋给指针 pInt，因为指针 pInt 仍然指向相同的地址，因此 pLong 的前两个字节被覆盖了，变成 00 14 00 01，所以打印的结果变成了 65 556。

答案：以上程序使用了迷途指针并重新赋值，会造成系统崩溃。

面试例题 2：空指针和迷途指针的区别是什么？

答案：当 delete 一个指针的时候，实际上仅是让编译器释放内存，但指针本身依然存在。这时它就是一个迷途指针。

当使用以下语句时，可以把迷途指针改为空指针：

```
MyPtr=0;
```

通常，如果在删除一个指针后又把它删除了一次，程序就会变得非常不稳定，任何情况都有可能发生。但是如果你只是删除了一个空指针，则什么事都不会发生，这样做非常安全。

使用迷途指针或空指针（如 MyPtr=0）是非法的，而且有可能造成程序崩溃。如果指针是空指针，尽管同样是崩溃，但它同迷途指针造成的崩溃相比是一种可预料的崩溃。这样调试起来会方便得多。

面试例题 3：C++中有了 malloc/free，为什么还需要 new/delete？

答案：malloc 与 free 是 C++/C 语言的标准库函数，new/delete 是 C++的运算符。它们都可用于申请动态内存和释放内存。

对于非内部数据类型的对象而言，只用 malloc/free 无法满足动态对象的要求。对象在创建的同时要自动执行构造函数，对象在消亡之前要自动执行析构函数。由于 malloc/free 是库函数而不是运算符，不在编译器控制权限之内，不能够把执行构造函数和析构函数的任务强加于 malloc/free。

因此 C++语言需要一个能完成动态内存分配和初始化工作的运算符 new，以及一个能完成清理与释放内存工作的运算符 delete。new/delete 不是库函数，而是运算符。

面试例题 4：下列程序的输出结果是什么？[中国著名网络企业 XL 公司 2007 年 10 月面试题]

```
#include<iostream>
 using  namespace  std;
main()
{
char* a[]={"hello","the","world"};
char**pa=a;
pa++;
cout<<*pa<<endl;
}
```

A．theworld   B．the   C．ello   D．ellotheworld

解析：指针的指针问题。

答案：B。

7.6 指针和句柄

面试例题 1：句柄和指针的区别和联系是什么？[英国某著名计算机图形图像公司面试题]

解析：句柄是一个 32 位的整数，实际上是 Windows 在内存中维护的一个对象（窗口等）内存物理地址列表的整数索引。因为 Windows 的内存管理经常会将当前空闲对象的内存释放掉，当需要时访问再重新提交到物理内存，所以对象的物理地址是变化的，不允许程序直接通过物理地址来访问对象。程序将想访问的对象的句柄传递给系统，系统根据句柄检索自己维护的对象列表就能知道程序想访问的对象及其物理地址了。

句柄是一种指向指针的指针。我们知道，所谓指针是一种内存地址。应用程序启动后，组成这个程序的各对象是驻留在内存的。如果简单地理解，似乎我们只要获知这个内存的首地址，那么就可以随时用这个地址访问对象。但是，如果真的这样认为，那么就大错特错了。我们知道，Windows 是一个以虚拟内存为基础的操作系统。在这种系统环境下，Windows 内存管理器经常在内存中来回移动对象，以此来满足各种应用程序的内存需要。对象被移动意味着它的地址变化了。如果地址总是如此变化，我们该到哪里去找该对象呢？为了解决这个问题，Windows 操作系统为各应用程序腾出一些内存地址，用来专门登记各应用对象在内存中的地址变化，而这个地址（存储单元的位置）本身是不变的。Windows 内存管理器移动对象在内存中的位置后，把对象新的地址告知这个句柄地址来保存。这样我们只需记住这个句柄地址就可以间接地知道对象具体在内存中的哪个位置。这个地址是在对象装载（Load）时由系统分配的，当系统卸载时（Unload）又释放给系统。句柄地址（稳定）→记载着对象在内存中的地址→对象在内存中的地址（不稳定）→实际对象。但是，必须注意的是，程序每次重新启动，系统不能保证分配给这个程序的句柄还是原来的那个句柄，而且绝大多数情况下的确不一样。假如我们把进入电影院看电影看成是一个应用程序的启动运行，那么系统给应用程序分配的句柄总是不一样，这和每次电影院售给我们的门票总是不同的座位是一样的道理。

HDC 是设备描述表句柄。CDC 是设备描述表类。用 GetSafeHwnd 和 FromHandle 可以互相转换。

答案：句柄和指针其实是两个截然不同的概念。Windows 系统用句柄标记系统资源，隐藏系统的信息。你只要知道有这个东西，然后去调用就行了，它是个 32bit 的 uint。指针则标记某个物理内存地址，两者是不同的概念。

面试例题 2：In C++, which of the following are valid uses of the std::auto_ptr template considering the class definition below? （下面关于智能指针 auto_ptr 用法正确的是哪项？）[美国软件公司

[M2009 年 12 月笔试题]

```
class Object
{
public:
```

选项如下所示：

A. std::auto_ptr <Object> pObj(new Object);
B. std::vector <std::auto_ptr <Object*> > object_vector;
C. std::auto_ptr <Object*> pObj(new Object);
D. std::vector <std::auto_ptr <Object> > object_vector;
E. std::auto_ptr <Object> source() { return new Object; }

```
    virtual ~Object() {}
    //...
};
```

解析：auto_ptr 是安全指针。最初动机是使得下面的代码更安全：

```
void f() {
    T* pt( new T );
    /*...more code...*/
    delete pt;
}
```

如果 f()从没有执行 delete 语句（因为过早的 return 或者是在函数体内部抛出了异常），动态分配的对象将没有被 delete，一个典型的内存泄漏。使其安全的一个简单方法是用一个"灵巧"的类指针对象包容这个指针，在其析构时自动删除此指针：

```
void f() {
    auto_ptr<T> pt( new T );
    /*...more code...*/
}
```

现在，这个代码将不再泄漏 T 对象，无论是函数正常结束还是因为异常，因为 pt 的析构函数总在退栈过程中被调用。类似地，auto_ptr 可以被用来安全地包容指针：

```
class C {
public:
    C();
    /*...*/
private:
    auto_ptr<CImpl> pimpl_;
};
// file c.cpp
C::C() : pimpl_( new CImpl ) { }
```

现在，析构函数不再需要删除 pimpl_指针，因为 auto_ptr 将自动处理它。

如果了解 auto_ptr 格式，就知道 A 是对的，C 是错的。B、D 也是错的，因为 auto_ptr 放在 vector 之中是不合理的。 因为 auto_ptr 的复制并不等价。 当 auto_ptr 被复制时，原来的那一份会被删除。在《Exceptional C++》特别提到："尽管编译器不会对此给出任何警告，把 auto_ptr 放入 container 仍是不安全的。这是因为我们无法告知这个 container 关于 auto_ptr 具有特殊的语义的情况。不错，如今我所知的大多数 auto_ptr 实现都会让你侥幸摆脱这个麻烦；而且在某些流行的编译器所提供的文档中，与此几乎相同的代码甚至还被作为优良的代码而给出。然而实际上它是不安全的（现在成为非法的了）。"auto_ptr 并不满足对能够放入 container 的类别之需求，因为 auto_ptr 之间的复制是不等价的。创建额外的复制实在是不必要和低效的；出于商业竞争的考虑，一个厂商当然不可能会发售一个本来可以很高效的低效程序库。

E 也是正确的，从 new Object 构造出一个 auto_ptr <Object>。

答案：A，E。

7.7 this 指针

面试例题 1：Please choose the right statement of "this" pointer:（下面关于 this 指针哪个描述是正确的）

A．"this" pointer cannot be used in static functions

B．"this" pointer could not be store in Register.

C．"this" pointer is constructed before member function.

D．"this" pointer is not counted for calculating the size of the object.

E．"this" pointer is read only.？[英国某著名计算机图形图像公司面试题]

解析:解析:关于 This 指针，有这样一段描述：当你进入一个房子后，你可以看见桌子、椅子、地板等，但是房子你是看不到全貌了。

对于一个类的实例来说，你可以看到它的成员函数、成员变量，但是实例本身呢？ this 指针是这样一个指针，它时时刻刻指向这个实例本身。

this 指针易混的几个问题如下。

(1) This 指针本质是一个函数参数,只是编译器隐藏起形式的，语法层面上的参数。

this 只能在成员函数中使用，全局函数、静态函数都不能使用 this。

实际上，成员函数默认第一个参数为 T* const this。

如：

```
eclass A
{
  public:
    int func(int p) {}
};
```

其中，func 的原型在编译器看来应该是：

```
int func(A* const this, int p);
```

(2) this 在成员函数的开始前构造，在成员的结束后清除。这个生命周期同任何一个函数的参数是一样的，没有任何区别。当调用一个类的成员函数时，编译器将类的指针作为函数的 this 参数传递进去。如：

```
A a;
a.func(10);
```

此处，编译器将会编译成：
```
A::func(&a, 10);
```

看起来和静态函数没差别，不过，区别还是有的。编译器通常会对 this 指针做一些优化，因此，this 指针的传递效率比较高，如 VC 通常是通过 ecx 寄存器传递 this 参数的。

（3）this 指针并不占用对象的空间。

this 相当于非静态成员函数的一个隐函的参数，不占对象的空间。它跟对象之间没有包含关系，只是当前调用函数的对象被它指向而已。

所有成员函数的参数，不管是不是隐含的，都不会占用对象的空间，只会占用参数传递时的栈空间，或者直接占用一个寄存器。

（4）this 指针是什么时候创建的？

this 在成员函数的开始执行前构造，在成员的执行结束后清除。

但是如果 class 或者 struct 里面没有方法的话，它们是没有构造函数的，只能当作 C 的 struct 使用。采用 TYPE xx 的方式定义的话，在栈里分配内存，这时候 this 指针的值就是这块内存的地址。采用 new 方式创建对象的话，在堆里分配内存，new 操作符通过 eax 返回分配的地址，然后设置给指针变量。之后去调用构造函数（如果有构造函数的话），这时将这个内存块的地址传给 ecx。

（5）this 指针存放在何处？堆、栈、还是其他？

this 指针会因编译器不同而有不同的放置位置。可能是堆、栈，也可能是寄存器。

C++是一种静态的语言，那么对 C++的分析应该从语法层面和实现层面两个方面进行。

语法上，this 是个指向对象的"常指针"，因此无法改变。它是一个指向相应对象的指针。所有对象共用的成员函数利用这个指针区别不同变量，也就是说，this 是"不同对象共享相同成员函数"的保证。

而在实际应用的时候，this 应该是个寄存器参数。这个不是语言规定的，而是"调用约定"，C++的默认调用约定是 __cdecl，也就是 C 风格的调用约定。该约定规定参数自右向左入栈，由调用方负责平衡堆栈。对于成员函数，将对象的指针（即 this 指针）存入 ecx 中（有的书将这一点单独分开，叫作 thiscall，但是这的确是 cdecl 的一部分）。因为这只是一个调用约定，不是语言的组成部分，不同编译器自然可以自由发挥。但是现在的主流编译器都是这么做的。

（6）this 指针是如何传递给类中的函数的？绑定？还是在函数参数的首参数就是 this 指针？那么，this 指针又是如何找到"类实例后函数"的？

大多数编译器通过 ecx 寄存器传递 this 指针。事实上，这也是一个潜规则。一般来说，不同编译器都会遵从一致的传参规则，否则不同编译器产生的 obj 就无法匹配了。

（7）我们只有获得一个对象后，才能通过对象使用 this 指针。如果我们知道一个对象 this 指针的位置，可以直接使用吗？

this 指针只有在成员函数中才有定义。因此，你获得一个对象后，也不能通过对象使用 this 指针。所以，我们无法知道一个对象的 this 指针的位置（只有在成员函数里才有 this 指针的位置）。当然，在成员函数里，你是可以知道 this 指针的位置的（可以通过&this 获得），也可以直接使用它。

答案：E。

第 8 章 循环、递归与概率

递归问题通常是求职笔试中最为复杂的地方,也是本书的难点之一。由递归衍生出的相关问题,诸如迭代问题、概率问题、循环问题也是企业经常重复的考点。在阅读本章之前,请读者参考数据结构经典书籍对递归基础知识做简要复习。本章将通过对各公司面试题目进行全面仔细的解析,帮助读者解决其中的难点。

8.1 递归基础知识

递归是程序设计中的一种算法。一个过程或函数直接调用自己本身或通过其他的过程或函数调用语句间接地调用自己的过程或函数,称为递归过程或函数。递归是计算机语言中的一种很有用的工具,很多数学公式用到递归定义,例如 $N!$:当 $n>0$ 时,$f(n)=n \times f(n-1)$。

有些数据结构(如二叉树),其结构本身就有递归的性质。有些问题本身没有明显的递归结构,但用递归求解更简单。

递归是较难理解的算法之一。简单地说,递归就是编写这样一个特殊的过程,该过程体中有一个语句用于调用过程自身(称为递归调用)。递归过程由于实现了自我的嵌套执行,使这种过程的执行变得复杂起来,其执行的流程如下图所示。

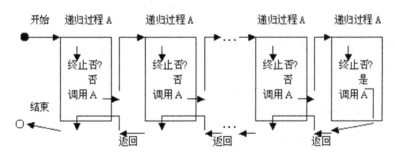

递归过程的执行总是一个过程体未执行完，就带着本次执行的结果又进入另一轮过程体的执行，……，如此反复，不断深入，直到某次过程的执行时终止递归调用的条件成立，则不再深入，而执行本次的过程体余下的部分，然后又返回到上一次调用的过程体中，执行余下的部分，……，如此反复，直到回到起始位置上，才最终结束整个递归过程的执行，得到相应的执行结果。递归过程程序设计的核心就是参照这种执行流程，设计出一种适合"逐步深入，而后又逐步返回"的递归调用模型，以解决实际问题。

递归算法应该包括递归情况和基底情况两种情况。递归情况演变到最后必须达到一个基底。

在程序设计面试中，一个能够完成任务的解决方案是最重要的，解决方案的执行效率要放在第二位考虑。因此，除非试题另有要求，应该从最先想到的解决方案入手。如果它是一个递归性的方案，不妨向面试官说明一下递归算法天生的低效率问题——表示你知道这些事情。有时候同时想到两个解决方案：递归的和循环的，并且实现方式差不多，可以把两个都向考官介绍一下。比如 N! 问题，利用循环语句解释就是：

```
int find(int i)
{
  int n,val=1;
  for(n=i;n>1;n--)
    val*=n;
  return val;
}
```

不过，如果用循环语句做的改进算法实现起来要比递归复杂得多的话——大幅度增加了复杂度而在执行效率上得不到满意的回报，我们建议还是优先选择递归来解决问题。

面试例题 1：递归函数 mystrlen(char *buf, int N) 是用来实现统计字符串中第一个空字符前面字符长度。举例来说：

```
char buf[] = {'a','b', 'c', 'd','e','f','\0','x','y','z'};
```

字符串 buf，当输入 N=10 或者 20，期待输出结果是 6；当输入 N=3 或 5，期待输出结果是 3 或 5。

```
int mystrlen(char *buf, int N)
{
   return mystrlen(buf, N/2) + mystrlen(buf + N/2, N/2);
}
```

What are all the possible mistakes in the code? （代码中可能的错误是哪个/些）

A. There are no mistakes in the code（没错）

B. There is no termination of recursion（没有递归退出条件）

C. Recursion cannot be used to calculate this function（递归是不能实现这个函数的功能）

D. The use of N/2 in the recursion is incorrect（对 N/2 的使用是错误的）

解析：递归函数关注以下几个因素：退出条件，参数有哪些？返回值是什么？局部变量有哪些？全局变量有哪些？何时输出？会不会导致堆栈溢出？本题中递归函数显然没有退出条件。

答案：B

扩展知识：下面是该递归函数的正确实现方法

```cpp
#include<iostream>
using namespace std;
int mystrlen(char *buf , int N)
{
    if(buf[0]==0||N==0)  //如果空字符出现,返回0
          return 0;
    else if (N==1)       //如果字符长度为1,返回1
    return 1;
    int t = mystrlen(buf, N/2);  //折半递归取长度
    if(t<N/2)  //如果长度小于输入N值的一半,取当前长度
          return t;
    else      //反之取下面一个字符并继续递归
          return (t + mystrlen(buf + N/2, (N+1)/2));
}

int main()
{
    char buf[] = {'a','b', 'c', 'd','e','f','\0','x','y','z'};
    int k;
    k = mystrlen (buf, 20);
    cout << k << endl;
    system("pause");
    return 0;
}
```

面试例题 2：Find the number of different shortest paths from point A to point B in a city with perfectly horizontal streets and vertical avenues as shown in the following figure. No path can cross the fenced off area shown in gray in the figure.

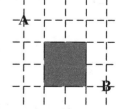

A. 11　　B. 15　　C. 17　　D. 19　　E. 20

解析：此题中想要最短距离到达 B 点，所有行走路径，从起点出发后只能→或↓，任何←和↑都将增加路径长度。

在不存在阻碍的情况下，假设在任意 M,N 的此种格子上，从左上 A 出发到右下 B 的不同走法有 f(M,N) 种，则根据递推可知 f(M,N) = f(M-1,N) + f(M,N-1)，等号右边两项分别对

应在当前点向下走一步和向右走一步的情况。递归终止情况为：

f(M,0) ＝ f(0,N) ＝ 0 和 f(1,1) ＝ 1。

对于题目中有阻碍的情况，如下：

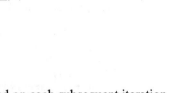

从 A 出发到 X 点的不同走法数为 f(4,2)，到达 X 点后只有 1 种走法，即一直向右到 B。

从 A 出发到 Y 点的不同走法数为 f(2,4)，到达后再到 B 点的不同走法数为 f(3,2)，因此连接的总数为 f(2,4)*f(3,2)。

至此，唯一没有涵盖的走法为经 Z 点至 B 点，此种走法有且只有 1 种。

因此总数目为 f(4,2) + f(2,4)*f(3,2) + 1 ＝ 17。

答案：C

面试例题 3：An algorithm starts with a single equilateral triangle and on each subsequent iteration add new triangles all around the outside. The result for the first three values of n are shown following figure. How many small triangles will be there after the 100 iterations?

A. 19800　　B. 14501　　C. 14851　　D. 14702　　E. 15000

解析：本题规律如下，新增加的小三角形数目为 3*(n-1)。

f(1)=1；

f(2) = f(1) + 3 * (2 - 1)；

f(3) = f(2) + 3 * (3 - 1)；

......

f(n) = f(n-1) + 3 * (n - 1)

答案：C

8.2 典型递归问题

面试例题 1：If we define F(0) = 0, F(1) = 1, F(n) = F(n-1) + F(n-2) (n>=2), what is the result of

F(1025) mod 5?[美国著名操作系统软件企业 M 公司 2013 年面试题]

A. 0   B. 1   C. 2   D. 3   E. 4

解析：这里是对递归函数取余，所以我们最好先做一下拆项：

```
F(5n) = F(5n-1) + F(5n-2)
      = 2 * F(5n-2) + F(5n-3)
      = 3 * F(5n-3) + 2 * F(5n-4)
      = 5 * F(5n-4) + 3 * F(5n-5)
```

所以 F（1025）mod 5 = 3 * F（1020）mod 5；

依此类推：

```
F (1020) mod 5 = 3 * F (1015) mod 5;
……
F (10) mod 5= 3 * F (5) mod 5;
```

F(5)为 5，mod 后值为 0。所以 F（1025）mod 5 = 0；

答案：A

面试例题 2：请给出此题的非递归算法：

$$f(m,n) = \begin{cases} n & (m=1) \\ m & (n=1) \\ f(m-1,n) + f(m,n-1) & (m>1, n>1) \end{cases}$$

[中国著名门户网站企业 S 公司 2008 年 6 月面试试题]

解析：本题类似于杨辉三角形，其实就是计算一个对角线值，用 list 保存一个对角线元素即可。除了横边和纵边按顺序递增外，其余每一个数是它左边和上边数字之和。

```
1,  2,  3,  4,   5
2,  4,  7,  11,  16
3,  7,  14, 25,  41
4,  11, 25, 50,  91
5,  16, 41, 91,  182
```

如上所示，假如想求 m 为 3、n 为 4 的 f(m,n)值，就是 25。

答案：代码如下：

```
#include <iostream>
using namespace std;
#define RECURSION 0
#define NO_RECURSION 1

//==============递归版本==========//
#if RECURSION
int f(int m,int n)
{
```

```
    if(1==m)
    {
        return n;
    }
    if(1==n)
    {
        return m;
    }
    return f(m-1,n)+f(m,n-1);
}
```

```
#endif

#if NO_RECURSION
//==============非递归版本==========//
int f(int m, int n )
{
    int a[100][100];
    for (int i=0;i!=m;++i)
        a[i][0]=i+1;
    for (int i=0;i!=n;++i)
        a[0][i]=i+1;
    for (int i=1;i!=m;++i)
        for (int j=1;j!=n;++j)
            a[i][j]=a[i-1][j]+a[i][j-1];
    return a[m-1][n-1];
}
#endif

int main()
{
    cout << f(5, 5) << endl;
    return 0;
}
```

面试例题 3：设计递归算法 x(x(8))需要调用几次函数 x(int n)。[美国著名数据分析软件企业 SA 公司 2009 年 11 月面试题]

```
class Program
{
    static void Main(string[] args)
    {
        int i;
        i= x(x(8));
    }
```

```
static int x(int n)
{
    if (n <= 3)
        return 1;
    else
        return x(n - 2) + x(n - 4) + 1;
}
}
```

解析：单计算 x(x(8))的值自然是 9，但是本题要考查的是调用了几次 x 函数。可以把 x(8)理解为一个二叉树。树的节点个数就是调用次数：

```
        8
      6   4
    4 2 2 0
   2 0
```

x(8)的结果为 9；x(x(8))也就是 x(9)的二叉树形如：

```
        9
      7   5
    5 3 3 1
   3 1
```

节点数为 9，也就是又调用了 9 次函数。所以一共调用的次数是 18 次。

答案：18

8.3　循环与数组问题

面试例题 1：以下代码的输出结果是什么？[中国著名金融企业 J 银行 2008 年面试题]

```
#include <iostream>
#include <string>
using namespace std;
int main()
```

```
{
    int x = 10; int y=10,i;
    for(i=0;x>8;y=i++)
```

```
{
printf("%d,%d,",x--,y); }
return 0;
}
```

A. 10,0,9,1　　B. 10,10,9,0　　C. 10,1,9,2　　D. 9,10,8,0

解析：for 循环括号内被两个分号分为 3 部分：i=0 是初始化变量；x>8 是循环条件，也就是只要 x>8 就执行循环；那 y=i++ 是什么？在第一次循环时执行了么？答案是不执行，y=i++ 实际上是个递增条件，仅在第二次循环开始时才执行。所以结果是 10,10,9,0。

面试者务必要搞清楚下面程序和题目的不同点：

```
#include <iostream>
#include <string>
using namespace std;

int main()
{
```

```
int x = 10; int y=10,i;
for(i=0;x>8;)

  {y=i++;
printf("%d,%d,",x--,y); }
return 0;
}
```

与题目不同，y=i++ 在循环体内，而不作为递增条件，所以在第一次循环就执行了，所以输出结果是 10,0,9,1。

答案：B

面试例题 2：输入 n，求一个 $n \times n$ 矩阵，规定矩阵沿 45 度线递增，形成一个 zigzag 数组（JPEG 编码里取像素数据的排列顺序），请问如何用 C++ 实现？[中国台湾著名硬件公司 2007 年 11 月面试题]

解析：在 JPEG 图形算法中首先对图像进行分块处理，一般分成互不重叠且大小一致的块，量化的结果保留了低频部分的系数，去掉了高频部分的系数。量化后的系数按 zigzag 扫描重新组织，然后进行哈夫曼编码。zigzag 数组是一个"之"字形排列的数组。

答案：用 C++ 编写完整代码如下：

```
/**
 * 得到如下样式的二维数组
 * zigzag（JPEG 编码里取像素数据的排列顺序）
 *
 *    0, 1, 5, 6,14,15,27,28,
 *    2, 4, 7,13,16,26,29,42,
 *    3, 8,12,17,25,30,41,43,
 *    9,11,18,24,31,40,44,53,
 *   10,19,23,32,39,45,52,54,
 *   20,22,33,38,46,51,55,60,
 *   21,34,37,47,50,56,59,61,
 *   35,36,48,49,57,58,62,63
 */
```

```
#include <stdio.h>
#include <iostream>

int main()
{
    int N;
    int s, i, j;
    int squa;
    scanf("%d", &N);
    /* 为指向 int 型指针的指针分配空间，该指针指向
n 个型指针。*/
    int **a =(int **)malloc(N *
      sizeof(int));
    if(a == NULL)
```

```c
            return 0;
        for(i = 0; i < N; i++)
        {
            if((a[i] = (int *)malloc(N *
                sizeof(int))) == NULL)
                /*对于前面的指针的每个值（int 指针）赋
值，使其指向一个 int 数组，如果分配失败，则释放在它之前
申请成功的空间*/
            {
                while(--i>=0)
                    free(a[i]);
                free(a);
                return 0;
            }
        }
        /* 数组赋值 */
        squa = N*N;
        for(i = 0; i < N; i++)
            for(j = 0; j < N; j++) {
                s = i + j;
                if(s < N)
                    a[i][j] = s*(s+1)/2 + (((i+j)%
                        2 == 0)? i : j);
                else {
                    s = (N-1-i) + (N-1-j);
                    a[i][j] = squa - s*(s+1)/2 -
                        (N-(((i+j)%2 == 0)? i : j));
                }
            }
        /* 打印输出 */
        for(i = 0; i < N; i++) {
            for(j = 0; j < N; j++)
                printf("%6d", a[i][j]);
            printf("\n");
        }
        return 0;
    }
```

面试例题 3：有两等长数组 A、B，所含元素相同，但顺序不同，只能取得 A 数组某值和 B 数组某值进行比较，比较结果为大于、小于或等于，但是不能取得同一数组 A 或 B 中的两个数进行比较，也不能取得某数组中的某个值。写一个算法实现正确匹配（即 A 数组中某值与 B 中某值等值）。[英国著名图形图像公司 A 2007 年 4 月校园招聘面试题]

解析：算法：循环加判断可以很快地解决这个问题。算法分析：假设两个数组 A[10]、B[10]。将 A.0 与 B.0 进行比较，判断它们是否等值或大于、小于，如果等值则打印出来，不等则比较 B.1……依此类推。

答案：

代码如下：

```cpp
#include <iostream>
using namespace std;
void matching(int a[],int b[],int k)
{
    int i=0;
    while(i<=k-1)
    {
        int j=0;
        while(j<=k-1)
        {
            if(a[i]==b[j])
            {
                cout << "a["<<i<<"]"<<"match"
                    << "b[" << j << "] " <<endl;
                break;
            }
            j++;
        }
        i++;
    }
    cout<<endl;
}

int main()
{
    int a[10]={1,2,3,4,5,6,7,8,9,10};
    int b[10]={10,6,4,5,1,8,7,9,3,2};

    int k=sizeof(a)/sizeof(int);
    matching(a,b,k);
    return 0;
}
```

扩展知识

我们这里用的循环加比较的算法可以很快地解决这个问题，但却并不是最优算法。如果笔试时间充足的话，我们可以对算法做某些优化。

建立一个结构数组 C，结构为{某数在 B 中的位置,标记,某数在 A 中的位置}。其中"标记"可为大于、小于、等于。"某数在 A/B 中的位置"为 $0 \sim n-1$，这是相应位置。第一次比较后，C 中元素都为｛某数在 B 中的位置,标记,$A0$｝格式。然后执行如下步骤：

（1）在 A 数组中随机选取一个数（根据题意，我们并不知道这个值的确定值是多少），比如说 $A[i]$，然后和 B 数组中的数进行比较。根据数据结构 C，将 B 数组中每个数与 $A[i]$ 进行比较，若比 $A[i]$ 大，从后向前存储，比 $A[i]$ 小则从前向后存储，要是等于 $A[i]$，就记录下这个值在 B 的位置 j。继续比较，直到 B 数组中的数全部比较完成，然后再把这个 $b[j]$ 插入空余的那个中间位置。

（2）然后再从 A 数组中取出数 $A[k]\{k=0 \sim n\}$ 与 $B[j]$（这个 $B[j]$ 就是 $A[i]$，因为同一数组中不能比较大小，只能采用这种方式）比较，若比 $B[j]$ 大，那么从结构数组 C 中 $A[i]$ 后面比较，若比 $B[j]$ 小，就从结构数组 C 中 $A[i]$ 前面比较，直到找到相等的为止，然后更新结构数组 C 中与这个相等的相应值。注意，在这里，只更新相等的那个数值的"标记"，其他与 $A[k]$ 不相同（或大，或小）的情况下不更新，即还保持 $A[i]$ 的比较结果，以利于下一次进行比较。

（3）重复步骤（2），继续取 A 数组剩下的值，仍然与那个 $B[j]$ 比较，这样逐步更新结构数组 C，直到 A 数组全部取出比较完，那么这个程序也就完成了相应的功能。

这里用到了快速排序和二分法的某些思想。选择合理的 $A[i]$，可以大大降低比较次数。

面试例题 4：The following C++ code tries to count occurence of each ASCII charcater in given string and finally print out the occurrency numbers.（下面 C++ 代码用来统计每个 ASCII 字符的出现次数，最后给出出现数值。）

```
#include<iostream>
#include<cstdlib>
void histogram(char* src)
{
    int i;
    char hist[256];
    for (i=0;i <256;i++)
    {
        hist[i]=0;
    }
    while(*src!='\0')
    {
        hist[*src]++;
    }
    for(i=0;i <=256;i++)
    {
        printf("%d ", hist[i]);
    }
}
```

```
    }
    int main()
    {
    Char*src=
"aaaabcdefghijklmnopqrst1234567890";
```

```
        histogram(src);
        return 0;
    }
```

If there may be some issue in the code above, which line(s) would be? （如果上面代码有错，将在哪行出现，如何修改？）

答案：这段代码有两个错：

（1）hist[*src]++;这一行应该修改为 hist[*src++]++;这是因为在 while(*src!='\0')循环体是看*src 的值是否为'\0'来作为结束的。所以 src 必须递加。否则 hist[*src]其实就是 hist['a'],'a'会隐式转换成 97 也就是 hist[97]++不停递加，进入死循环。

（2）for(i=0;i <=256;i++)这一行应该修改为 for(i=0;i <=255;i++)，否则会超界。

面试例题 5：设计一个定时器程序，当输入一个时间，就按照输入值停留多少。[美国著名软件公司 I2013 年笔试题]

解析：可以用 Sleep 来控制时间，并用双精度传值作参数传递。

答案：

```
#include <windows.h>
#include <iostream>
using namespace std;
void timer(double x)
{
    double cnt=0;
    cnt = x * 1000;
    Sleep(cnt);  //停留 x*1000 微秒
}
int main()
{
    timer(0.5);
    cout << "0.5 秒过去了" << endl;
    timer(2*60);
    cout << "2 分钟过去了" << endl;
    timer(1*60*60);
    cout << "1 个小时过去了" << endl;
    return 0;
}
```

8.4 螺旋队列问题

面试例题 1：看清以下数字排列的规律，设 1 点的坐标是(0,0)，x 方向向右为正，y 方向向下为正。例如，7 点的坐标为(−1,−1)，2 点的坐标为(0,1)，3 点的坐标为(1,1)。编程实现输入

任意一点坐标(x,y)，输出所对应的数字。[芬兰某著名软件公司 2005 年面试题]

```
21 22 ……
20  7  8  9 10
19  6  1  2 11
18  5  4  3 12
17 16 15 14 13
```

解析：规律能看出来，问题就在于如何利用它。很明显这个队列是按顺时针方向螺旋向外扩展的，我们可以把它看成一层一层往外延伸。第 0 层规定为中间的那个 1，第 1 层为 2 到 9，第 2 层为 10 到 25。1、9、25……不就是平方数吗？而且是连续奇数（1、3、5……）的平方数。这些数还跟层数相关。推算一下就可以知道，第 t 层之内共有 $(2t-1)^2$ 个数，因而第 t 层会从 $[(2t-1)^2]+1$ 开始继续往外螺旋伸展。给定坐标(x,y)，如何知道该点处于第几层？层数 $t = \max(|x|,|y|)$。

知道了层数，接下来就好办多了，这时我们就知道所求的那点一定在第 t 层这个圈上，顺着往下数就是了。要注意的就是螺旋队列数值增长方向和坐标轴正方向并不一定相同。可以分成 4 种情况——上、下、左、右或者东、南、西、北，分别处于 4 条边上进行分析。

- 东|右：x == t，队列增长方向和 Y 轴一致，正东方向（y = 0）数值为(2t−1)^2+t，所以 v = (2t−1)^2+t+y。
- 南|下：y == t，队列增长方向和 X 轴相反，正南方向（x = 0）数值为(2t−1)^2+3t，所以 v = (2t−1)^2+3t−x。
- 西|左：x == −t，队列增长方向和 Y 轴相反，正西方向（y = 0）数值为(2t−1)^2+5t，所以 v = (2t−1)^2+5t−y。
- 北|上：y == −t，队列增长方向和 X 轴一致，正北方向（x = 0）数值为(2t−1)^2 + 7t，所以 v = (2t−1)^2+7t+x。

其实还有一点很重要，不然会有问题。其他 3 条边都还好，但是在东边（右边）那条线上，队列增加不完全符合公式。注意到东北角（右上角）是本层的最后一个数，再往下却是本层的第一个数，当然不满足东线公式。所以我们把东线的判断放在最后（其实只需要放在北线之后就可以了），这样一来，东北角那点始终会被认为是北线上的点。

答案：代码如下：

```c
#include <stdio.h>
#define max(a,b)  ((a)<(b)?(b):(a))
#define abs(a)    ((a)>0?(a):-(a))
int foo(int x, int y)
{
    int t = max(abs(x), abs(y));
    int u = t + t;
    int v = u - 1;
    v = v * v + u;
    if (x == -t)
        v += u + t - y;
    else if (y == -t)
        v += 3 * u + x - t;
    else if (y == t)
        v += t - x;
    else
        v += y - t;
    return v;
}
```

```
                                              printf("%5d", foo(x, y));
}                                             printf("\n");
int main()                                  }
{                                           while(scanf("%d%d", &x, &y)==2)
    int x, y;                                 printf("%d\n", foo(x, y));
                                            return 0;
    for (y=-4;y<=4;y++)                   }
    {
        for (x=-4;x<=4;x++)
```

扩展知识（有时公司还会考类似的面试题如下）

如矩阵：

```
1   2   3   4   5
16  17  18  19  6
15  24  25  20  7
14  23  22  21  8
13  12  11  10  9
```

找出规律，并打印出一个 $N \times N$ 的矩阵；规律就是从首坐标开始顺时针依次增大，代码如下：

```cpp
#include <iostream>
using namespace std;
int a[10][10];
void Fun(int n)
{
    int m=1,j,i;
    for(i=0;i<n/2;i++)
    {
        for(j=0;j<n-i;j++)
        {
            if(a[i][j]==0)
                a[i][j]=m++;
        }
        for(j=i+1;j<n-i;j++)
        {
            if(a[j][n-1-i]==0)
                a[j][n-1-i]=m++;
        }
        for(j=n-i-1;j>i;j--)
        {
            if(a[n-i-1][j]==0)
                a[n-i-1][j]=m++;
        }
        for(j=n-i-1;j>i;j--)
        {
            if(a[j][i]==0)
                a[j][i]=m++;
        }
    }
    if(n%2==1)
        a[n/2][n/2]=m;
}
main(void)
{
    int n,i,j;
    cin >> n;
    for(int i=0;i<n;i++)
    {
        for(int j=0;j<n;j++)
            a[i][j]=0;
    }
    Fun(n);
    for(i=0;i<n;i++)
    {
        for(int j=0;j<n;j++)
        {
            cout <<a[i][j] << "";
        }
        cout <<endl;
    }
}
```

面试例题 2：输入一个 n，输出 2 到 n 的具体素数值[美国某著名企业 2012 年 10 月面试题]

答案：代码如下：

```
#include <stdio.h>
```

```
#include <algorithm>
```

```
#include <cmath>

int judge(int a)
{
  int j;

  for(j=2;j<=sqrt(a);j++)
  {
   if(a%j==0)//非素数,退出
    return 1;
  }
   return 0;
}
```

```
}
int main()
{
 int i;
 for(i=1;i<100;i++)
 {
    if(judge(i)==0)
    printf("%d ",i);
 }
 return 0;
}
```

8.5 概率

面试例题 1：Please write out the program output.（写出下面程序的运行结果。）[德国某著名软件咨询企业 2005 年 10 月面试题]

```
#include <stdlib.h>
#define LOOP 1000
void main()
{
    int rgnC=0;
    for(int i=0;i<LOOP;i++)
    {
        int x=rand();
        int y=rand();
        if(x*x+y*y < RAND_MAX*RAND_MAX)
            rgnC++;
    }
    printf("%d\n",rgnC);
}
```

解析：这是我所见到的概率面试例题中出得非常好的一道。

从表面上看,你完全无法看出它是一个概率问题。这里暗含的思想是一个 1/4 圆和一个正方形比较大小的问题,如右图所示。

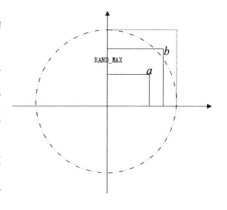

RAND_MAX 是随机数中的最大值,也就是相当于最大半径 R。x 和 y 是横、纵坐标上的两点,它们的平方和开根号就是原点到该点 (x,y) 的距离,当然这个距离有可能大于 R,如 b 点,还有可能小于 R,如 a 点。整个题目就蜕化成这样一个问题：随机在正方形里落 1 000 个点,落在半径里面的点有多少个。如果落在里面一个点,则累积一次。

那这个问题就很好解决了,求落点可能性之比,就是求一个 1/4 圆面积和一个正方形面积之比。

1/4 圆面积=（1/4）×π×r×r；　　正方形面积 =r×r

两者之比 =π/4；落点数 =π/4×1000 = 250×π≈ 785

答案：出题者的意思显然就是要求你得出一个大概值，也就是 250×π 就可以了。实际上呢，你只要回答 700～800 之间都是正确的。

我们算的是落点值，落点越多，越接近 250×π，落 10 个点、100 点都是很不准确的，所以该题落了 1 000 个点。读者可以上机验证该程序，将 Loop 改成 10 000、100 000 来试验，会发现结果越来越接近 250×π。

第 9 章

STL 模板与容器

标准模板库（Standard Template Library，STL）是当今每个从事 C++编程的人需要掌握的一项有用的技术。最近各种外企的面试题中，它的比例逐渐增大。想学习 STL 的人应该花费一段时间来熟悉它，有一些命名是不太容易凭直觉就能够记住的。然而如果一旦你掌握了 STL，就不会觉得头痛了。和 MFC 相比，STL 更加复杂和强大。

STL 有以下优点：

- 可以方便、容易地实现搜索数据或对数据排序等一系列的算法。
- 调试程序时更加安全和方便。
- 即使是人们用 STL 在 UNIX 平台下写的代码，也可以很容易地理解（因为 STL 是跨平台的）。

STL 中一些基础概念的定义如下。

- ....模板（Template）：类（及结构等各种数据类型和函数）的宏（macro）。有时叫作甜饼切割机（cookie cutter），正规的名称应叫作泛型（generic）。一个类的模板叫作泛型类（generic class），而一个函数的模板也自然而然地被叫作泛型函数（generic function）。
- ....STL 标准模板库：一些聪明人写的一些模板，现在已成为每个人所使用的标准 C++语言中的一部分。
- ....容器（Container）：可容纳一些数据的模板类。STL 中有 vector、set、map、multimap 和 deque 等容器。
- ....向量（Vector）：基本数组模板，这是一个容器。
- ....游标（Iterator）：这是一个奇特的东西，它是一个指针，用来指向 STL 容器中的元素，也可以指向其他的元素。

9.1 向量容器

面试例题 1：介绍一下 STL 和包容器，如何实现？举例实现 vector。[美国某著名移动通信企业面试题]

答案：C++的一个新特性就是采用了标准模板库（STL）。所有主要编译器销售商现在都把标准模板库作为编译器的一部分进行提供。标准模板库是一个基于模板的容器类库，包括链表、列表、队列和堆栈。标准模板库还包含许多常用的算法，包括排序和查找。

标准模板库的目的是提供对常用需求重新开发的一种替代方法。标准模板库已经经过测试和调试，具有很高的性能并且是免费的。最重要的是，标准模板库是可重用的。当你知道如何使用一个标准模板库的容器以后，就可以在所有的程序中使用它而不需要重新开发了。

容器是包容其他对象的对象。标准 C++库提供了一系列的容器类，它们都是强有力的工具，可以帮助 C++开发人员处理一些常见的编程任务。标准模板库容器类有两种类型，分别为顺序和关联。顺序容器可以提供对其成员的顺序访问和随机访问。关联容器则经过优化关键值访问它们的元素。标准模板库在不同操作系统间是可移植的。所有标准模板库容器类都在 namespace std 中定义。

举例实现 vector 如下：

```
#include <iostream>
#include <vector>
using namespace std;

void print(vector<int>);

int main()
{
    vector<int> vec;
    vec.push_back(34);
    vec.push_back(23);
    print(vec);
    vector<int>::iterator p;
    p=vec.begin();
    *p=68;
    *(p+1)=69;
    //*(p+2)=70;
    print(vec);
    vec.pop_back();
    print(vec);
    vec.push_back(101);
    vec.push_back(102);
```

```
    int i=0;
    while(i<vec.size())
        cout << vec[i++] << " ";
    cout << endl;
    vec[0] = 1000;
    vec[1] = 1001;
    vec[2] = 1002;
    //vec[3] = 1002;
    i=0;
    while(i<vec.size())
        cout << vec[i++] << " ";
    print(vec);
    return 0;
}
void print(vector<int> v)
{
    cout << "\n vector size is: " << v.size() << endl;
    vector<int>::iterator p = v.begin();
}
```

或者是：

```
#include <iostream>
#include <vector>
using namespace std;
int sum(vector<int>vec)
{
```

```
    int result = 0;
    vector<int>::iterator p = vec.begin();
    while(p!=vec.end())
        result +=*p++;
    return result;
```

```
    }
//void print(vector<int>);
int main()
{
    vector<int> v1(100);
    cout << v1.size() << endl;     //100
    cout << sum(v1) << endl;       //0
    v1.push_back(23);
    cout << v1.size() << endl;     //101
    cout << sum(v1) << endl;       //23
```

```
    v1.reserve(1000);              //
    v1[900]=900;
    cout << v1[900] << endl;       //900
    cout << v1.front() << endl;    //0
    cout << v1.back() << endl;     //23
    v1.pop_back();
    cout << v1.back() << endl;     //0
    //vector<int>::iterator p2 = v1[0];
    // vector<int>::iterator p2 = &(v1[0]);
    return 0;
}
```

面试例题 2： Find the defects in each of the following programs, and explain why it is incorrect.（找出下面程序的错误，并解释它为什么是错的。）[中国台湾某著名杀毒软件公司 2010 年面试题]

```
#include <iostream>
#include <cstdlib>
#include <vector>
using namespace std;

class CDemo {
public:
    CDemo():str(NULL){};
    ~CDemo()
    {
        if(str) delete[] str;
    };
    char* str;
};
```

```
int main(int argc, char** argv) {
    CDemo  d1;
    d1.str=new char[32];
    strcpy(d1.str, "trend micro");

    vector<CDemo>*a1=new vector<CDemo>();

    a1->push_back(d1);
    delete  a1;

    return EXIT_SUCCESS;
}
```

解析：这个程序在退出时会出问题。重复 delete 同一片内存，程序崩溃。如果把析构函数改为如下，可以更清楚地看到这一点：

```
~CDemo()
{
    if(str)
    {
        static int i=0;
```

```
cout<<"&CDemo"<<i++<<"="<<(int*)this<<",
str="<<(int *)str<<endl;
        delete[] str;
    }
};
```

运行时发现打印如下信息：

```
&CDemo0=0x3d3d68,      str=0x3d3d28
&CDemo1=0x22ff58,      str=0x3d3d28
```

也就是说，发生了 CDemo 类的两次析构，两次析构 str 所指向的同一内存地址空间（两次 str 值相同=0x3d3d28）。

有人认为，vector 对象指针能够自动析构，所以不需要调用 delete a1，否则会造成两次析构对象，这样理解是不准确的。任何对象如果是通过 new 操作符申请了空间，必须显示的调用 delete 来销毁这个对象。所以"delete   a1;"这条语句是没有错误的。

"vector<CDemo> *a1=new vector<CDemo>();"指定一个指针，指向 vector<CDemo>，并用 new 操作符进行了初始化，所以必须在适当的时候释放 a1 所占的内存空间，因此，"delete a1;"这句话是没有错误的。但必须明白一点，释放 vector 对象，vector 所包含的元素也同时被释放。

那到底哪里有错误？

这句 a1 的声明和初始化语句"vector<CDemo> *a1=new vector<CDemo>();"说明 a1 所含元素是"CDemo"类型的，在执行"a1->push_back(d1);"这条语句时，会调用 CDemo 的复制构造函数，虽然 CDemo 类中没有定义复制构造函数，但是编译器会为 CDemo 类构建一个默认的复制构造函数（浅复制），这就好像任何对象如果没有定义构造函数，编译器会构建一个默认的构造函数一样。正是这里出了问题。a1 中的所有 CDemo 元素的 str 成员变量没有初始化，只有一个四字节（32 位机）指针空间。

"a1->push_back(d1);"这句话执行完后，a1 里的 CDemo 元素与 d1 是不同的对象，但是 a1 里的 CDemo 元素的 str 与 d1.str 指向的是同一块内存。

我们知道，局部变量，如"CDemo d1;"在 main 函数退出时，自动释放所占内存空间，那么会自动调用 CDemo 的析构函数"~CDeme"，问题就出在这里。

前面的"delete a1;"已经把 d1.str 释放了（因为 a1 里的 CDemo 元素的 str 与 d1.str 指向的是同一块内存），main 函数退出时，又要释放已经释放掉的 d1.str 内存空间，所以程序最后崩溃。

答案：本题问题归根结底就是浅复制和深复制的问题。如果 CDemo 类添加一个这样的复制构造函数就可以解决问题：

```
CDemo(const  CDemo  &cd)
{
   this->str  =newchar[strlen(cd.str)+1];
   strcpy(str,cd.str);
};
```

添加深复制后可有效解决问题。

面试例题 3：以下代码有什么问题？如何修改？[中国某著名综合软件公司 2005 年面试题]

```
#include <iostream>
#include <vector>
using namespace std;

void print(vector<int>);

int main()
{
    vector<int> array;
    array.push_back(1);
    array.push_back(6);
    array.push_back(6);
    array.push_back(3);
    //删除array数组中所有的6
    vector<int>::iterator itor;
    vector<int>::iterator itor2;
    itor=array.begin();

    for(itor=array.begin();
       itor!=array.end(); )
    {
        if(6==*itor)
        {
            itor2=itor;
            itor=array.erase(itor2);
        }
        itor++;
```

```
    }
    print(array);
    return 0;
}
void print(vector<int> v)
{
    cout << "\n vector size is: " << v.size()
        << endl;
    vector<int>::iterator p = v.begin();
}
void print(vector<int> v)
```

解析:

这是迭代器问题,只能删除第一个 6,以后迭代器就失效了,不能删除之后的元素。

itor2=itor;这句说明两个迭代器是一样的。array.erase(itor2);等于 array.erase(itor);,这时指针已经指向下一个元素 6 了。itor++;又自增了,指向了下一个元素 3,略过了第二个 6。

答案:

修改方法 1:使用 vector 模板里面的 remove 函数进行修改,代码如下:

```
#include <iostream>
#include <vector>
using namespace std;

void print(vector<int>);

int main()
{
    vector<int> array;
    array.push_back(1);
    array.push_back(6);
    array.push_back(6);
    array.push_back(3);
    //删除 array 数组中所有的 6
    vector<int>::iterator itor;
    vector<int>::iterator itor2;
    itor=array.begin();
    array.erase( remove( array.begin(),
        array.end(), 6 ) , array.end() );
    print(array);
    return 0;
}
void print(vector<int> v)
{
    cout << "\n vector size is:
        " << v.size() << endl;
    vector<int>::iterator p = v.begin();
}
```

修改方法 2:为了让其不略过第二个"6",可以使"itor--;",再回到原来的位置上。具体代码如下:

```
#include <iostream>
#include <vector>
using namespace std;

void print(vector<int>);
int main()
{
    vector<int> array;
    array.push_back(1);

    array.push_back(6);
    array.push_back(6);
    array.push_back(3);
    //删除 array 数组中所有的 6
    vector<int>::iterator itor;
    vector<int>::iterator itor2;
    itor=array.begin();

    for(itor=array.begin();
       itor!=array.end();itor++   )
    {
        if(6==*itor)
        {
            itor2=itor;

            array.erase(itor2);
            itor--;
        }
        //itor--;
    }

    print(array);
    return 0;
}
void print(vector<int> v)
{
    cout << "\n vector size is:
        " << v.size() << endl;
    vector<int>::iterator p = v.begin();
}
```

9.2 泛型编程

面试例题 1：解释一下什么是泛型编程，泛型编程和 C++ 及 STL 的关系是什么？并且，你是怎么在 C++ 环境里进行泛型编程的？[美国某著名 CPU 生产公司面试题]

答案：泛型编程是一种基于发现高效算法的最抽象表示的编程方法。也就是说，以算法为起点并寻找能使其工作且有效率工作的最一般的必要条件集。令人惊讶的是，很多不同的算法都需要相同的必要条件集，并且这些必要条件有多种不同的实现方式。类似的事实在数学里也可以看到。大多数不同的定理都依赖于同一套公理，并且对于同样的公理存在多种不同的模型。泛型编程假定有某些基本的法则在支配软件组件的行为，并且基于这些法则有可能设计可互操作的模块，甚至还有可以使用此法则去指导我们的软件设计。STL 就是一个泛型编程的例子。C++ 是我可以实现令人信服的例子的语言。

面试例题 2：Below is usual way we find one element in an array: In this case we have to bear the knowledge of value type "int", the size of array, even the existence of an array. Would you re-write it using template to eliminate all these dependencies?（我们通常求解一个数在一个数列里的方法是这样的：在这个例子中，我们得先知道 int 类型的知识，知道队列的大小，甚至要建立一个队列。你能否用泛型编程模拟这个队列，做到不知道上面的附加知识仍然能得出结果？）[德国某著名软件咨询企业 2004 年面试题]

```
const int *find1(const int* array, int n,
    int x)
{
    const int* p = array;
    for(int i = 0; i < n; i++)
    {
        if(*p == x)
            return p;
        ++p;
    }
    return 0;
}
```

解析：这是一个把普通函数改成泛型函数的问题，在这里公司考的是如何将普通函数转换成泛型函数。

答案：
修改代码如下：

```
template<typename T>
const T* My_find(T *array,T n,T x)
{
    const T* p = array;
    int i;
    for(i=0;i<n;++i)
    {
        if(*p == x)
            return p;
        ++p;
    }
    return 0;
};
```

或者：

```
template<typename T>
const T* My_find2(const T* s,const T* e,Tx)
{
    const T* p=s;
    while(p!=e)
    {
        if(*p == x)
        {
            return p;
        }
        ++p;
    }
    return e;
};
```

9.3 模板

面试例题 1：Please write a program to realize the model described int the figure. You should design your program as generic as possible so that we can enhance the model in the future easily without making too much change in your program.（写一个程序来实现下图的模型中整型变量的问题。你必须尽可能地将程序设计为一类（同类），以便于我们今后在不做大量更改的情况下对它进行升级。）[德国某著名软件咨询企业 2005 年 11 月面试题]

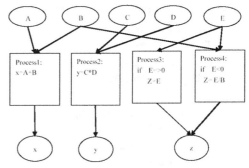

解析：这是一道考函数指针的面试例题，当然也可以用模板来做。

如题目所示：要求 A 与 B 之和、C 与 D 之积，以及由于 E 的情况不同而得出的结果。我们当然可以单独为 A 和 B 设置一个求和函数，为 C 和 D 设置一个求积函数。但是一旦功能改变，比如说我们不得不求 A 与 B 之差或 C/D 的情况该怎么做？第三次也许是最小值和两数之积……如果不用函数指针，我们需要写多少个这样的 test() 函数？显然，函数指针为我们的编程提供了灵活性。

一个函数在编译时被分配给一个入口地址，这个入口地址就称为函数的指针，正如同指针是一个变量的地址一样。函数指针的用途很多，最常用的用途之一是把指针作为参数传递到其他函数。

答案：程序源代码与解释如下：

```
# include<stdio.h>
//比较函数
int jug(int x,int y)
{
    if (x>=0)
    {
        return x;
    }
    else if (y==0)
    {
        return x;
```

```
    }
    else
        return x/y;
}
//求和函数
int sub(int x, int y)
{
    return(x+y);
}
//求差函数
```

```
int minus(int x,int y)
{
    return(x-y);
}
//函数指针
void test(int (*p)(int,int),int a,int b)
{
    int Int1;
    Int1=(*p)(a,b);
    printf("a=%d,a=%d  %d\n",a,b,Int1);
}
int main()
    int a=1,b=2,c=3,d=4,e=-5;
    test(sub,a,b);          //求和
    test(minus,c,d);        //求差
    test(jug,e,b);          //判断
    return 0;
{
```

另外，有些地方必须使用函数指针才能完成给定的任务，特别是异步操作的回调和其他需要匿名回调的结构。另外，像线程的执行和事件的处理，如果缺少了函数指针的支持也是很难完成的。当然，该程序也可以用静态模板类来实现，解决方法是一致的，代码如下：

```
#include <iostream>
using namespace std;

template<class T>
//建立一个静态模板类
class Operate{
    public:
        static T Add(T a, T b) {
            return a+b;
        }
        static T Mul(T a, T b) {
            return a*b;
        }
        static T Judge(T a, T b=1) {
            if(a>=0) {
                return a;
            }
            else {
                return a/b;
            }
        }
};
int main() {
    int A, B, C, D, E, x, y, z;
    A=1, B=2, C=3, D=4, E=5;
    x=Operate<int>::Add(A,B);
    y=Operate<int>::Mul(C,D);
    z=Operate<int>::Judge(E,B);
    cout<<x<<'\n'<<y<<'\n'<<z<<endl;

    return 0;
}
```

扩展知识（模板与容器）

数据结构本身十分重要。当程序中存在着对时间要求很高的部分时，数据结构的选择就显得更加重要。

经典的数据结构数量有限，但是我们常常重复着一些为了实现向量、链表等结构而编写的代码。这些代码都十分相似，只是为了适应不同数据的变化而在细节上有所不同。STL容器就为我们提供了这样的方便，它允许我们重复利用已有的实现构造自己的特定类型下的数据结构。通过设置一些模板类，STL容器对最常用的数据结构提供了支持。这些模板的参数允许我们指定容器中元素的数据类型，可以将许多重复而乏味的工作简化。

容器部分主要由头文件<vector>、<list>、<deque>、<set>、<map>、<stack>和<queue>组成。对于常用的一些容器和容器适配器（可以看作由其他容器实现的容器），可以通过下表总结一下它们和相应头文件的对应关系。

数据结构	描述	实现头文件
向量（vector）	连续存储的元素	<vector>
列表（list）	由节点组成的双向链表	<list>
双队列（deque）	连续存储的指向不同元素的指针所组成的数组	<deque>
集合（set）	由节点组成的红黑树，每个节点都包含着一个元素，节点之间以某种作用于元素对的谓词排列，没有两个不同的元素能够拥有相同的次序	<set>
多重集合（multiset）	允许存在两个次序相等的元素的集合	<set>
栈（stack）	后进先出的值的排列	<stack>
队列（queue）	先进先出的值的排列	<queue>
优先队列（priority_queue）	元素的次序是由作用于所存储的值对上的某种谓词决定的一种队列	<queue>
映射（map）	由{键，值}对组成的集合，以某种作用于键对上的谓词排列	<map>

面试例题 2：试用多态实现线性表（队列、串、堆栈），要求具备线性表的基本操作：插入、删除、测长等。[美国著名软件企业 GS 公司 2007 年 11 月面试题]

解析：队列、串、堆栈都可以实现 push、pop、测长等操作。现在要求用多态去实现，就要建立一个线性表的共性模板，来实现以上的功能。

答案：程序源代码与解释如下：

```
#include "iostream"
using namespace std;
template<typename t>
struct tcontainer
{
    virtual void push(const t& ) = 0;
    virtual void pop() = 0;
    virtual const t& begin() = 0;
    virtual const t& end() = 0;
    virtual size_t size() = 0;
};
template<typename t>
struct tvector : public tcontainer<t>
{
    static const size_t _step = 100;
    tvector()
    {
        _size = 0;
        //初始化向量实际大小
        _cap = _step;
        //向量容量为 100
        buf = 0;
        //首地址，需动态分配内存
        re_capacity(_cap);
        //此时 buf 为空，即要设置 buf 初始值
        //配了 100 个元素的空间
    }
    ~tvector()
    {
        free(buf);
    }
    void re_capacity(size_t s)
    //调整容量
    {
        if (!buf)
            buf = (t*)malloc(sizeof(t) * s);
        else
            buf=(t*)realloc(buf,sizeof(t)*s);
    }
    virtual void push(const t& v)
    {
        if (_size >= _cap)
```

```
            re_capacity(_cap += _step);
        buf[_size++] = v;
    }
    virtual void pop()
    {
        if (_size)
            _size--;
    }
    virtual const t& begin()
    {
        return buf[0];
    }
    virtual const t& end()
    {
        if (_size)
            return buf[_size - 1];
    }
    virtual size_t size()
    {
        return _size;
    }
    const t& operator[] (size_t i)
    {
        if (i >= 0 && i < _size)
            return buf[i];
    }
private :
    size_t _size;       //实际元素个数
    size_t _cap;        //已分配的容量
    t* buf;             //首地址
};
int main() {
    tvector<int> v;
    for (int i = 0; i < 1000; ++i)
        v.push(i);
    for (int i = 0; i < 1000; ++i)
        cout<<v[i]<<endl;
}
```

面试例题2：1~9的9个数字，每个数字只能出现一次，要求这样一个9位的整数：其第一位能被1整除，前两位能被2整除，前三位能被3整除……依此类推，前9位能被9整除。

[中国著名互联网企业B公司2013年11月面试题]

解析：可以采用枚举实现以上的功能。

答案：程序源代码下：

```
#include <stdio.h>
#include <vector>
using namespace std;
bool used[10];
vector <long long> v;
void dfs(int k,long long a)
{
    if(k&&a%k!=0)
        return;
    if(k==9)
    {
        v.push_back(a);
        return;
    }
    for(int i=1;i <=9;i++)
        if(!used[i])
        {
            used[i]=1;
            dfs(k+1,a*10+i);
            used[i]=0;
        }
}
int main()
{
    dfs(0,0);
    for(int i=0;i <v.size();i++)
        printf("%lld ",v[i]);
    getchar();
}
```

第10章 面向对象

有这样一句话:"编程是在计算机中反映世界",我觉得再贴切不过。面向对象(Object-Oriented)对这种说法的体现也是最优秀的。比如,我们设计的数据结构是一个学生成绩的表现,而对数据结构的操作(函数)是分离的,虽然这些操作是针对这种数据结构而产生的。为了管理大量的数据,我们不得不小心翼翼地使用它们。

作为一名软件开发人员,我们可以深刻地体会到面向对象系统设计带来的种种便利。
- 良好的可复用性:开发同类项目的次数与开发新项目的时间成反比,减少重复劳动。
- 易维护:基本上不用花太大的精力跟维护人员讲解,他们可以自己读懂源程序并修改。否则开发的系统越多,负担就越重。
- 良好的可扩充性:以前,在向一个用结构化思想设计的庞大系统中加一个功能则必须考虑兼容前面的数据结构,理顺原来的设计思路。即使客户愿意花钱修改,作为开发人员多少都有点儿恐惧。在向一个用面向对象思想设计的系统中加入新功能,不外乎是加入一些新的类,基本上不用修改原来的东西。

在面试过程中,求职者是否对面向对象的基本概念、结构和类、多态性及构造函数有清晰的认识,是否能够有效地编程实现面向对象的各种功能,是IT企业考查的重点内容。

10.1 面向对象的基本概念

面试例题 1:Which of the following(s) are NOT related to object-Oriented Design? (以下选项中哪个不是面向对象设计)

  A. Inheritance(继承)

  B. Liskov substitution principle(里氏代换原则)

C. Open-close principle（开闭原则）

D. Polymorphism（多态）

E. Defensive programming（防御式编程）

解析：面向对象设计的三原则：封装，继承，多态。

Liskov Substitution Principle（里氏代换原则）是继承复用的基石：子类型必须能够替换它们的基类型。如果每一个类型为 T1 的对象 o1，都有类型为 T2 的对象 o2，使得以 T1 定义的所有程序 P 在所有的对象 o1 都代换为 o2 时，程序 P 的行为没有变化，那么类型 T2 是类型 T1 的子类型。换言之，一个软件实体如果使用的是一个基类的话，那么一定适用于其子类，而且它根本不能察觉出基类对象和子类对象的区别。只有衍生类替换基类的同时软件实体的功能没有发生变化，基类才能真正被复用。

Open-close principle（开闭原则）是面向对象设计的重要特性之一：软件对扩展应该是开放的，对修改应该是关闭的。通俗点说，已经设计好的代码应该是不做修改的（闭），如果需求改变，就另外自己扩展一块去（开），别破坏我原来的代码。

Defensive programming（防御式编程）只是一种编程技巧，与面向对象设计无关。

防御式编程的主要思想是：子程序应该不因传入错误数据而被破坏，哪怕是由其他子程序产生的错误数据。这种思想是将可能出现的错误造成的影响控制在有限的范围内。 简单来说，就是不管出了什么错，程序都不能崩溃。用过 Windows 98，应该都对蓝屏深有体会。所以不让程序崩溃是合理的。但是这样会让程序留下隐患，比如传进来的字符串太长了，固定大小的字符串数组装不下，需要截取一段，但问题是，截取之后的信息可能就不是用户真正想要的信息了，这样可能会在后面使用数据的时候带来问题，而且对于很多后端模块，数据都应该是合法的，存在非法数据，应该是上游模块出 bug 了。

理想情况下，每一步都做防御，发现非法的情况，就输出 log，然后解决问题。但是，如果是上游模块出了问题，上游的程序员可就不积极帮忙了，反正程序没崩溃，服务还正常。这时候也没办法，只能做些简单的容错处理，做了容错之后，错误就传递到了下一层，下一层也只能继续做容错。然后哪天来个新人，看到 code 有 bug，修一下，这下惨了，下游已经把有 bug 的输入作为标准了，你这一修，把下游弄崩溃了，然后只能回滚。最后的结果就是系统里充满了各种各样的 bug，而且没法子修。每个人想着不要在我这个模块崩溃，就算要在我这个模块崩溃，也不要在我维护的时候崩溃。这本质上是一种大公司病。各部门自扫门前雪，每个人都在想，我走了之后哪管洪水涛天。

不是说模块可以随便崩溃，想要服务稳定，更重要的不是单个模块是否崩溃，而是整个系统是否稳定，把错误控制在一定范围内。比如某些特定的输入会引起系统崩溃，在探测出这些输入之后，就把它挡在前端。如果是数据更新引起的崩溃，就先少量更新，一旦发现更新出错，剩下的就不更新了。系统中尽量不要有单点。但这些事情，在大公司里也不是程序员能做到的，而是架构师的设计问题了。

答案：E

面试例题 2：Which of the following C++ keyword(s) is(are) related to encapsulation?（下面哪个/些关键字与封装相关？）

A. virtual B. void C. interface D. private E. all of the above

解析：什么是封装？

从字面意思来看，封装就是把一些相关的东西打包成一"坨"。封装最广为人知的例子，就是在面向对象编程里面，把数据和针对该数据的操作，统一到一个 class 里。

很多人把封装的概念局限于类，认为只有 OO 中的 class 才算是封装。这实际上是片面的。在很多不使用"类"的场合，一样能采用封装的手法：

（1）通过文件。

比如 C 和 C++ 支持对头文件的包含（#include）。因此，可以把一些相关的常量定义、类型定义、函数声明，统统封装到某个头文件中。

（2）通过 namespace/package/module。

C++ 的 namespace、Java 的 package、Python 的 module，这些语法虽然称呼各不相同，但具有相同的本质。因此，也可以利用这些语法来进行封装。

那么封装有一个主要的好处，就是增加软件代码的内聚性。通过增加内聚性，进而提高可复用性和可维护性。此外还可以"信息隐藏"：把不该暴露的信息藏起来。如 private、protected 之类的关键字。这些关键字可以通过访问控制，来达到信息隐藏的目的。

本题中，interface 属于继承，virtual 属于多态，private 才是与封装相关。

答案：D

面试例题 2：C++ 中的空类默认产生哪些类成员函数？[中国某著名综合软件公司 2005 年面试题]

```
class Empty
{
   public:
};
```

解析：类的概念问题。

答案：对于一个空类，编译器默认产生 4 个成员函数：默认构造函数、析构函数、复制构造函数和赋值函数。

10.2 类和结构

面试例题 1:structure 是否可以拥有 constructor / destructor 及成员函数?如果可以,那么 structure 和 class 还有区别么?[中国台湾某著名计算机硬件公司 2005 年 11 月面试题]

答案:区别是 class 中变量默认是 private,struct 中的变量默认是 public。struct 可以有构造函数、析构函数,之间也可以继承,等等。C++中的 struct 其实和 class 意义一样,唯一不同的就是 struct 里面默认的访问控制是 public,class 中默认的访问控制是 private。C++中存在 struct 关键字的唯一意义就是为了让 C 程序员有个归属感,是为了让 C++编译器兼容以前用 C 开发的项目。

扩展知识

我们可以写一段 struct 继承的例子,代码如下:

```cpp
#include <iostream>
using namespace std;
enumBREED {GOLDEN,CAIRN,DANDIE,SHETLAND,DOBERMAN,LAB};
struct Mammal
{
    public:
        Mammal():itsAge(2),itsWeight(5){}
        ~Mammal() {}

        int GetAge() const {return itsAge;}
        void SetAge(int age) {itsAge = age;}
        int GetWeight() const {return itsWeight;}
        void SetWeight(int weight) {itsWeight = weight;}

        void Speak() const { cout << "\n Mammal sound !";}
        voidSleep() const { cout<<"\n Shhh.I'm sleeping.";}
    protected:
        int itsAge;
        int itsWeight;
};
struct Dog : public Mammal
{
    public:
        Dog():itsBreed(GOLDEN){}
        ~Dog(){};
        BREEDGetBreed()const {return itsBreed;}
        voidSetBreed(BREEDbreed) {itsBreed = breed;}
```

```
            void WagTail() const {cout << "Tail wagging ...\n";}
            voidBegForFood()const{cout<<"Beggingfor food...\n";}

        private:
            BREED itsBreed;

    };
    int main()
    {
        Dog fido;
        fido.Speak();
        fido.WagTail();
        cout << "Fido is " << fido.GetAge() << "years old \n";
        return 0;
    }
```

面试例题 2:现有以下代码,则编译时会产生错误的是(   )。[中国某著名计算机金融软件公司 2005 年面试题]

```
struct Test
{
   Test(int){}
   Test(){}
   void fun(){}
};
int main ()
```

```
{
   Test a(1);   //语句1
   a.fun();     //语句2
   Test b();    //语句3
   b.fun();     //语句4
   return 0;
}
```

A.语句 1　　　B.语句 2　　　C.语句 3　　　D.语句 4

解析:Test b()这个语法等同于声明了一个函数,函数名为 b,返回值为 Test,传入参数为空。但是实际上,代码作者是希望声明一个类型为 Test,变量为 b 的变量,应该写成 Test b;,但程序中这个错误在编译时是检测不出来的。出错的是语句 4 "b.fun();",它是编译不过去的。

答案:D

10.3 成员变量

面试例题 1:哪一种成员变量可以在同一个类的实例之间共享?[中国台湾某著名计算机硬件公司 2005 年 11 月面试题]

答案:必须使用静态成员变量在一个类的所有实例间共享数据。如果想限制对静态成员变量的访问,则必须把它们声明为保护型或私有型。不允许用静态成员变量去存放某一个对象的数据。静态成员数据是在这个类的所有对象间共享的。

面试例题 2：指出下面程序的错误。如果把静态成员数据设为私有，该如何访问？[中国台湾某著名计算机硬件公司 2005 年 11 月面试题]

```cpp
#include <iostream>
using namespace std;

class Cat
{
   public:
       Cat(int age):itsAge(age)
{HowManyCats++;}
       virtual ~Cat() {HowManyCats--;}
       virtual int GetAge(){return itsAge;}
       virtual void SetAge(int age)
{itsAge = age;}
       static int HowManyCats;
      private:
          int itsAge;
};

int main()
{
    const int MaxCats = 5;int i;
    Cat *CatHouse[MaxCats];
    for(i=0;i<MaxCats;i++)
       CatHouse[i]=new Cat(i);
    for(i=0;i<MaxCats;i++)
    {
       cout << "THere are";
       cout << Cat::HowManyCats;
       cout <<"cats left!\n";
       cout <<"Deleting the one which is";
       cout << CatHouse[i]->GetAge();
       cout <<"years old\n";
       delete CatHouse[i];
       CatHouse[i]=0;
    }
    return 0;
}
```

答案：该程序错在设定了静态成员变量，却没有给静态成员变量赋初值。如果把静态成员数据设为私有，可以通过公有静态成员函数访问。

```cpp
#include <iostream>
using namespace std;

class Cat
{
   public:
       Cat(int age):itsAge(age)
{HowManyCats++;}
       virtual ~Cat() {HowManyCats--;}
       virtual int GetAge(){return itsAge;}
       virtual void SetAge(int age)
{itsAge = age;}
       static int GetHowMany()
{return HowManyCats;}
       //static int HowManyCats ;
      private:
          int itsAge;
          static int HowManyCats ;
};
int Cat::HowManyCats = 0;
void tele();
```

```cpp
int main()
{
    const int MaxCats = 5;int i;
    Cat *CatHouse[MaxCats];
    for(i=0;i<MaxCats;i++)
    {
       CatHouse[i]=new Cat(i);
       tele();
    }
    for(i=0;i<MaxCats;i++)
    {
       delete CatHouse[i];
       tele();
    }
    return 0;
}
void tele()
{
  cout << "THere are" << Cat::GetHowMany()
<< "Cats alive!\n";
}
```

面试例题 3：请问下面程序打印出的结果是什么？[中国著名杀毒软件企业 J 公司 2008 年 4 月面试题]

```cpp
# include <iostream>
```

```cpp
# include <string>
```

```cpp
using namespace std;
class base
{
private:
    int m_i;
    int m_j;
public:
    base( int i ) : m_j(i), m_i(m_j) {}
    base() : m_j(0), m_i(m_j){}
    int get_i() {return m_i;}
    int get_j() {return m_j;}
};
int main(int argc, char* argv[])
{
    base obj(98);
    cout << obj.get_i()<< endl
         << obj.get_j()<< endl;
    return 0;
}
```

解析：本题想要得到的结果是"98,98"。但是成员变量的声明是先 m_i，然后是 m_j；初始化列表的初始化变量顺序是根据成员变量的声明顺序来执行的，因此 m_i 会被赋予一个随机值。更改一下成员变量的声明顺序可以得到预想的结果。如果要得到"98,98"的输出结果，程序需要修改如下：

```cpp
# include <iostream>
# include <string>
using namespace std;
class base
{
private:
            int m_j;
// 修改成员声明顺序
            int m_i;
public:
    base() : m_j(0), m_i(m_j){}
    base( int i ) : m_i(m_j) ,m_j(i){}
    int get_i() {return m_i;}
    int get_j() {return m_j;}
};
int main(int argc, char* argv[])
{
    base obj(98);
    cout << obj.get_i()<< endl
         << obj.get_j()<< endl;
    return 0;
}
```

答案：输出结果第一个为随机数，第二个是 98。

面试例题 4：这个类声明正确吗？为什么？

```cpp
class A
{
  const int Size = 0;
};
```

解析：这道程序题存在着成员变量问题。常量必须在构造函数的初始化列表里面初始化或者将其设置成 static。

答案：

正确的程序如下：

```cpp
class A
{ A()
  {const int Size=9;}
};
```

或者：

```cpp
class A
{ static const int Size=9;
};
```

10.4 构造函数和析构函数

面试例题 1：MFC 类库中，CObject 类的重要性不言自明。在 CObject 的定义中，我们看到一个有趣的现象，即 CObject 的析构函数是虚拟的。为什么 MFC 的编写者认为 virtual destructors are necessary（虚拟的析构函数是必要的）？[美国某著名移动通信企业 2004 年面试题]

解析：
我们可以先构造一个类如下：

```
class CBase
{
  public:
    ~CBase() { ... };
    ...
};

class CChild : public CBase
{
  public:
    ~CChild() { ... };
    ...
};

main()
{
  Child c;
  ...
  return 0;
}
```

上面代码在运行时，由于在生成 CChild 对象 c 时，实际上在调用 CChild 类的构造函数之前必须首先调用其基类 CBase 的构造函数，所以当撤销 c 时，也会在调用 CChild 类析构函数之后，调用 CBase 类的析构函数（析构函数调用顺序与构造函数相反）。也就是说，无论析构函数是不是虚函数，派生类对象被撤销时，肯定会依次上调其基类的析构函数。

那么为什么 CObject 类要搞一个虚的析构函数呢？

因为多态的存在。

仍以上面的代码为例，如果 main()中有如下代码：

```
CBase * pBase;
CChild c;
pBase = &c;
```

那么在 pBase 指针被撤销时，调用的是 CBase 的析构函数还是 CChild 的呢？显然是 CBase 的（静态联编）析构函数。但如果把 CBase 类的析构函数改成 virtual 型，当 pBase 指针被撤销时，就会先调用 CChild 类构造函数，再调用 CBase 类构造函数。

答案：在这个例子里，所有对象都存在于栈框中，当离开其所处的作用域时，该对象会被自动撤销，似乎看不出什么大问题。但是试想，如果 CChild 类的构造函数在堆中分配了内存，而其析构函数又不是 virtual 型的，那么撤销 pBase 时，将不会调用 CChild::~CChild()，从而不会释放 CChild::CChild()占据的内存，造成内存泄漏。

将 CObject 的析构函数设为 virtual 型,则所有 CObject 类的派生类的析构函数都将自动变为 virtual 型,这保证了在任何情况下,不会出现由于析构函数未被调用而导致的内存泄漏。这才是 MFC 将 CObject::~CObject()设为 virtual 型的真正原因。

面试例题 2:析构函数可以为 virtual 型,构造函数则不能。那么为什么构造函数不能为虚呢?
[美国某著名移动通信企业 2004 年面试题]

答案:虚函数采用一种虚调用的办法。虚调用是一种可以在只有部分信息的情况下工作的机制,特别允许我们调用一个只知道接口而不知道其准确对象类型的函数。但是如果要创建一个对象,你势必要知道对象的准确类型,因此构造函数不能为虚。

面试例题 3:如果虚函数是非常有效的,我们是否可以把每个函数都声名为虚函数?

答案:不行,这是因为虚函数是有代价的:由于每个虚函数的对象都必须维护一个 v 表,因此在使用虚函数的时候都会产生一个系统开销。如果仅是一个很小的类,且不想派生其他类,那么根本没必要使用虚函数。

面试例题 4:析构函数可以是内联函数吗?[英国某著名计算机图形图像公司面试题]

解析:我们可以先构造一个类,让它的析构函数是内联函数,如下所示:

```
#include <iostream>
using namespace std;
class A
{
    public :
        void foo()
        {cout<<"A";} ;
        ~A();
};
```

```
inline A::~A()
{ cout << "inline";}

int main()
{
    A *niu=new A();
    niu->foo();
    delete niu;
    return 0;
}
```

该程序可以正确编译并得出结果。

答案:析构函数可以是内联函数。

面试例题 5:请看下面一段程序:

```
#include <iostream>
#include <string>
#include <vector>
using namespace std;
class B
{
    private:
        int  data;
    public:
```

```
        B()
        {
            cout<<"default constructor"
            <<endl;
        }
        ~B()
        {
            cout << "destructed " <<endl;
        }
```

```
        B(int  i):data(i)
        {
            cout<<"constructed by parameter"
<<data<<endl;
        }
    };
    B  Play(  B  b)
    {
            return  b  ;
    }
    int  main(int  argc,  char*  argv[])
    {
        B  temp=Play(5);
        return  0;
    }
```

问题：

（1）该程序输出的结果是什么？为什么会有这样的输出？

（2）B(int i):data(i)，这种用法的专业术语叫什么？

（3）Play(5)，形参类型是类，而 5 是个常量，这样写合法吗？为什么？

[英国著名图形图像公司 A 2008 年面试题]

解析：B temp=Play(5)，理论上该有两次复制（复制）构造函数，编译器把这两次合为一次，提高效率。所以把此句改为 Play(5)，会发现结果一样。都是 2 次析构，只不过区别在于：Play(5) 的第一次析构是在函数退出时，对形参的副本进行析构。第二次析构是在函数返回类对象时，再次调用复制构造函数来创建返回类对象的副本。所以还需要一次析构函数来析构这个副本。而 B temp=Play(5) 中的第二次析构是析构 B temp。在 B temp=Play(5) 加一句 system('pause'); 可以验证第二次析构是在析构 B temp，而不是析构函数返回值对象的副本，编译器把这两次合为一次，提高效率。

答案：

（1）应该有两个"destructed"输出：

```
constructed by parameter5
//在 Play(5)处，5 通过隐含的类型转换调用了 B::B(int  i)
destructed  //Play(5)返回时，参数的析构函数被调用
destructed  //temp 的析构函数调用；temp 的构造函数调用的是编译器生成的复制构造函数
```

（2）带参数的构造函数，冒号后面是成员变量初始化列表（member initialization list）。

（3）合法。单个参数的构造函数如果不添加 explicit 关键字，会定义一个隐含的类型转换（从参数的类型转换到自己）；添加 explicit 关键字会消除这种隐含转换。

10.5　复制构造函数和赋值函数

面试例题 1：编写类 String 的构造函数、析构函数和赋值函数。[中国某著名综合软件公司 2005 年面试题]

答案：

已知类 String 的原型为：

```
class String
{
public:
// 普通构造函数
String(const char *str = NULL);
// 复制构造函数
String(const String &other);
// 析构函数
~ String(void);
// 赋值函数
String & operate =(const String &other);
private:
// 用于保存字符串
char *m_data;
};
```

编写 String 的上述 4 个函数。

1. String 的析构函数

为了防止内存泄漏，我们还需要定义一个析构函数。当一个 String 对象超出它的作用域时，这个析构函数将会释放它所占用的内存。代码如下：

```
String::~String(void)
{
delete [] m_data;
// 由于m_data 是内部数据类型，也可以写成 delete m_data;
}
```

2. String 的构造函数

这个构造函数可以帮助我们根据一个字符串常量创建一个 MyString 对象。这个构造函数首先分配了足量的内存，然后把这个字符串常量复制到这块内存，代码如下：

```
String::String(const char *str)
{
if(str==NULL)
{
m_data = new char[1]; // 若能加NULL 判断则更好
*m_data = '\0';
}
else
{
int length = strlen(str);
// 若能加NULL 判断则更好
m_data = new char[length+1];
strcpy(m_data, str);
}
}
```

strlen 函数返回这个字符串常量的实际字符数（不包括 NULL 终止符），然后把这个字符串常量的所有字符赋值到我们在 String 对象创建过程中为 m_data 数据成员新分配的内存中。有了这个构造函数后，我们可以像下面这样根据一个字符串常量创建一个新的 String 对象：

```
string str("hello");
```

3．String 的复制构造函数

所有需要分配系统资源的用户定义类型都需要一个复制构造函数，这样我们可以使用这样的声明：

```
Mystring s1("hello");
Mystring s2=s1;
```

复制构造函数还可以帮助我们在函数调用中以传值方式传递一个 Mystring 参数，并且在当一个函数以值的形式返回 Mystring 对象时实现"返回时复制"。

```
String::String(const String &other) // 3 分
{
int length = strlen(other.m_data);
// 若能加 NULL 判断则更好
    m_data = new char[length+1];
    strcpy(m_data, other.m_data);
}
```

4．String 的赋值函数

赋值函数可以实现字符串的传值活动：

```
MyString s1(hello);
MyString s2;
s1=s2;
```

代码如下：

```
String & String::operate =(const String &other)
{
// 检查自赋值
if(this == &other)
return *this;
// 释放原有的内存资源
delete [] m_data;
// 分配新的内存资源，并复制内容
int length = strlen(other.m_data);
m_data = new char[length+1];
strcpy(m_data, other.m_data);
// 返回本对象的引用
return *this;
}
```

扩展知识

这里还有一个问题：String & String::operate =(const String &other)的 const 是做什么用的？

Const 有两个作用。一个是如果不加入 const 的话，比如：

```
MyString s3(pello);
Const MyString s4(qello);
s3=s4;
```

这样就会出现问题。因为一个 const 变量是不能随意转化成非 const 变量的。

其次是诸如：

```
MyString s7(pello);
MyString s8(pello);
MyString s9(qello);
```

```
S9=s7+s8;
```
不用 const 也会报错，因为用"+"赋值必须返回一个操作值已知的 MyString 对象，除非它是一个 const 对象。

面试例题 2：Which of the following is true about "Copy Constructor"？（下面关于复制构造函数的说法哪一个是正确的？）[中国某著名综合软件公司 2005 年面试题]

A．They copy constructor into each other.（给每一个对象复制一个构造函数。）

B．A default is provided, but simply does a member-wise copy.（有一个默认的复制构造函数。）

C．They can't copy arrays into each other.（不能复制队列。）

D．All of the above.（以上结果都正确。）

解析：复制构造函数问题。

答案：B

面试例题 3：Which of the following class DOES NOT need a copy constructor?（下面所列举的类哪个不需要复制构造函数？）[中国台湾某著名杀毒软件公司 2004 年面试题]

A．A matrix class in which the actual matrix is allocated dynamically within the constructor and is deleted within its destructor.（一个矩阵类：动态分配，对象的建立是利用构造函数，删除是利用析构函数。）

B．A payroll class in which each object is provided with a unique ID.（一个花名册类：每一个对象对照着唯一的 ID。）

C．A word class containing a string object and vector object of line and column location pairs.（一个 word 类，对象是字符串类和模板类。）

D．A library class containing a list of book object.（一个图书馆类：由一系列书籍对象构成。）

解析：

按照题意，寻找一个不需要复制构造函数的类。

A 选项要定义复制构造函数。

B 选项中，不自定义复制构造函数的话，势必造成两个对象的 ID 不唯一。至于说自定义了复制构造函数之后，如何保证新对象的 ID 唯一，那是实现的问题。实现的方法多种多样，比如可以使用当前的系统 tick 数作为新 ID。当然语义上有损失，不是完全意义上的复制，但在这儿只能在保持语义和实现目的之间来一个折中。

选 C 的原因是使用默认的复制构造，string 子对象和 vector 子对象的类都是成熟的类，都有合适的赋值操作，复制构造函数以避免"浅复制"问题。

D 选项显然是定义复制构造函数。

答案：C

面试例题 4：Which virtual function re-declarations of the Derived class are correct?（哪个子类的虚函数重新声明是正确的？）[中国台湾某著名杀毒软件公司 2004 年面试题]

A．Base* Base::copy(Base*);
Base* Derived::copy(Derived*);

B．Base* Base::copy(Base*);
Derived* Derived::copy(Base*);

C．ostream& Base::print(int,ostream&=cout);
ostream& Derived::print(int,ostream&);

D．void Base::eval() const;
void Derived::eval();

解析：本题问的是哪个派生类的虚函数再声明是对的。

A 选项错误，因为虚函数的声明必须与基类中定义方式完全匹配。而子类的虚函数的形参为 Derived*，与父类的虚函数形参不同。因此，子类不是虚函数的声明。但是书上解释 A 是函数重载，这个说法是错的。

A 选项子类只是重新定义了一个具有不同形参的同名函数而已，并且这个同名函数会屏蔽父类的同名函数。因为派生类的作用域嵌套在基类的作用域中。

B 选项正确，C++ Primer 第四版 P477 页所述："派生类中虚函数的声明必须与基类中定义方式完全匹配，但是有一个例外，返回对基类型的引用或指针的虚函数。派生类中的虚函数可以返回基类函数所返回类型的派生类的引用或指针"。 因此 B 选项就是 P477 页所述的例外，基类虚函数的返回类型是 Base*，而子类虚函数的返回类型是 Derived*，且 Derived 是 Base 的派生类。所以，B 的虚函数声明是正确的。

C 选项正确，虽然基类的虚函数声明中多了一个默认实参，但是依然和子类的虚函数属于同一个函数声明。

D 选项错误，因为 D 的子类的虚函数不是一个 const 函数，和基类的虚函数声明不一致。D 选项也不是函数重载，只是子类重新定义了一个非 const 同名函数而已。

答案：B 和 C

面试例题 5：以下程序存在问题么？该如何修改？[中国著名杀毒软件企业 J 公司 2008 年 4 月面试题]

```
#include <new>
#include <iostream>
using namespace std;
class NamedStr
{
public:
  NamedStr()
  {
    static const char s_szDefaultName[] =
"Default name";
    static const char s_szDefaultStr[] =
"Default string";
    strcpy(m_pName, s_szDefaultName);
    strcpy(m_pData, s_szDefaultStr);
```

```cpp
    }
    NamedStr(const char *pName, const char
*pData)
    {
      m_pName = new char[strlen(pName)];
      m_pData = new char[strlen(pData)];
      strcpy(m_pName, pName);
      strcpy(m_pData, pData);
    }
    ~NamedStr(){}
    void Print()
    {
      cout<< "Name: "<< m_pName<< endl;
      cout<< "String: "<< m_pData<< endl;
    }
  private:
    char *m_pName;
    char *m_pData;
};
int _tmain(int argc, _TCHAR* argv[])
{
  NamedStr *pDefNss = NULL;
  try
  {
    pDefNss = new NamedStr[10];
    NamedStr ns("Kingsoft string",
"This is for test.");
    ns.Print();
  }
  catch (...)
  {
    cout<< "Exception!"<< endl;
  }
  delete pDefNss;
  return 0;
}
```

解析：本题有如下几个错误。

（1）析构函数中应处理字符指针的释放。

（2）应该编写复制构造函数与赋值函数，这是因为类中已经包含了需要深复制的字符指针。

（3）这个构造函数：NamedStr(const char *pName, const char *pData) 中，存在为字符指针与内存大小不匹配的错误，应在原来的基础上增加一个字节，用来保存结束符。如 m_pName = new char[strlen(pName) + 1];，并在复制结束后手工增加结束符。另外最好使用较安全的 strncpy 代替 strcpy。

（4）默认构造函数 NamedStr()中对未分配内存空间的字符指针赋值，会引起异常。

（5）缺少头文件 tchar.h。

答案：

修改后的程序代码如下：

```cpp
#include <tchar.h>    //加此头文件
#include <new>
#include <iostream>
using namespace std;
class NamedStr
{
public:
  NamedStr()
  {
    static const char s_szDefaultName[] = "Default name";
    static const char s_szDefaultStr[] = "Default string";
    m_pName=new char[strlen(s_szDefaultName)+1];
    m_pData=new char[strlen(s_szDefaultStr)+1];
    strcpy(m_pName, s_szDefaultName);
    strcpy(m_pData, s_szDefaultStr);
  }
  NamedStr(const char *pName, const char *pData)
  {
    //空间要加1，以避免越界
    m_pName = new char[strlen(pName)+1];
```

```
    m_pData = new char[strlen(pData)+1];      int _tmain(int argc, _TCHAR* argv[])
                                              {
    strcpy(m_pName, pName);                     NamedStr *pDefNss = NULL;
    strcpy(m_pData, pData);                     try
}                                               {
                                                  pDefNss = new NamedStr[10];
~NamedStr()                                       NamedStr ns("Kingsoft string","This is
{                                             for test.");
//构造函数里动态分配了内存,析构函数里要              ns.Print();
//(delete)释放内存                              }
    delete[] m_pName;                           catch (...)
    delete[] m_pData;                           {
}                                                 cout << "Exception!" << endl;
void Print()                                    }
{
    cout << "Name: " << m_pName << endl;        delete[] pDefNss;
    cout << "String: " << m_pData << endl;
}                                               return 0;
private:                                      }
    char *m_pName;
    char *m_pData;
};
```

10.6 多态的概念

面试例题 1：什么是多态？

答案：

开门，开窗户，开电视。在这里的"开"就是多态！

多态性可以简单地概括为"一个接口，多种方法"，在程序运行的过程中才决定调用的函数。多态性是面向对象编程领域的核心概念。

多态（Polymorphisn），按字面的意思就是"多种形状"。多态性是允许你将父对象设置成为和它的一个或更多的子对象相等的技术，赋值之后，父对象就可以根据当前赋值给它的子对象的特性以不同的方式运作。简单地说就是一句话，允许将子类类型的指针赋值给父类类型的指针。多态性在 Object Pascal 和 C++中都是通过虚函数（Virtual Function）实现的。

扩展知识（多态的作用）

虚函数就是允许被其子类重新定义的成员函数。而子类重新定义父类虚函数的做法，称为"覆盖"（override），或者称为"重写"。这里有一个初学者经常混淆的概念。上面说了覆盖（override）和重载（overload）。覆盖是指子类重新定义父类的虚函数的做法。而重载，是指允许存在多个同名函数，而这些函数的参数表不同（或许参数个数不同，或许参数类型不同，或许两者都不同）。其实，重载的概念并不属于"面向对象编程"。重载的实现是编译器根据函数不同的参数表，对同名函数的名称做修饰，然后这些同名函数就成了不同的函数（至少对于编译器来说是这样的）。如，有两个同名函数 function func(p:integer):integer;和 function func(p:string):integer;。那么编译器做过修饰后的函数名称可能是 int_func，str_func。对于这两个函数的调用，在编译器间就已经确定了，是静态的（记住：是静态）。也就是说，它们的地址在编译期就绑定了（早绑定），因此，重载和多态无关。真正与多态相关的是"覆盖"。当子类重新定义了父类的虚函数后，父类指针根据赋给它的不同的子类指针，动态（记住：是动态）地调用属于子类的该函数，这样的函数调用在编译期间是无法确定的（调用的子类的虚函数的地址无法给出）。因此，这样的函数地址是在运行期绑定的（晚绑定）。结论就是重载只是一种语言特性，与多态无关，与面向对象也无关。

引用一句 Bruce Eckel 的话："不要犯傻，如果它不是晚绑定，它就不是多态。"

那么，多态的作用是什么呢？我们知道，封装可以隐藏实现细节，使得代码模块化；继承可以扩展已存在的代码模块（类）；它们的目的都是为了代码重用。而多态则是为了实现另一个目的——接口重用！而且现实往往是，要有效重用代码很难，而真正最具有价值的重用是接口重用，因为"接口是公司最有价值的资源。设计接口比用一堆类来实现这个接口更费时间，而且接口需要耗费更昂贵的人力和时间"。其实，继承为重用代码而存在的理由已经越来越薄弱，因为"组合"可以很好地取代继承的扩展现有代码的功能，而且"组合"的表现更好（至少可以防止"类爆炸"）。因此笔者个人认为，继承的存在很大程度上是作为"多态"的基础而非扩展现有代码的方式。

那么什么是接口重用？我们举一个简单的例子。假设我们有一个描述飞机的基类如下（Object Pascal 语言描述）：

```
type
plane = class
public
procedure fly(); virtual; abstract;      //起飞纯虚函数
procedure land(); virtual; abstract;     //着陆纯虚函数
function modal() : string; virtual; abstract;
//查询型号纯虚函数
end;
```

然后，我们从 plane 派生出两个子类，直升机（copter）和喷气式飞机（jet）：

```
copter = class(plane)
private
fModal : String;
```
```
public
constructor Create();
destructor Destroy(); override;
```

```
    procedure fly(); override;                    public
    procedure land(); override;                     constructor Create();
    function modal() : string;                      destructor Destroy(); override;
    override;                                       procedure fly(); override;
  end;                                              procedure land(); override;
                                                    function modal() : string;
  jet = class(plane)                                override;
  private                                         end;
    fModal : String;
```

现在，我们要完成一个飞机控制系统。有一个全局的函数 plane_fly，它负责让传递给它的飞机起飞，那么，只需要这样：

```
    procedure plane_fly                                 pplane.fly();
  (const pplane : plane);                           end;
    begin
```

就可以让所有传给它的飞机（plane 的子类对象）正常起飞。不管是直升机还是喷气机，甚至是现在还不存在的、以后会增加的飞碟。因为，每个子类都已经定义了自己的起飞方式。

可以看到 plane_fly 函数接受的参数是 plane 类对象引用，而实际传递给它的都是 plane 的子类对象。现在回想一下开头所描述的"多态"：多态性是允许你将父对象设置成为和一个或更多的它的子对象相等的技术，赋值之后，父对象就可以根据当前赋值给它的子对象的特性以不同的方式运作。很显然，parent = child; 就是多态的实质。因为直升机"是一种"飞机，喷气机也"是一种"飞机，因此，所有对飞机的操作都可以对它们操作。此时，飞机类就是一种接口。多态的本质就是将子类类型的指针赋值给父类类型的指针（在 OP 中是引用），只要这样的赋值发生了，多态也就产生了，因为实行了"向上映射"。

应用多态的例子非常普遍。在 Delphi 的 VCL 类库中，最典型的就是 TObject 类有一个虚拟的 Destroy 虚构函数和一个非虚拟的 Free 函数。Free 函数中是调用 Destroy 的。因此，当我们对任何对象（都是 TObject 的子类对象）调用 .Free();之后，都会执行 TObject.Free();，它会调用我们所使用的对象的析构函数 Destroy();。这就保证了任何类型的对象都可以正确地被析构。

多态性是面向对象最重要的特性。

面试例题 2：重载和覆盖有什么不同？

答案：虚函数总是在派生类中被改写，这种改写被称为"override"（覆盖）。

override 是指派生类重写基类的虚函数，就像我们前面在 B 类中重写了 A 类中的 foo() 函数。重写的函数必须有一致的参数表和返回值（C++标准允许返回值不同的情况，但是很少有编译器支持这个特性)。Override 这个单词好像一直没有什么合适的中文词汇来对应。有人译为"覆盖",还贴切一些。

overload 约定成俗地被翻译为"重载",是指编写一个与已有函数同名但是参数表不同的函数。例如一个函数既可以接收整型数作为参数,也可以接收浮点数作为参数。重载不是一种面向对象的编程,而只是一种语法规则,重载与多态没有什么直接关系。

面试例题 3:which of the following one is NOT resolved at compile time?(下面哪个不能在编译时间被解析)

A. Macros　　　　　　　　　　B. Inline functions
C. Template in C++　　　　　　D. virtual function calls in C++

解析:宏、内联函数、模板都可以在编译时候解析,唯独虚函数不行,它必须在运行时才能确定。

答案:D

10.7 友元

面试例题 1:写一个程序,设计一个点类 Point,求两个点之间的距离。[中国软件企业 LC 公司 2007 年 12 月面试题]

解析:本题可以使用友元。

类具有封装和信息隐藏的特性。只有类的成员函数才能访问类的私有成员,程序中的其他函数是无法访问私有成员的。非成员函数可以访问类中的公有成员,但是如果将数据成员都定义为公有的,这又破坏了隐藏的特性。另外,应该看到在某些情况下,特别是在对某些成员函数多次调用时,由于参数传递、类型检查和安全性检查等都需要时间开销,而影响程序的运行效率。

为了解决上述问题,提出一种使用友元的方案。友元是一种定义在类外部的普通函数,但它需要在类体内进行说明,为了与该类的成员函数加以区别,在说明时前面加以关键字 friend。友元不是成员函数,但是它可以访问类中的私有成员。友元的作用在于提高程序的运行效率,但是,它破坏了类的封装性和隐藏性,使得非成员函数可以访问类的私有成员。

友元可以是一个函数,该函数被称为友元函数;友元也可以是一个类,该类被称为友元类。

答案:
代码如下:

```
class Point
{
private:
    float x;
    float y;
public:
    point(floata=0.0f,floatb=0.0f):x(a,b){};
    friend float distance(Point& left, Point& right)
};

//最简单的点类的写法
float distance(Point& left, Point& right){
    return ((left.x-right.x)^2+(left.y-right.y)^2)^0.5
}
```

面试例题 2：请描述模板类的友元重载，用 C++代码实现。[中国软件企业 LC 公司 2007 年 12 月面试题]

答案：

代码如下：

```
#include <iostream>
using namespace std;
template <class T>
class Test;
template <class T>
ostream& operator<<(ostream& out,
    const Test<T> &obj);
template <class T>
class Test
{
private:
    int num;
public:
    Test(int n=0){num=n;}
    Test(const Test <T> & copy){num=copy.num;}
    friend ostream& operator<< <T>
    (ostream& out,const Test<T> &obj);
```

```
//注意在"<<"后加上"<>"表明这是个函数模板
};
template <class T>
ostream& operator<<(ostream& out,
    const Test<T> &obj)
{
    out<<obj.num;
    return out;
}
int main()
{
    Test<int> t(2);
    cout<<t;
    return 0;
}
```

10.8 异常

面试例题 1：In C++, you should NOT throw exceptions from: (在 C++中，你不应该从以下哪个抛出异常)。[美国著名软件企业 M 公司 2013 年面试题]

A. Constructor（构造函数）   B. Destructor（析构函数）

C. Virtual function（虚方法）   D. None of the above（以上答案都不对）

解析：构造函数中抛出异常是有一定必要的，试想如下情况：

构造函数中有两次 new 操作，第一次成功了，返回了有效的内存，而第二次失败，此时因为对象构造尚未完成，析构函数是不会调用的，也就是 delete 语句没有被执行，第一次 new 出的内存就悬在那儿了（发生内存泄露），所以异常处理程序可以将其暴露出来。

```
//...
Base()
{
 int* p = new int();
 try{
  int* q = new int(); //假如失败
  //throw 2... //如果直接抛异常，构造函数失败，不执行析构函数
  }
 catch(...) {
  delete p; //
  throw;
  }
}
```

构造函数中遇到异常是不会调用析构函数的，一个对象的父对象的构造函数执行完毕，不能称之为构造完成，对象构造是不可分割的，要么完全成功，要么完全失败，C++保证这一点。对于成员变量，C++遵循这样的规则，即会从异常的发生点按照成员变量的初始化的逆序释放成员。举例来说，有如下初始化列表：

```
A::A():m1(),m2(),m3(),m4(),m5()
{...}
```

假定 m3 的初始化过程中抛出异常，则会按照 m2,m1 的顺序调用这两个成员的析构函数。在{}之间发生的未捕捉异常，最终会导致在栈的开解时析构所有的数据成员。

处理这样的问题，使用智能指针是最好的，这是因为 auto_ptr 成员是一个对象而不是指针。换句话说，只要不使用原始的指针，那么就不必担心构造函数抛出异常而导致资源泄漏。所以在 C++中，资源泄漏的问题一般都用 RAII（资源获取就是初始化）的办法：把需要打开/关闭的资源用简单的对象封装起来(这种封装可以同时有多种用处，比如隐藏底层 API 细节，以利于移植)。这可以省去很多的麻烦。

如果不用 RAII，即使当前构造函数里获取的东西在析构函数里都释放了，如果某天对类有改动，要新增加一种资源，构造函数里一般能适当地获取，但记不记得要在析构函数里相应地释放呢？失误的比率很大。如果考虑到构造函数里抛出异常，就更复杂了。随着项目的不断扩大和时间的推移，这些细节不可能都记得住，而且，有可能会由别人来实施这样的改动。

从运行结果可以得出如下结论：

（1）C++中通知对象构造失败的唯一方法，就是在构造函数中抛出异常；

（2）对象的部分构造是很常见的，异常的发生点也完全是随机的，程序员要谨慎处理这种情况；

（3）当对象发生部分构造时，已经构造完毕的子对象将会逆序地被析构（即异常发生点前面的对象）；而还没有开始构建的子对象将不会被构造了（即异常发生点后面的对象），当然它也就没有析构过程了；还有正在构建的子对象和对象自己本身将停止继续构建（即出现异常的对象），并且它的析构是不会被执行的。

下面再说一下析构函数抛异常的情况。

Effective C++建议，析构函数尽可能地不要抛出异常。设想如果对象出了异常，现在异常处理模块为了维护系统对象数据的一致性，避免资源泄漏，有责任释放这个对象的资源，调用对象的析构函数，可现在假如析构过程又再出现异常，那么请问由谁来保证这个对象的资源释放呢？而且这新出现的异常又由谁来处理呢？不要忘记前面的一个异常目前都还没有处理结束，因此这就陷入了一个矛盾之中，或者说处于无限的递归嵌套之中。所以C++标准就做出了这种假设。看一下如下析构函数抛出异常的例子：

```
#include<iostream>
#include<stdlib.h>
using namespace std;

class Base
{
public:
    void fun()    {  throw 1;  }
    ~Base()       {  throw 2;  }
};

int main()
```

```
{
    try
    {
        Base base;
        //base.fun();  //注释1
    }
    catch (...)
    {
        //cout <<"get the catch"<<endl;
    }
}
```

运行没有问题。下面打开注释1（//base.fun();），再试运行，结果程序会崩溃。

为什么呢？

因为SEH是一个链表，链表头地址存在FS:[0]的寄存器里面。函数base.fun先抛出异常，从FS:[0]开始向上遍历SHL节点，匹配到catch块。找到代码里面的一个catch块，再去展开栈，调用base的析构函数，然而析构又抛出异常。如果系统再去从SEL链表匹配，会改变FS:[0]值，这时候程序迷失了，不知道下面该怎么办？因为它已经丢掉了上一次异常链的那个节点。

如果把异常完全封装在析构函数内部，不让异常抛出函数之外。程序还会正常运行吗？

```
#include<iostream>
#include<stdlib.h>
using namespace std;
```

```
class Base
{
```

```
public:
   void fun()    {  throw 1;   }
   ~Base()
   {
      try
      {
          throw 2;
      }
      catch (int e)
      {
        //do something
      }
   }
};
```

```
int main()
{
   try
   {
      Base base;
      base.fun();
   }
   catch (...)
   {
      cout <<"get the catch"<<endl;
   }
}
```

的确可以运行。因为析构抛出来的异常，在到达上一层析构节点之前已经被别的 catch 块给处理掉了。那么当回到上一层异常函数时，其 SEH 没有变，程序可以继续执行。所以"析构函数尽可能地不要抛出异常"。如果非抛不可，语言也提供了方法，就是自己的异常，自己给吃掉。但是这种方法不提倡，有错最好早点报出来。

答案：B

第 11 章

继承与接口

整个 C++程序设计全面围绕面向对象的方式进行。类的继承特性是 C++的一个非常重要的机制。继承特性可以使一个新类获得其父类的操作和数据结构,程序员只需在新类中增加原有类中没有的成分。

可以说这一章的内容是 C++面向对象程序设计的关键。

下面我们简单地说一下继承的概念,先看下图。

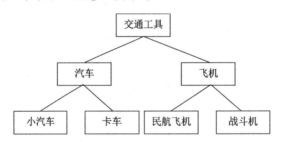

上图是一个抽象描述的特性继承表。

交通工具是一个基类(也称作父类)。在通常情况下所有交通工具所共同具备的特性是速度与额定载人的数量。但按照生活常规,我们继续对交通工具进行细分的时候,我们会分别想到汽车类和飞机类等。汽车类和飞机类同样具备速度和额定载人数量这样的特性,而这些特性是所有交通工具所共有的。那么当建立汽车类和飞机类的时候,我们无须再定义基类已经有的数据成员,而只需要描述汽车类和飞机类所特有的特性即可。飞机类和汽车类的特性是由其在交通工具类原有特性的基础上增加而来的,那么飞机类和汽车类就是交通工具类的派生类(也称作子类)。依此类推,层层递增,这种子类获得父类特性的概念就是继承。

一旦成功定义派生类,那么派生类就可以操作基类的所有数据成员,包括受保护型的。甚至我们可以在构造派生类对象的时候初始化它们,但我们不推荐这么做,因为类与类之间的操作是通过接口进行沟通的，为了不破坏类的这种封装特性，即使是父类与子类的操作也应遵循这个思想。这么做的好处也是显而易见的。当基类有错的时候，只要不涉及接口，那么基类的修改就不会影响到派生类的操作。

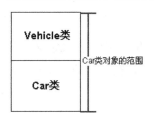

至于为什么派生类能够对基类成员进行操作，右图可以简单地说明基类与子类在内存中的排列状态。

我们知道，类对象操作的时候在内部构造时会有一个隐性的this指针。由于Car类是Vehicle的派生类，那么当Car对象创建的时候，这个this指针就会覆盖到Vehicle类的范围，所以派生类能够对基类成员进行操作。

在面试过程中，各大企业会考量你对虚函数、纯虚函数、私有继承、多重继承等知识点的掌握程度。因此，这是本书比较难掌握的一章。

11.1 覆盖

面试例题1：以下代码的输出结果是什么？[中国著名门户网站W公司2007年9月校园招聘面试题]

```cpp
#include <iostream>
using namespace std;

class A
{
protected:
  int m_data;

public:
  A(int data = 0)
    {m_data = data; }
  int GetData()
    {return doGetData();}
  virtual int doGetData()
    {return m_data;}
};

class B:public A
{
protected:
  int m_data;
public:
  B(int data = 1)
    {m_data = data; }
  int doGetData()
    {return m_data;}
```

```cpp
};

class C:public B
{
protected:
  int m_data;
public:
  C(int data=2)
    {m_data = data; }
};
int main()
{
  C c(10);

  cout <<c.GetData() <<endl;
  cout <<c.A::GetData() <<endl;
  cout <<c.B::GetData() <<endl;
  cout <<c.C::GetData() <<endl;
  cout <<c.doGetData() <<endl;
  cout <<c.A::doGetData() <<endl;
  cout <<c.B::doGetData() <<endl;
  cout <<c.C::doGetData() <<endl;
  system( "PAUSE ");
  return 0;
}
```

解析：构造函数从最初始的基类开始构造，各个类的同名变量没有形成覆盖，都是单独的变量。理解这两个重要的C++特性后解决这个问题就比较轻松了。下面我们详解这几条输出语句。

```
cout <<c.GetData() <<endl;
```

本来是要调用 C 类的 GetData()，C 中未定义，故调用 B 中的，但是 B 中也未定义，故调用 A 中的 GetData()，因为 A 中的 doGetData()是虚函数，所以调用 B 类中的 doGetData()，而 B 类的 doGetData()返回 B::m_data，故输出 1。

```
cout <<c.A::GetData() <<endl;
```

因为 A 中的 doGetData()是虚函数，又因为 C 类中未重定义该接口，所以调用 B 类中的 doGetData()，而 B 类的 doGetData()返回 B::m_data，故输出 1。

```
cout <<c.B::GetData() <<endl;
```

肯定返回 1 了。

```
cout <<c.C::GetData() <<endl;
```

因为 C 类中未重定义 GetData()，故调用从 B 继承来的 GetData()，但是 B 类也未定义，所以调用 A 中的 GetData()，因为 A 中的 doGetData()是虚函数，所以调用 B 类中的 doGetData()，而 B 类的 doGetData()返回 B::m_data，故输出 1。

```
cout <<c.doGetData() <<endl;
```

肯定是 B 类的返回值 1 了。

```
cout <<c.A::doGetData() <<endl;
```

因为直接调用了 A 的 doGetData()，所以输出 0。

```
cout <<c.B::doGetData() <<endl;
```

因为直接调用了 B 的 doGetData()，所以输出 1。

```
cout <<c.C::doGetData() <<endl;
```

因为 C 类中未重定义该接口，所以调用 B 类中的 doGetData()，而 B 类的 doGetData()返回 B::m_data，故输出 1。这里要注意存在一个就近调用，如果父辈存在相关接口则优先调用父辈接口，如果父辈也不存在相关接口则调用祖父辈接口。

答案：1 1 1 1 1 0 1 1。

面试例题 2：以下代码的输出结果是什么？[德国某著名电子/通信/IT 企业 2005 年面试题]

```
#include <iostream>
using namespace std;
```

```
class A {
   public:
   void virtual f() {
```

```
        cout<<"A"<<endl;                          A* pa=new A();
    }                                             pa->f();
};                                                B* pb=(B*)pa;
class B :public A{                                pb->f();
    public:                                       delete pa,pb;
        void virtual f() {                        pa=new B();
            cout<<"B"<<endl;                      pa->f();
        }                                         pb=(B*)pa;
};                                                pb->f();
int main() {                                    };
```

A．A A B A　　B．A A B B　　C．A A A B　　D．A B B A

解析：这是一个虚函数覆盖虚函数的问题。A 类里的 f 函数是一个虚函数，虚函数是被子类同名函数所覆盖的。而 B 类里的 f 函数也是一个虚函数，它覆盖 A 类 f 函数的同时，也会被它的子类覆盖。但是在 B*pb=(B*)pa;里面，该语句的意思是转化 pa 为 B 类型并新建一个指针 pb，将 pa 复制到 pb。但这里有一点请注意，就是 pa 的指针始终没有发生变化，所以 pb 也指向 pa 的 f 函数。这里并不存在覆盖的问题。

delete pa,pb;删除了 pa 和 pb 所指向的地址，但 pa、pb 指针并没有删除，也就是我们通常说的悬浮指针。现在重新给 pa 指向新地址，所指向的位置是 B 类的，而 pa 指针类型是 A 类的，所以就产生了一个覆盖。pa->f();的值是 B。

pb=(B*)pa;转化 pa 为 B 类指针给 pb 赋值，但 pa 所指向的 f 函数是 B 类的 f 函数，所以 pb 所指向的 f 函数是 B 类的 f 函数。pb->f();的值是 B。

答案：B

11.2 私有继承

面试例题 1：Tell me the difference in public inherit and private inherit.（公有继承和私有继承的区别是什么？）[中国某著名计算机金融软件公司 2005 年面试题]

A．No difference.（没有区别。）

B．Private inherit will make every member from parent class into private.（私有继承使对象都可以继承，只是不能访问）

C．Private inherit will make functions from parent class into private.（私有继承使父类中的函数转化成私有。）

D．Private inherit make every member from parent not-accessible to sub-class.（私有继承使对象不能被派生类的子类访问。）

解析：
A 肯定错，因为子类只能继承父类的 protected 和 public，所以 B 也是错误的。
C 的叙述不全面，而且父类可能有自己的私有方法成员，所以也是错误的。
答案： D

扩展知识

一个私有的或保护的派生类不是子类，因为非公共的派生类不能做基类能做的所有的事。例如，下面的代码定义了一个私有继承基类的类：

```
#include
class Animal
{
  public:
    Animal(){}
    void eat(){cout<<"eat\n";}
};
class Giraffe: private Animal
{
  public:
    Giraffe(){}
    void StrechNeck(double)
      {cout<<"strech neck \n";}
}
class Cat: public Animal
{
  Cat(){}
  Void Meaw(){cout<<"meaw\n";}
};
void Func(Animal& an)
{
  an.eat();
}
void main()
{
  Cat dao;
  Giraffe gir;
  Func(dao);
  Func(gir);  //error
}
```

函数 Func() 要用一个 Animal 类型的对象，但调用 Func(dao) 实际上传递的是 Cat 类的对象。因为 Cat 是公共继承 Animal 类，所以 Cat 类中的对象可以使用 Animal 类的所有的公有成员变量或函数。Animal 对象可以做的事，Cat 对象也可以做。

但是，对于 gir 对象就不一样。Giraffe 类私有继承了 Animal 类，意味着对象 gir 不能直接访问 Animal 类的成员。其实，在 gir 对象空间中，包含 Animal 类的对象，只是无法让其公开访问。

公有继承就像是三口之家的小孩，享受父母所给的温暖，享有父母的一切（public 和 protected 的成员）。其中保护的成员不能被外界所享有，但可以为小孩所拥有。只是父母还有其一点点隐私（private 成员）不能为小孩所知道。

私有继承就像是离家出走的小孩，一个人在外面漂泊。他（她）不能拥有父母的住房和财产（如 gir.eat() 是非法的），在外面自然也就不能代表其父母，甚至不算是其父母的小孩。但是在他（她）的身体中，流淌着父母的血液，所以，在小孩自己的行为中又有其与父母相似的成分。

例如下面的代码中，Giraffe 继承了 Animal 类，Giraffe 的成员函数可以像 Animal 对象那样访问其 Animal 成员：

```
#include
class Animal
{
 public:
   Animal(){}
   void eat(){ cout <<"eat.\n"; }
};
class Giraffe :private Animal
{
 public:
   Giraffe(){}
   void StretchNeck()
     {cout <<"stretch neck.\n";}
   void take(){ eat(); } //ok
};
void Func(Giraffe & an)
{
  an.take();
}
void main()
{
  Giraffe gir;
  gir.StretchNeck();
  Func(gir); //ok
}
```

运行结果为：

```
stretch neck.
eat.
```

上例中，gir 对象就好比是小孩。eat()成员函数是其父母的行为，take()成员函数是小孩的行为，在该行为中，渗透着其父母的行为。但是小孩无法直接使用 eat()成员函数，因为，离家出走的他（她）无法拥有其父母的权力。保护继承与私有继承类似，继承之后的类相对于基类来说是独立的。保护继承的类对象，在公开场合同样不能使用基类的成员。代码如下：

```
#include
    class Animal
    {
     public:
       Animal(){}
       void eat(){cout<<"eat\n"; }
    };
    class Giraffe: protected Animal
    {
      Giraffe(){}
      void StrechNeck(double)
        {cout<<"strechneck\n"; }
      void take()
      {
        eat();    //ok
      }
    };
    void main()
    {
      Giraffe gir;
      gir.eat(); //error
      gir.take();    //ok
      gir.StretchNeck();
    }
```

派生类的 3 种继承方式小结如下。

公有继承（public）、私有继承（private）和保护继承（protected）是常用的 3 种继承方式。

1. 公有继承方式

基类成员对其对象的可见性与一般类及其对象的可见性相同，公有成员可见，其他成员不可见。这里保护成员与私有成员相同。

基类成员对派生类的可见性对派生类来说，基类的公有成员和保护成员可见，基类的公有成员和保护成员作为派生类的成员时，它们都保持原有的状态；基类的私有成员不可见，基类的私有成员仍然是私有的，派生类不可访问基类中的私有成员。

基类成员对派生类对象的可见性对派生类对象来说，基类的公有成员是可见的，其他成员是不可见的。

所以，在公有继承时，派生类的对象可以访问基类中的公有成员，派生类的成员函数可以访问基类中的公有成员和保护成员。

2. 私有继承方式

基类成员对其对象的可见性与一般类及其对象的可见性相同，公有成员可见，其他成员不可见。

基类成员对派生类的可见性对派生类来说，基类的公有成员和保护成员是可见的，基类的公有成员和保护成员都作为派生类的私有成员，并且不能被这个派生类的子类所访问；基类的私有成员是不可见的，派生类不可访问基类中的私有成员。

基类成员对派生类对象的可见性对派生类对象来说，基类的所有成员都是不可见的。

所以，在私有继承时，基类的成员只能由直接派生类访问，而无法再往下继承。

3. 保护继承方式

这种继承方式与私有继承方式的情况相同。两者的区别仅在于对派生类的成员而言，基类成员对其对象的可见性与一般类及其对象的可见性相同，公有成员可见，其他成员不可见。

基类成员对派生类的可见性对派生类来说，基类的公有成员和保护成员是可见的，基类的公有成员和保护成员都作为派生类的保护成员，并且不能被这个派生类的子类的对象所访问，但可以被派生类的子类所访问；基类的私有成员是不可见的，派生类不可访问基类中的私有成员。

基类成员对派生类对象的可见性对派生类对象来说，基类的所有成员都是不可见的。

C++支持多重继承，从而大大增强了面向对象程序设计的能力。多重继承是一个类从多个基类派生而来的能力。派生类实际上获取了所有基类的特性。当一个类是两个或多个基类的派生类时，必须在派生类名和冒号之后，列出所有基类的类名，基类间用逗号隔开。派生类的构造函数必须激活所有基类的构造函数，并把相应的参数传递给它们。派生类可以是另一个类的基类，这样，相当于形成了一个继承链。当派生类的构造函数被激活时，它的所有基类的构造函数也都会被激活。在面向对象的程序设计中，继承和多重继承一般指公共继承。在无继承的类中，protected 和 private 控制符是没有差别的。在继承中，基类的 private 对所有的外界都屏蔽（包括自己的派生类），基类的 protected 控制符对应用程序是屏蔽的，但对其派生类是可访问的。

保护继承和私有继承只是在技术上讨论时有其一席之地。

面试例题 2：请考虑标记为 A 到 J 的语句在编译时可能出现的情况。如果能够成功编译，请记为"RIGHT"，否则记为"ERROR"。[中国台湾某著名计算机硬件公司 2005 年 12 月面试题]

```
#include <iostream>
#include <stdio.h>
class Parent
{
  public:
    Parent(int var = -1)
    {
      m_nPub = var;
      m_nPtd = var;
      m_nPrt = var;
    }
  public:
    int m_nPub;
  protected:
    int m_nPtd;
  private:
    int m_nPrt;
};
class Child1:public Parent
{
  public:
    int GetPub(){return m_nPub;};
    int GetPtd(){return m_nPtd;};
    int GetPrt(){return m_nPrt;};
    //A
};
class Child2:protected Parent
{
  public:
    int GetPub(){return m_nPub;};
    int GetPtd(){return m_nPtd;};
    int GetPrt(){return m_nPrt;};
    //B
};
```

```
class Child3:private Parent
{
  public:
    int GetPub(){return m_nPub;};
    int GetPtd(){return m_nPtd;};
    int   GetPrt(){return   m_nPrt;};
//C
};
int main()
{
  Child1 cd1;
  Child2 cd2;
  Child3 cd3;

  int nVar = 0;
//public inherited
  cd1.m_nPub = nVar;
//D
  cd1.m_nPtd = nVar;
//E
  nVar = cd1.GetPtd();
//F
//protected inherited
  cd2.m_nPub = nVar;
//G
  nVar = cd2.GetPtd();
//H
//private inherited
  cd3.m_nPub = nVar;
//I
  nVar = cd3.GetPtd();
//J
  return 0;
}
```

解析：

A、B、C 都是错误的。因为 m_nPrt 是父类 Parent 的私有变量，所以不能被子类访问。

D 正确。cd1 是公有继承，可以访问并改变父类的公有变量。

E 错误。m_nPtd 是父类 Parent 的保护变量，不可以被公有继承的 cd1 访问，更不可以被修改。虽然 m_nPtd 是父类 Parent 的保护变量，经过公有继承后，m_nPtd 在子类中依然是

Protected，而子类的对象【cd1】是不能访问自身的 protected 成员，只能访问 public 成员。

F 正确。可以通过函数访问父类的保护变量。

G 错误。cd2 是保护继承的，不可以直接修改父类的公有变量。

H 正确。可以通过函数访问父类的保护变量。

I 错误。cd3 是私有继承的，不可以直接修改父类的公有变量。

J 正确。可以通过函数访问父类的保护变量。

答案：

A、B、C、E、G、I 是"ERROR"。

D、F、H、J 是"RIGHT"。

11.3 虚函数继承和虚继承

面试例题 1：Which of the following options describe the expected answer for a class that has 5 virtual functions? （一个类有 5 个虚方法，下列说法正确的是哪项？）[英国某图形软件公司 A2009 年 10 月面试题]

A. Every object of the class holds the address of the first virtual function, and each function in turn holds the address of the next virtual function. （类中的每个对象都有第一个虚方法的地址，每一个方法都有下一个虚方法的地址。）

B. Every object of the class holds the address of a link list object that holds the addresses of the virtual functions. （类中的每个对象都有一个链表用来存虚方法地址。）

C. Every object of the class holds the addresses of the 5 virtual functions. （类中的每个对象都保存 5 个虚方法的地址。）

D. Every object of the class holds the address of a structure that holding the addresses of the 5 virtual functions. （类中的每个对象有一个结构用来保存虚方法地址。）

解析：每个对象里有虚表指针，指向虚表，虚表里存放了虚函数的地址。虚函数表是顺序存放虚函数地址的，不需要用到链表（link list）。

答案：B

面试例题 2：下面程序的结果是什么？

```
#include <iostream>
#include <memory.h>
#include<assert.h>

using namespace std;
```

```
class A
{
    char k[3];
public:
```

```
        virtual void aa(){};
};
class B : public virtual A
{
    char j[3];
    //加入一个变量是为了看清楚 class 中的
      vfptr 放在什么位置
    public:
         virtual void bb(){};
};
class C : public virtual B
{
    char i[3];
    public:
```

```
         virtual void cc(){};
};
int main(int argc,char *argv[])
{
    cout << "sizeof(A): " << sizeof(A)
         << endl;
    cout << "sizeof(B): " << sizeof(B)
         << endl;
    cout << "sizeof(C): " << sizeof(C)
         << endl;
    return 0;
}
```

解析：C++ 2.0 以后全面支持虚函数继承。这个特性的引入为 C++增强了不少功能，也引入了不少烦恼。如果能够了解编译器是如何实现虚函数继承，它们在类的内存空间中又是如何布局的，就可以对 C++的了解深入不少。

（1）对于 class A，由于有一个虚函数，那么必须有一个对应的虚函数表来记录对应的函数入口地址。每个地址需标有一个虚指针，指针的大小为 4。类中还有一个 char k[3]，每一个 char 值所占位置是 1，所以 char k[3]所占大小是 3。做一次数据对齐后（编译器里一般以 4 的倍数为对齐单位），char k[3]所占大小变为 4。sizeof（A）的结果就是 char k[3]所占大小 4 和虚指针所占大小 4，两者之和等于 8。

（2）对于 class B，由于 class B 虚继承了 class A，同时还拥有自己的虚函数，那么 class B 中首先拥有一个 vfptr_B，指向自己的虚函数表。还有 char j[3]，大小为 4。可虚继承该如何实现？首先要通过加入一个虚类指针（记 vbptr_B_A）来指向其父类，然后还要包含父类的所有内容。有些复杂，不过还不难想象。sizeof（B）的结果就是 char k[3]所占大小 4 和虚指针 vfptr_B 所占大小 4 加 sizeof（A）所占大小 8，三者之和等于 16。

（3）下面是 class C 了。class C 首先也得有个 vfptr_C，然后是 char i[3]，然后是 sizeof（B），所以 sizeof（C）的结果就是 char i[3]所占大小 4 和虚指针 vfptr_C 所占大小 4 加 sizeof（B）所占大小 16，三者之和等于 24。

答案：在 gcc 中打印上面几个类的大小，结果为 8、16、24。

扩展知识

关键字 virtual 告诉编译器它不应当完成早绑定，相反，它应当自动安装实现晚绑定所必需的所有机制。这意味着，如果我们对 brass 对象通过基类 instrument 地址调用 play（），我们将得到恰当的函数。

为了完成这件事，编译器对每个包含虚函数的类创建一个表（称为 vtable）。在 vtable 中，编译器放置特定类的虚函数地址。在每个带有虚函数的类中，编译器秘密地设置一指针，称为 vpointer（缩写为 vptr），指向这个对象的 vtable。通过基类指针做虚函数调用时（也就是做多态调用时），编译器静态地插入取得这个 vptr，并在 vtable 表中查找函数地址的代码，这样就能调用正确的函数使晚绑定发生。

为每个类设置 vtable、初始化 vptr、为虚函数调用插入代码，所有这些都是自动发生的，所以我们不必担心这些。利用虚函数，这个对象的合适的函数就能被调用，哪怕编译器还不知道这个对象的特定类型。

画图简单表示一下虚表跟踪后的结果，如右图所示。

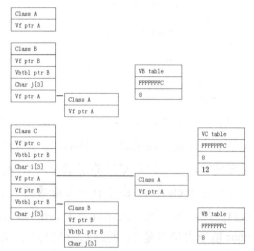

我们已经知道有一个 vptr，不过 vptr 的位置也许在对象的开始，也许在对象的尾部。所以上面的操作的值应该是 8 或者 12（如果 vptr 在前面的话）。但实际上取回的值被加上了 1。原因是必须要区别一个不指向任何成员的指针和一个指向第一个成员的指针。这里又有点儿不好理解了，举个例子来说明一下。

想象你和你的另外两个朋友合住一个有 3 个房间的别墅，你住在第三间。如果一个你们 3 人共同的朋友来找你玩，你就给他别墅的地址就行了，不用给出你们任意一个人的房间号（不指向任何成员）。但如果你的一个私人朋友来拜访你（这个私人朋友不认识你的那两位朋友），你会给出别墅的地址和你的那个房间号。为了使这个地址有区别，你必须用第一个房间作为偏移量（offset）来表示你的房间位置。你可以对你的朋友说从进门后的第一间房子再往里面走两个房子就是我的房子。如果房子间距是 4，那么第一间到第三间的距离是 8。

如果以上函数稍加变动，不采用虚继承的方式而是直接继承，结果就将不会产生偏移，结果为 8，12，16。

面试例题 3：什么是虚继承？它与一般的继承有什么不同？它有什么用？写出一段虚继承的 C++代码。[美国某著名计算机软件公司 2005 年面试题]

答案：

虚拟继承是多重继承中特有的概念。虚拟基类是为解决多重继承而出现的。请看下图：

```
    A
   /
  B
    A
   /
  C
  B   C
   \ /
    D
```

类 D 继承自类 B 和类 C，而类 B 和类 C 都继承自类 A，因此出现如下图所示这种情况：

```
  A   A
   \ /
  B   C
   \ /
    D
```

在类 D 中会两次出现 A。为了节省内存空间，可以将 B、C 对 A 的继承定义为虚拟继承，而 A 就成了虚拟基类。最后形成如下图所示的情况：

```
    A
   / \
  B   C
   \ /
    D
```

代码如下：

```
class A;
class B : public virtual A;    // virtual inheritance.
class C : public virtual A;
class D : public B, public C;
```

注意：虚函数继承和虚继承是完全不同的两个概念，请不要在面试中混淆。

面试例题 4：为什么虚函数效率低？

答案：因为虚函数需要一次间接的寻址，而一般的函数可以在编译时定位到函数的地址，虚函数（动态类型调用）是要根据某个指针定位到函数的地址。多增加了一个过程，效率肯定会低一些，但带来了运行时的多态。

11.4 多重继承

面试例题 1：请评价多重继承的优点和缺陷。

答案：

多重继承在语言上并没有什么很严重的问题，但是标准本身只对语义做了规定，而对编译器的细节没有做规定。所以在使用时（即使是继承），最好不要对内存布局等有什么假设。此类的问题还有虚析构函数等。为了避免由此带来的复杂性，通常推荐使用复合。但是，在《C++设计新思维》（Andrei Alexandrescu）一书中对多重继承和模板有极为精彩的运用。

（1）多重继承本身并没有问题，如果运用得当可以收到事半功倍的效果。不过大多数系统的类层次往往有一个公共的基类，就像 MFC 中的 Cobject，Java 中的 Object。而这样的结构如果使用多重继承，稍有不慎，将会出现一个严重现象——菱形继承，这样的继承方式会使得类的访问结构非常复杂。但并非不可处理，可以用 virtual 继承（并非唯一的方法）及 Loki 库中的多继承框架来掩盖这些复杂性。

（2）从哲学上来说，C++多重继承必须要存在，这个世界本来就不是单根的。从实际用途上来说，多重继承不是必需的，但这个世界上有多少东西是必需的呢？对象不过是一组有意义的数据集合及其上的一组有意义的操作，虚函数（晚期绑定）也不过是一堆函数入口表，重载也不过是函数名扩展，这些东西都不是必需的，而且对它们的不当使用都会带来问题。但是没有这些东西行吗？很显然，不行。

（3）多重继承在面向对象理论中并非是必要的——因为它不提供新的语义，可以通过单继承与复合结构来取代。而 Java 则放弃了多重继承，使用简单的 interface 取代。多重继承是把双刃剑，应该正确地对待。况且，它不像 goto，不破坏面向对象语义。跟其他任何威力强大的东西一样，用好了会带来代码的极大精简，用坏了那就不用说了。

C++是为实用而设计的，在语言里有很多东西存在着各种各样的"缺陷"。所以，对于这种有"缺陷"的东西，它的优劣就要看使用它的人。C++不回避问题，它只是把问题留给使用者，从而给大家更多的自由。像 Ada、Pascal 这类定义严格的语言，从语法上回避了问题，但并不是真正解决了问题，而使人做很多事时束手束脚（当然，习惯了就好了）。

（4）多重继承本身并不复杂，对象布局也不混乱，语言中都有明确的定义。真正复杂的是使用了运行时多态（virtual）的多重继承（因为语言对于多态的实现没有明确的定义）。为什么非要说多重继承不好呢？如果这样的话，指针不是更容易出错，运行时多态不是更不好理解吗？

因为 C++中没有 interface 这个关键字，所以不存在所谓的"接口"技术。但是 C++可以很轻松地做到这样的模拟，因为 C++中的不定义属性的抽象类就是接口。

（5）要了解 C++，就要明白有很多概念是 C++试图考虑但是最终放弃的设计。你会发现很多 Java、C#中的东西都是 C++考虑后放弃的。不是说这些东西不好，而是在 C++中它将破坏C++作为一个整体的和谐性，或者C++并不需要这样的东西。举一个例子来说明，C#中有一个关键字base用来表示该类的父类，C++却没有对应的关键字。为什么没有？其实C++中曾经有人提议用一个类似的关键字inherited，来表示被继承的类，即父类。这样一个好的建议为什么没有被采纳呢？这本书中说得很明确，因为这样的关键字既不必须又不充分。不必须是因为C++有一个typedef * inherited，不充分是因为有多个基类，你不可能知道inherited 指的是哪个基类。

很多其他语言中存在的时髦的东西在C++中都没有，这之中有的是待改进的地方，有的是不需要，我们不能一概而论，需要具体问题具体分析。

面试例题2：声明一个类Jetplane，它是从Rocket和Airplane继承而来的。

　　解析：多重继承问题。

　　答案：

class JetPlane: public Rocket, public Airplane

面试例题3：在多继承的时候，如果一个类继承同时继承自class A和class B，而class A和B中都有一个函数叫foo()，如何明确地在子类中指出override是哪个父类的foo()？

　　解析：多重继承问题。

　　答案：比如，C继承自A和B，如果出现了相同的函数foo()，那么C.A::foo(),C.B::foo()就分别代表从A类中继承的foo函数和从B类中继承的foo函数。

```cpp
#include <iostream>
#include <memory.h>
#include<assert.h>

using namespace std;
class A
{
   public :
       void foo()
       {} ;
};
class A2
{
    public :
      void foo()
       {} ;
};
class D : public A,public A2
{
};
int main()
{

  D d;
  d.A::foo() ;

  return 0;
}
```

面试例题4：下面程序的输出结果是多少？[英国某图形软件公司2009年10月面试题]

```cpp
#include <iostream>
using namespace std;
class A{
   int m_nA;
};
class B{
    int m_nB;
};
class C : public A, public B{
    int m_nC;
```

```
};
int main() {
    C* pC = new C;
    B* pB = dynamic_cast<B*>(pC);
    A* pA = dynamic_cast<A*>(pC);
    //cout << pC << endl;
    //cout << pB << endl;
    //cout << (C *)pB << endl;
    //cout << pC << endl;
    if(pC==pB)
    {cout << "equal" << endl;}
    else
    {cout << "not equal" << endl;}
    //cout << pC << endl;
    //cout << pB << endl;
    //cout << int(pC) << endl;
    //cout << int(pB) << endl;
    if(int(pC)==int(pB))
    {cout << "equal" << endl;}
    else
    {cout << "not equal" << endl;}
    return 0;
}
```

解析：本题涉及基类和派生类的地址和布局的问题。

```
if(pC==pB)
```

这里两端的数据类型不同，比较时需要进行隐式类型转换。（pC==pB）相当于：

```
pC==(C *)pB    // equal
```

pB 实际上指向的地址是对象 C 中的父类 B 部分，从地址上跟 pC 不一样，所以直接比较地址数值的时候是不相等的。

但是，当进行 pC==pB 比较时，实际上是比较 pC 指向的对象和(C *)隐式转换 pB 后 pB 指向的对象（pC 指向的对象）的部分，这个是同一部分，也就显示相等了。 假设 pC 指向的地址是 0x3d3dd8，pB 指向的地址是 0x3d3ddc。(C *)隐式转换 pB 后 pB 指向的地址也就变成了 0x3d3dd8，如下图所示。

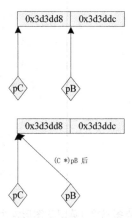

第二处两端转换为 int，指针 pC 和 pB 的值不同，转换后的 int 值不同：

```
int(pC)==int(pB) // not equal
```

如果转化成下面的形式，就可以了：

```
int(pC)==int((C *)pB)  //equal
```

答案：输出如下：

equal

not equal

11.5 检测并修改不适合的继承

面试例题 1：如果鸟是可以飞的，那么鸵鸟是鸟么？鸵鸟如何继承鸟类？[美国某著名分析软件公司 2005 年面试题]

解析：如果所有鸟都能飞，那鸵鸟就不是鸟。回答这种问题时，不要相信自己的直觉。将直觉和合适的继承联系起来还需要一段时间。

根据题干可以得知：鸟是可以飞的。也就是说，当鸟飞行时，它的高度是大于 0 的。鸵鸟是鸟类（生物学上）的一种，但它的飞行高度为 0（鸵鸟不能飞）。

不要把可替代性和子集相混淆。即使鸵鸟集是鸟集的一个子集（每个鸵鸟集都在鸟集内），但并不意味着鸵鸟的行为能够代替鸟的行为。可替代性与行为有关，与子集没有关系。当评价一个潜在的继承关系时，重要的因素是可替代的行为，而不是子集。

答案：如果一定要让鸵鸟来继承鸟类，可以采取组合的办法，把鸟类中的可以被鸵鸟继承的函数挑选出来，这样鸵鸟就不是"a kind of"鸟了，而是"has some kind of"鸟的属性而已。代码如下：

```cpp
#include<iostream>
#include<string>
using namespace std;

class bird
{
  public:
     void eat();
     void sleep();
     void fly();
};

class ostrich
{
```

```cpp
  public:
     bird eat(){cout<<"ostrich eat";};
     bird sleep(){cout<<"ostrich sleep";};
};

int main()
{
   ostrich xiaoq;
   xiaoq.eat();
   xiaoq.sleep();
   return 0;
}
```

面试例题 2：Find the defects in each of the following programs, and explain why it is incorrect.（找出下面程序的错误，并解释它为什么是错的。）[中国台湾某著名杀毒软件公司 2005 年面试题]

```cpp
#include <iostream>
using namespace std;
```

```cpp
class Base {
    public:
        int val;
```

```
            Base() { val=1;};
    };
    class Derive: Base {
        public:
            int val;
            Derive(int i) { val=Base::
                val+i; };
    };
```

```
    int main(int, char**, char**) {
        Derive d(10);
            cout<<d.Base::val<<endl
                <<d.val<<endl;
        return 0;
    }
```

解析：这是个类继承问题。如果不指定 public，C++默认的是私有继承。私有继承是无法继承并使用父类函数中的公有变量的。

答案：把 class Derive: Base 改成 class Derive:public Base。

扩展知识（组合）

若在逻辑上 A 是 B 的 "一部分（a part of）"，则不允许 B 从 A 派生，而是要用 A 和其他东西组合出 B。

例如眼（Eye）、鼻（Nose）、口（Mouth）、耳（Ear）是头（Head）的一部分，所以类 Head 应该由类 Eye、Nose、Mouth、Ear 组合而成，而不是派生而成。程序如下：

```
class Eye
{
  public:
  void Look(void);
};
class Nose
{
  public:
  void Smell(void);
};
class Mouth
{
  public:
  void Eat(void);
};
class Ear
{
  public:
  void Listen(void);
};
```

```
};
class Head
{
  public:
    void Look(void)
        { m_eye.Look(); }
    void Smell(void)
        { m_nose.Smell(); }
    void Eat(void)
        { m_mouth.Eat(); }
    void Listen(void)
        { m_ear.Listen(); }
  private:
    Eye m_eye;
    Nose m_nose;
    Mouth m_mouth;
    Ear m_ear;
};
```

Head 由 Eye、Nose、Mouth、Ear 组合而成。如果允许 Head 从 Eye、Nose、Mouth、Ear 派生而成，那么 Head 将自动具有 Look、Smell、Eat、Listen 这些功能。程序十分简短并且运行正确，但是下面这种设计方法却是不对的。

```
class Head : public Eye, public Nose, public Mouth, public Ear
{
};
```

面试例题 3：Find the defects in each of the following programs, and explain why it is incorrect.（找出下面程序的错误，并解释它为什么是错的。）[德国某著名软件咨询企业 2005 年面试题]

```
class base{
 private: int i;
 public:  base(int x){i=x;}
};
class derived: public base{
```

```
private: int i;
public: derived(int x, int y) {i=x;}
    void printTotal() {int total =
        i+base::i;}
};
```

解析：要在子类中设定初始成员变量，把 derived(int x, int y)改成 derived(int x, int y) : base(x)。

答案：

代码如下：

```
class base
{
    protected: //这里的访问属性需要改变
      int i;
    public:
      base(int x){i=x;}
};
class derived: public base
{
  private:
    int i;
```

```
public:
    derived(int x, int y) : base(x)
    //以前没有初始化基类的成员变量
    {
        i=y;
    }
    void printTotal()
    {
        int total = i+base::i;
    }
};
```

11.6 纯虚函数

面试例题 1：下面的程序有何错误？[德国某著名软件咨询企业 2004 年面试题]

```
#include <iostream>
using namespace std;
class Shape
{
  public:
    Shape(){}
    ~Shape(){}
```

```
    virtual void Draw()=0;
};

int main()
{
  Shape s1;
}
```

解析：因为 Shape 类中的 Draw 函数是一个纯虚函数，所以 Shape 类是不能实例化一个对象的。Shape s1;是不可以的，解决方法是把 Draw 函数修改成一般的虚函数。

答案：

修改后的代码如下：

```
#include <iostream>
using namespace std;
class Shape
```

```
{
    public:
      Shape(){}
```

```
        ~Shape(){}                              int main()
        virtual void Draw(){};                  {
    };                                              Shape s1;
                                                }
```

面试例题 2：什么是虚指针？[美国某著名移动通信企业面试题]

答案：虚指针或虚函数指针是一个虚函数的实现细节。带有虚函数的类中的每一个对象都有一个虚指针指向该类的虚函数表。

面试例题 3：声明一个类 Vehicle，使其成为抽象数据类型。写出类 Car 和 Bus 的声明，其中每个类都从类 Vehicle 里派生。使 Vehicle 成为一个带有两个纯虚函数的 ADT，使 Car 和 Bus 不是 ADT。[美国某著名移动通信企业面试题]

答案：

```
class Vehicle                                       virtual void Move();
{                                                   virtual void Haul();
  public:                                       };
     virtual void Move()=0;
     virtual void Haul()=0;                     class Bus : public Vehicle
};                                              {
                                                  public:
class Car : public Vehicle                          virtual void Move();
{                                                   virtual void Haul();
  public:                                       };
```

面试例题 4：虚函数的入口地址和普通函数有什么不同？[英国某著名计算机图形图像公司面试题]

答案：每个虚函数都在 vtable 中占了一个表项，保存着一条跳转到它的入口地址的指令（实际上就是保存了它的入口地址）。当一个包含虚函数的对象（注意，不是对象的指针）被创建的时候，它在头部附加一个指针，指向 vtable 中相应的位置。调用虚函数的时候，不管你是用什么指针调用的，它先根据 vtable 找到入口地址再执行，从而实现了"动态联编"。而不像普通函数那样简单地跳转到一个固定地址。

面试例题 5：

1．C++中如何阻止一个类被实例化？

2．构造函数被声明成 private 会阻止编译器生成默认的 copy constructor 吗？

3．什么时候编译器会生成默认的 copy constructor 呢？

4．如果你已经写了一个构造函数，编译器还会生成 copy constructor 吗？[英国某著名计算机图形图像公司面试题]

答案：

1．使用抽象类，或者构造函数被声明成 private。

2．构造函数设为 private，并不能阻止编译器生成默认的 copy constructor，这是毫不相干的两件事情。如果我们没有定义复制构造函数，编译器就会为我们合成一个。与合成默认构造函数不同，即使我们定义了其他构造函数，也会合成复制构造函数。

3．只要自己没写，而程序中需要，都会生成。

4．会生成。

扩展知识

在 C#中，有一个专门的 seal class（封闭类）来防止继承。

11.7 运算符重载与 RTTI

面试例题 1：Which of the following statements provide a valid reason NOT to use RTTI for distributed (i.e. networked between different platforms) applications in C++? （在分布式系统中，不使用 RTTI 的一个合理解释是？）[中国某互联网公司 2010 年 6 月面试题]

　　A．RTTI is too slow and use too much memory （RTTI 太慢了）

　　B．RTTI does not have standardized run-time behavior （RTTI 不是一个标准行为）

　　C．TTI's performance is unpredictable/non-deterministic and is lack of expansibility （RTTI 行为不可预期及缺乏扩展性）

　　D．RTTI must fail to function correctly at run-time （RTTI 函数在运行时会失败）

解析：C++中的每个特性，都是从程序员平时生活中逐渐精化而来的。在不正确的场合使用它们必然会引起逻辑、行为和性能上的问题。对于上述特性，应该只在必要、合理的前提下才使用。

C++引入的额外开销体现在以下两方面。

1．编译时开销

模板、类层次结构、强类型检查等新特性，以及大量使用了这些新特性的 C++模板、算法库都明显地增加了 C++编译器的负担。但是应当看到，这些新机能在不增加程序执行效率的前提下，明显降低了广大 C++程序员的工作量。

2．运行时开销

运行时开销恐怕是程序员最关心的问题之一了。相对于传统 C 程序而言，C++中有可能引入额外运行时开销特性包括：

- 虚基类。
- 虚函数。
- RTTI（dynamic_cast 和 typeid）。
- 异常。
- 对象的构造和析构。

虚基类，从直接虚继承的子类中访问虚基类的数据成员或其虚函数时，将增加两次指针引用（大部分情况下可以优化为一次）和一次整型加法的时间开销。定义一个虚基类表，定义若干虚基类表指针的空间开销。

虚函数的运行开销有进行整型加法和指针引用的时间开销。定义一个虚表，定义若干个（大部分情况下是一个）虚表指针的空间开销。

RTTI 的运行开销主要有进行整型比较和取址操作（可能还会有一两次整形加法）所增加的时间开销。定义一个 type_info 对象（包括类型 ID 和类名称）的空间开销。"dynamic_cast" 用于在类层次结构中漫游，对指针或引用进行自由的向上、向下或交叉转化。"typeid" 则用于获取一个对象或引用的确切类型。一般地讲，能用虚函数解决的问题就不要用 "dynamic_cast"，能够用 "dynamic_cast" 解决的就不要用 "typeid"。

关于异常，对于几乎所有编译器来说，在正常情况（未抛出异常）下，try 块中的代码执行效率和普通代码一样高，而且由于不再需要使用传统上通过返回值或函数调用来判断错误的方式，代码的实际执行效率还会进一步提高。抛出和捕捉异常的开销也只是在某些情况下会高于函数返回和函数调用的开销。

关于构造和析构，开销也不总是存在的。对于不需要初始化/销毁的类型，并没有构造和析构的开销，相反对于那些需要初始化/销毁的类型来说，即使用传统的 C 方式实现，也至少需要与之相当的开销。

实事求是地讲，RTTI 是有用的。但因为一些理论上及方法论上的原因，它破坏了面向对象的纯洁性。

首先，它破坏了抽象，使一些本来不应该被使用的方法和属性被不正确地使用。其次，因为运行时类型的不确定性，它把程序变得更脆弱。第三点，也是最重要的一点，它使程序缺乏扩展性。当加入了一个新的类型时，你也许需要仔细阅读你的 dynamic_cast 或 instanceof 的代码，必要时改动它们，以保证这个新的类型的加入不会导致问题。而在这个过程中，编译器将不会给你任何帮助。

很多人一提到 RTTI，总是侧重于它的运行时的开销。但是，相比于方法论上的缺点，这点运行时的开销真是无足轻重的。

总的来说，RTTI 因为它的方法论上的一些缺点，它必须被非常谨慎地使用。今天面向对象语言的类型系统中的很多东西就是产生于避免 RTTI 的各种努力。

答案：C

扩展知识

RTTI 是 Runtime Type Information 的缩写，从字面上来理解就是执行时期的类型信息，其重要作用就是动态判别执行时期的类型。有的读者会认为设计类时使用虚函数就已经足够了，可是虚函数有本身的局限性，当涉及类别阶层时，需要判断某个对象所属的类别，而因为类别设计中大量使用了虚函数，所以使得这一工作难以实现，但又极其重要，于是使用 RTTI 的 typeid 运算符能使程序员确定对象的动态类型。

借用一个例子（也是一道面试题）：写了一个 base 类，派生 derived 类，在 base 类中实现一些常见的方法。下面两个函数要求能够输出形参的真实类型，funcC 是用 dynamic_cast 类型转换是否成功来识别类型的，dynamic_cast 操作符将基类类型对象的引用或指针转化为同一继承层次中的其他类型的引用或指针。如果绑定到引用或指针的对象不是目标类型的对象，则 dynamic_cast 失败。如果转换到指针类型的 dynamic_cast 失败，则 dynamic_cast 的结果是 0 值；如果转换到引用类型的 dynamic_cast 失败，则抛出一个 bad_cast 类型的异常；funcD 是用 typeid 判断基类地址是否一致的办法来识别类型的。

```cpp
#include <iostream>
#include <typeinfo>
using namespace std;
class base
{
    public:
    virtual void funcA() {cout << "base" << endl;}
};
class derived : public base
{
    public:
    virtual void funcB() {cout << "derived" << endl;}
};
void funcC(base *p)
{
    derived*dp=dynamic_cast<derived*>(p);
    if(dp != NULL)
        dp->funcB();
    else
        p->funcA();
}
//funcD 用 typeid 操作符
```

```cpp
void funcD(base *p)
{
    derived *dp = NULL;
    if (typeid(*p) == typeid(derived))
    {
        dp = static_cast<derived*>(p);
        dp->funcB();
    }
    else
        p->funcA();
}
int main()
{
    base *cp = new derived;
    cout <<typeid(cp).name() <<endl;
    cout <<typeid(*cp).name() <<endl;
    funcD(cp);
    funcC(cp);
    base *dp = new base;
    funcC(dp);
    funcD(dp);
    return 0;
}
```

运行时类型识别 RTTI 使用时要注意以下几点：
- 用 typeid()返回一个 typeinfo 对象，也可以用于内部类型，当用于非多态类型时，没有虚函数，用 typeid 返回的将是基类地址。
- 动态映射 dynamic_cast<类型>（变量）可以映射到中间级，将派生类映射到任何一个基类，然后在基类之间可以相互映射。
- 不能对 void 指针进行映射。
- 如果 p 是基类指针，并且指向一个派生类型的对象，并且基类中有虚函数，那么 typeid(*p)返回 p 所指向的派生类类型，typeid（p）返回基类类型。
- 典型的 RTTI 是通过在 VTABLE 中放一个额外的指针实现的。每个新类只产生一个 typeinfo 实例，额外指针指向 typeinfo，typeid 返回对它的一个引用。
- 动态映射 dynamic_cast<目标*><源指针>，先恢复源指针的 RTTI 信息，再取目标的 RTTI 信息，比较两者是否相同，或者是目标类型的基类；由于它需要检查一长串基类列表，故动态映射的开销比 typeid 大。

typeid 是 C++的关键字之一，等同于 sizeof 这类的操作符。typeid 操作符的返回结果是名为 type_info 的标准库类型的对象的引用（在头文件 typeinfo 中定义，稍后我们看一下 vs 和 gcc 库里面的源码），它的表达式有下图两种形式。

| typeid | 类型 ID | typeid(type) |
| typeid | 运行时刻类型 ID | typeid(expr) |

如果表达式的类型是类类型且至少包含有一个虚函数，则 typeid 操作符返回表达式的动态类型，需要在运行时计算；否则，typeid 操作符返回表达式的静态类型，在编译时就可以计算。

C++标准规定了其实现必需提供如下四种操作。

t1 == t2	如果两个对象t1和t2类型相同，则返回true；否则返回false
t1 != t2	如果两个对象t1和t2类型不同，则返回true；否则返回false
t.name()	返回类型的C-style字符串，类型名字用系统相关的方法产生
t1.before(t2)	返回指出t1是否出现在t2之前的bool值

type_info 类提供了 public 虚析构函数，以使用户能够用其作为基类。它的默认构造函数和复制构造函数及赋值操作符都定义为 private，所以不能定义或复制 type_info 类型的对象。程序中创建 type_info 对象的唯一方法是使用 typeid 操作符（由此可见，

如果把 typeid 看作函数的话，其应该是 type_info 的友元）。这具体由编译器的实现所决定，标准只要求实现为每个类型返回唯一的字符串。

面试例题 2：A C++ developer wants to handle a static_cast <char*>() operation for the class String shown below. Which of the following options are valid declarations that will accomplish this task? （一个 C++程序员想要运行一个 static_cast <char*>()，为了能够确保合法化，下面这段代码横线处应填写什么？）

```
class String {
public:
  //...
  //declaration goes here
};
```

A．char* operator char*();   B．operator char*();

C．char* operator();   D．char* operator String();

解析：运算符重载问题。

运算符重载就是赋予已有的运算符多重含义。C++中通过重新定义运算符，使它能够用于特定类的对象执行特定的功能，这增强了 C++语言的扩充能力。运算符重载的作用是允许程序员为类的用户提供一个直觉的接口。通过重载类上的标准运算符，可以发掘类的用户的直觉。使得用户程序所用的语言是面向问题的，而不是面向机器的。最终目标是降低理解难度并减少错误率。

几乎所有的运算符都可用作重载。具体包含：

算术运算符：+,-,*,/,%,++,--;
位操作运算符：&,|,~,^,<<,>>;
逻辑运算符：!,&&,||;
比较运算符：<,>,>=,<=,==,!=;
赋值运算符：=,+=,-=,*=,/=,%=,&=,|=,^=,<<=,>>=;
其他运算符：[],(),->,,（逗号运算符）,new,delete,new[],delete[],->*。

下列运算符不允许重载：

.,.*,::,?:

用户重载新定义运算符，不改变原运算符的优先级和结合性。这就是说，对运算符重载不改变运算符的优先级和结合性，并且运算符重载后，也不改变运算符的语法结构，即单目运算符只能重载为单目运算符，双目运算符只能重载双目运算符。运算符重载实际是一个函数，所以运算符的重载实际上是函数的重载。编译程序对运算符重载的选择，遵循着函数重载的选择原则。当遇到不很明显的运算时，编译程序将去寻找参数相匹配的运算符函数。

运算符重载可以使程序更加简洁，使表达式更加直观，增加可读性。但是，运算符重载使用不宜过多，否则会带来一定的麻烦。运算符重载的函数一般采用如下两种形式：成员函数形式和友元函数形式。这两种形式都可访问类中的私有成员。

这里有一个复数运算重载的四则运算符的例子。复数由实部和虚部构造,可以定义一个复数类,然后再在类中重载复数四则运算的运算符:

```cpp
#include <iostream>
#include <typeinfo>
using namespace std;

class classFushu
{
    public:
    classFushu() { shibu=xubu=0; }
    classFushu(double r, double i)
    {
        shibu = r, xubu = i;
    }
    classFushu operator +(const classFushu &c);
    classFushu operator -(const classFushu &c);
    classFushu operator *(const classFushu &c);
    classFushu operator /(const classFushu &c);
    friend void print(const classFushu &c);
    private:
    double shibu, xubu;
};

inline classFushu classFushu::operator +(const classFushu &c)
{
    return classFushu(shibu + c.shibu, xubu + c.xubu);
}

inline classFushu classFushu::operator -(const classFushu &c)
{
    return classFushu(shibu - c.shibu, xubu - c.xubu);
}

inline classFushu classFushu::operator *(const classFushu &c)
{
    return classFushu(shibu * c.shibu - xubu * c.xubu, shibu * c.xubu + xubu * c.shibu);
}

inline classFushu classFushu::operator /(const classFushu &c)
{
    return
classFushu((shibu * c.shibu + xubu + c.xubu) / (c.shibu * c.shibu + c.xubu * c.xubu),
        (xubu * c.shibu - shibu * c.xubu) / (c.shibu * c.shibu + c.xubu * c.xubu));
}

void print(const classFushu &c)
{
    if(c.xubu<0)
        cout<<c.shibu<<c.xubu<<'i';
    else
        cout<<c.shibu<<'+'<<c.xubu<<'i';
}

int main()
```

```
{
    classFushu c1(1.0, 2.0), c2(3.0, 4.0), c3;
    c3 = c1 + c2;
    cout<<"\nc1+c2=";
    print(c3);
    c3 = c1 - c2;
    cout<<"\nc1-c2=";
    print(c3);
    c3 = c1 * c2;
    cout<<"\nc1*c2=";
    print(c3);
    c3 = c1 / c2;
    cout<<"\nc1/c2=";
    print(c3);
    c3 = (c1+c2) * (c1-c2) * c2/c1;
    cout<<"\n(c1+c2)*(c1-c2)*c1/c2=";
    print(c3);
    cout<<endl;
    return 0;
}
```

在本题中，static_cast <char*>实现强制类型转换，char*是目标类型； operation char*() 是转换函数，无参数，无返回类型，以目标类型为其函数名，其函数定义中要返回转换结果。

答案：B

面试例题 3: Which of the following options are returned by the typeid operator in C++? （C++里面的 typeid 运算符返回值是什么？）

A．A reference to a std::type_info object（type_info 对象的引用）

B．A const reference to a const std::type_info object（type_info 常量对象的常量引用）

C．A const reference to a std::type_info object（type_info 对象的常量引用）

D．A reference to a const std::type_info object（type_info 常量对象的引用）

解析：本题用于查看 typeid 的输出结果，typeid 是用来获取一个对象或引用的确切类型。先看一段程序：

```
#include <iostream>
#include <typeinfo>
using namespace std;
int main()
{
    int vInt=10;
    int arr[2]={10,20};
    int *p=&vInt;
    int **p2p=&p;
    int *parr[2]={&vInt,&vInt};
    int (*p2arr)[2]=&arr;
    cout<<"Declaration [int vInt=10] type=="<<typeid(vInt).name()<<endl;
```

```cpp
    cout<<"Declaration[arr[2]={10,20}]type=="<<typeid(arr).name()<<endl;
    cout<<"Declaration[int*p=&vInt]type=="<<typeid(p).name()<<endl;
    cout<<"Declaration[int**p2p=&p]type=="<<typeid(p2p).name()<<endl;
    cout<<"Declaration[int *parr[2]={&vInt,&vInt}]type=="<<typeid(parr).name()<<endl;
    cout<<"Declaration[int (*p2arr)[2]=&arr]type=="<<typeid(p2arr).name()<<endl;
    return 0;
}
```

本段程序在 VC++2008 的输出结果如下（VC6.0 和 dev 输出可能会有所不同）：

```
Declaration [int vInt=10] type==int
Declaration [arr[2]={10,20}] type==int [2]
Declaration [int *p=&vInt] type==int *
Declaration [int **p2p=&p] type==int * *
Declaration [int *parr[2]={&vInt,&vInt}] type==int * [2]
Declaration [int (*p2arr)[2]=&arr] type==int (*)[2]
```

请读者对照上面代码详细研读 typeid 的输出规律。

本题选择 D，type_info 常量对象的引用。

答案：D

面试例题 4: Which of the following statements accurately describe unary operator overloading in C++?（一元运算符重载，下列说法正确的是哪项？）

A．A unary operator can be overloaded with no parameters when the operator function is a class member（当运算符函数是一个类成员时，一元运算符能被无参形式重载）

B．A unary operator can be overloaded with one parameter when the operator function is a class member（当运算符函数是一个类成员时，一元运算符能被带一个参数形式重载）

C．A unary operator can be overloaded with 2 parameters when the operator function is free standing function (not a class member)（当运算符函数是一个独立函数时，一元运算符能被带两个参数形式重载）

D．A unary operator can only be overloaded if the operator function is a class member（当且仅当运算符函数是一个类成员时，一元运算符才会被重载）

解析：本题考的知识点是运算符重载问题。

定义一个重载运算符就像定义一个函数，只是该函数的名字是 operator@，这里@代表运算符。函数参数表中参数的个数取决于两个因素：

- 运算符是一元的（一个参数）还是二元的（两个参数）。
- 运算符被定义为全局函数（对于一元运算符是一个参数，对于二元运算符是两个参数），如果运算符是成员函数（对于一元运算符没有参数，对于二元运算符是一个参数）。

对于二元运算符，单个参数是出现在运算符右侧的那个。当一元运算符被定义为成员函数时，没有参数。成员函数被运算符左侧的对象调用。在 C++中，后缀++如果是成员函数，那么它就是二元的操作符。这里 C++标准中有详细的阐述：

A binary operator shall be implemented either by a non-static member function with one parameter or by a non-member function with two parameters. （非静态成员函数操作符（带 1 个参数）是二元运算符；非成员函数操作符（带两个参数）是二元运算符。）

一个常见的例子如下：

```
#include <iostream>
using namespace std;
class A
{
   private:
     int a;
   public :
     A(){a=0;}
     void operator++()//这是一元操作
     {
        a += 1;
     }

     void operator++(int)//这是二元操作
     {
        a += 2;
     }
     friend void print(const A &c);
};
```

```
void print(const A &c)
{
   cout <<c.a;
}

int main( )
{
   A classa;
   print(classa);
   ++classa; //这是一元操作

   print(classa);
   classa++; //这是二元操作
   print(classa);

   return 0;
}
```

对于非条件运算符（条件运算符通常返回一个布尔值），如果两个参数是相同的类型，希望返回和运算相同类型的对象或引用。如果它们不是相同类型，它作什么样的解释就取决于程序设计者。

答案：A

第 12 章

位运算与嵌入式编程

C语言测试是招聘嵌入式系统程序员必须且有效的方法。我参加了许多这种测试,在此过程中我意识到这些测试能为面试者和被面试者提供许多有用的信息。此外,撇开面试的压力不谈,这种测试也相当有趣。

从被面试者的角度来讲,你能了解许多关于出题者或监考者的情况。这个测试只是出题者为显示其对 ANSI 标准细节的知识而不是技术技巧而设计的吗?如要你答出某个字符的ASCII 值。这些面试例题着重考查你的系统调用和内存分配策略方面的能力吗?这标志着出题者也许花时间在微机上而不是在嵌入式系统上。如果上述任何问题的答案是"是"的话,那么就得认真考虑是否应该去做这份工作。

从面试者的角度来讲,一个测试也许能从多方面揭示应试者的素质。最基本的,你能了解应试者 C 语言的水平。应试者是以好的直觉做出明智的选择,还是只是瞎蒙呢?当应试者在某个问题上卡住时是找借口,还是表现出对问题的真正的好奇心,把这看成学习的机会呢?我发现这些信息与面试者们的测试成绩一样有用。

有了这些想法,我们再结合一些真正针对嵌入式系统的考题,希望这些令人头痛的考题能给正在找工作的人一点儿帮助。其中有些题很难,但它们应该都能给你一点儿启迪。

12.1 位制转换

面试例题 1:求下列程序的输出结果。[美国某著名计算机硬件公司面试题]

```
#include<stdio.h>
int main()
{
    printf("%f",5);
    printf("%d",5.01);
}
```

解析：首先参数 5 为 int 型，32 位平台中为 4 字节，因此在 stack 中分配 4 字节的内存，用于存放参数 5。

然后 printf 根据说明符 "%f"，认为参数应该是个 double 型（在 printf 函数中，float 会自动转换成 double），因此从 stack 中读了 8 个字节。

很显然，内存访问越界，会发生什么情况不可预料。如果在 printf 或者 scanf 中指定了 "%f"，那么在后面的参数列表中也应该指定一个浮点数，或者一个指向浮点变量的指针，否则不应加载支持浮点数的函数。

于是("%f",5)有问题，而("%f",5.0)则可行。

答案：

第一个答案是 0.000000。

第二个答案是一个大数。

面试例题 2：下列程序是否有错？如果有，错在哪里？[美国著名计算机公司 I 2007 年 5 月面试题]

```
#include  <iostream>
using  namespace  std;
struct  a{
int    x:1;
int    y:2;
int    z:33;
};
int  main()
{
    a   d;
    cout <<&d;
    d.z=d.x+d.y;
    printf( "%d %d %d %d\n ", d.x,
        d.y,d.z,sizeof(d));
    return   0;
}
```

解析：结构体位制概念。

答案：

"int z:33;" 定义整型变量 z 为 33 位，也就是超过了 4 字节。这是不合法的，会造成越界，所以程序会报错。

面试例题 3：Find the defects in each of the following programs, and explain why it is incorrect.（找出下面程序的错误，并解释它为什么是错的。）[中国台湾某著名杀毒软件公司 2005 年面试题]

```
//The function need set corresponding bit int 0
    #define BIT_MASK(bit_pos)  (0x01<<(bit_pos))
    int Bit_Reset(unsigned int* val, unsigned char pos) {
        if(pos >= sizeof(unsigned int) * 8) {
            return 0;
        }
         *val=(*val && ~BIT_MASK(pos));
        return 1;
    }
```

解析：这道程序体存在着位运算问题。

答案：*val=(*val && ~BIT_MASK(pos))这一语句中的"&&"应为"&"。
正确的程序如下所示：

```
#include <iostream>
#define BIT_MASK(bit_pos) (0x01<<
    (bit_pos))
int Bit_Reset(unsigned int* val,
    unsigned char pos) {
    if(pos >= sizeof(unsigned int) * 8) {
        return 0;
    }
    *val=(*val & ~BIT_MASK(pos));
    return 1;
}
int main() {
    unsigned int x=0xffffffff;
    unsigned char y=4;
    Bit_Reset(&x,y);
    std::cout<<std::hex<<x<<'\n';
    return 0;
}
```

面试例题 4：In which system(进制) expression 13*16=244 is true?（下面哪个进制能表述 13*16=244 是正确的？）[中国台湾某计算机硬件公司 V2010 年 5 月面试题]

A. 5　　　　　B. 7　　　　　C. 9　　　　　D. 11

解析：13 如果是一个十进制的话，它可以用 $13=1*10^1+3*10^0$ 来表示。现在我们不知道 13 是几进制，那我们姑且称其 X 进制。X 进制下的 13 转化为十进制可以用 $13=1*X^1+3*X^0$; 表示；X 进制下的 16 转化为十进制可以用 $16=1*X^1+6*X^0$; 表示；X 进制下的 244 转化为十进制可以用 $244=2*X^2+4*X^1+4*X^0$; 表示；因此 X 进制下的 13*16=244 可以转化为十进制下的等式：$(1*X^1+3*X^0)*(1*X^1+6*X^0)=2*X^2+4*X^1+4*X^0$。

整理得 X*X+6*X+3*X+3*6 = 2*X*X+4*X+4；最后得出一元二次方程 X*X-5*X-14=0。答案 X=-2 或者 X=7。X=-2 不合题意舍弃，所以 X=7。

答案：B

面试例题 5：以下代码哪个等同于 int i = (int)p;(p 的定义为 char *p) [中国台湾某计算机硬件公司 2010 年 5 月面试题]

A. int i = dynamic_cast<int>(p)　　　B. int i = static_cast<int>(p)

C. int i = const_cast<int>(p)　　　　D. int i = reinterpret_cast<int>(p)

解析：先看这样一段代码：

```
#include <iostream>
int main()
{
    char *p = "a";
    int i = (int)"a";
    int i2 = (int)p;
    //int i3 = static_cast<int>(&p);//fail
    int i5 = reinterpret_cast<int>(&p);
    cout << p << endl;
    cout << &p << endl;
    cout << i << endl;
    cout << i2 << endl;
    cout << i5 << endl;
    return 0;
}
```

输出结果如下：

```
a
0x22ff7c
```

```
4199056
4199056
2293628
```

解释如下：

```
cout<<p<<endl;
```
结果是 "a"，

p 是一个 char*指针，之所以不输出 p 这个指针的地址，而是输出 p 指针指向的字符串 "a"，那是因为 C++输出操作符的实现细节是这样实现的。

```
cout<<&p<<endl;
```
结果是 0x22ff7c。

这个是存储 p 指针本身的内存地址。

所以才会有*(&p)==p;

```
int i = (int)"a";
cout<<i<<endl;
```
结果是 4199056 此处就是把这个字符串首字母在常量区的内存地址转化为 int 型再赋值给 i。

```
int i2 =(int)p;
```
因为 p 是个指向常量区字符串"a"的 char*指针。

所以，这里把 p 的值（即 "a" 的常量区内存地址）转化为 int 型再赋值给 i2，所以 i2 也是 4199056

```
int i5=reinterpret_cast<int>(&p);
```
这里是把指针 p 的地址的位模式用 int 型去重新解释。而指针 p 的地址，即&p=0x22ff7c。这是前面输出的结果，相当于把这个 0x22ff7c 内存地址用 int 型去解释。因此输出的就是十进制的指针 p 的地址。

所以结果是 2293628。

因为 2293628 转化为 16 进制就是 0x22ff7c。

此题 A，C 选项可以迅速排除。

A 选项，dynamic_cast 顾名思义是支持动态的类型转换，即支持运行时识别指针或引用所指向的对象。原题明显是静态的类型转换。

C 选项，const_cast 是转换掉表达式的 const 性质。因此 C 也不符合。

B 选项错在不存在 char*到 int 型的隐式转换，编译器会报错：

error: invalid

static_cast from type 'char*' to type 'int'

D 选项符合题意，reinterpret_cast<type>(expression)就是从位模式的角度用 type 型在较低的层次重新解释这个 expression。

在合法使用 static_cast 和 const_cast 的地方，旧式强制转换提供了与各自对应的命名强制转换一样的功能。

如果这两种强制转换均不合法，则旧式强制转换执行 reinterpret_cast 功能。

因此 D 选项就是旧式强制转换执行 reinterpret_cast 功能的例子。

答案：D

面试例题 6：Given the following program snippet, what can we conclude about the use of dynamic_cast in C++?（下面这段程序，我们能总结 C++中 dynamic_cast 的用法是什么？）[中

[国台湾某计算机硬件公司 2010 年 5 月面试题]

```cpp
#include <iostream>
#include <memory>
//Someone else's code, e.g. library
class IGlyph
{
public:
    virtual ~IGlyph(){}
    virtual std::string Text()=0;
    virtual IIcon*      Icon()=0;
    //...
};

class IWidgetSelector
{
public:
    virtual ~IWidgetSelector(){}
    virtual void   AddItem(IGlyph*)=0;
    virtual IIcon * Selection()=0;
};
//Your code
class MyItem : public IGlyph
{
public:
    virtual std::string Text()
    {
        return this->text;
    }
```

```cpp
    virtual IIcon* Icon()
    {
        return this->icon.get();
    }

    void Activate()
    {
        std::cout << "My Item Activated" << std::endl;
    }

    std::string       text;
    std::auto_ptr<IIcon> icon;
};

voidSpiffyForm::OnDoubleClick(IWidgetSelector* ws)
{
    IGlyph* gylph = ws->Selection();
    MyItem*item=dynamic_cast<MyItem*>(gylph);
    if(item)
        item->Activate();
}
```

A. The dynamic_cast is necessary since we cannot know for certain what concrete type is returned by IWidgetSelector::Selection().（dynamic_cast 非常必要，因为我们不知道确定的 IWidgetSelector::Selection()返回的具体类型）

B. The dynamic_cast is unnecessary since we know that the concrete type returned by IWidgetSelector::Selection() must be a MyItem object.（dynamic_cast 不是必要的，因为我们知道 IWidgetSelector::Selection()返回的具体类型一定是一个 MyItem 对象）

C. The dynamic_cast ought to be a reinterpret_cast since the concrete type is unknown.（dynamic_cast 应该是 reinterpret_cast，因为具体类型不可知）

D. The dynamic_cast is redundant, the programmer can invoke Activate directly, e.g. ws->Selection()->Activate();（dynamic_cas 是多余的，程序员可以直接激活代码，比如 ws->Selection()->Activate()）

解析：C++有 4 个类型转换操作符，这 4 个操作符是 static_cast、const_cast、dynamic_cast 和 reinterpret_cast。

例如，假设你想把一个 int 转换成 double，以便让包含 int 类型变量的表达式产生出浮点数值的结果。你应该这样写：

```
int    firstNumber,   secondNumber;
double   result =static_cast<double>(firstNumber)/secondNumber;
```

这样的类型转换不论是对人工还是对程序都很容易识别。

在 C++中，static_cast 在功能上相对 C 语言来说有所限制。如不能用 static_cast 像用 C 风格的类型转换一样把 struct 转换成 int 类型，或者把 double 类型转换成指针类型；另外，static_cast 不能从表达式中去除 const 属性，因为另一个新的类型转换操作符 const_cast 有这样的功能。

其他 C++类型转换操作符被用在需要更多限制的地方。const_cast 最普通的用途就是转换掉对象的 const 属性。通过使用 const_cast，让编译器知道通过类型转换想做的只是改变一些东西的 constness 或者 volatileness 属性。这个含义被编译器所约束。如果你试图使用 const_cast 来完成修改 constness 或者 volatileness 属性之外的事情，你的类型转换将被拒绝。下面是一个 const_cast 的例子：

```
#include <iostream>
#define MAX 255
typedef short Int16;
using namespace std;
class B{
public:
    int m_iNum;
};
int main(){

    B b0;
    b0.m_iNum = 100;
    const B b1 = b0;
//这样写会编译失败 因为b1.m_iNum 是常量对象，不能对它进行改变
    //b1.m_iNum = 100;
//输出100 100
    cout << b0.m_iNum <<"   "<<b1.m_iNum <<"   " << endl;
    const_cast<B&>(b1).m_iNum = 200;
    // 去除b1 的const 属性后重新赋值200
//输出100 200
    cout << b0.m_iNum <<"   "<<b1.m_iNum <<"   " << endl;
    return 0;
}
```

static_cast 和 reinterpret_cast 操作符修改了操作数类型。它们不是互逆的；static_cast 在编译时使用类型信息执行转换，在转换执行必要的检测（诸如指针越界计算，类型检查），其操作数相对是安全的。另一方面，reinterpret_cast 仅仅是重新解释了给出的对象的比特模型而没有进行二进制转换，编译器隐式执行任何类型转换都可由 static_cast 显示完成，reinterpret_cast 通常为操作数的位模式提供较低层的重新解释。例子如下：

```
int n=9; double d=static_cast < double > (n);
cout << n << " " << d;    //输出 9 9
```

上面的例子中，我们将一个变量从 int 转换到 double。这些类型的二进制表达式是不同的。要将整数 9 转换到双精度整数 9，static_cast 需要正确地为双精度整数 d 补足比特位。其结果为 9.0。而 reinterpret_cast 的行为却不同：

```
int n=9;
double d=reinterpret_cast<double & > (n);
cout << n << " " << d;    //输出 9 5.28421e-308
```

在进行计算以后，d 包含无用值。这是因为 reinterpret_cast 仅仅是复制 n 的比特位到 d，没有进行必要的分析。reinterpret_cast 这个操作符被用于的类型转换的转换结果几乎都是实现时定义（implementation-defined）。因此，使用 reinterpret_casts 的代码很难移植。转换函数指针的代码是不可移植的，（C++不保证所有的函数指针都被用一样的方法表示），在一些情况下这样的转换会产生不正确的结果。所以应该避免转换函数指针类型，按照 C++新思维的话来说，reinterpret_cast 是为了映射到一个完全不同类型的意思，这个关键词在我们需要把类型映射回原有类型时用到它。我们映射到的类型仅仅是为了故弄玄虚和其他目的，这是所有映射中最危险的。reinterpret_cast 就是一把锐利无比的双刃剑，除非你处于背水一战和火烧眉毛的危急时刻，否则绝不能使用。

对于 dynamic_cast 要注意以下 4 点：

- dynamic_cast 是在运行时检查的，dynamic_cast 用于在继承体系中进行安全的向下转换 downcast（当然也可以向上转换，但是没必要，因为完全可以用虚函数实现），即基类指针/引用到派生类指针/引用的转换。如果源和目标类型没有继承/被继承关系，编译器会报错；否则必须在代码里判断返回值是否为 NULL 来确认转换是否成功。
- dynamic_cast 不是扩展 C++中 style 转换的功能，而是提供了类型安全性。你无法用 dynamic_cast 进行一些"无理"的转换。
- dynamic_cast 是 4 个转换中唯一的 RTTI 操作符，提供运行时类型检查。
- dynamic_cast 不是强制转换，而是带有某种"咨询"性质的。如果不能转换，dynamic_cast 会返回 NULL，表示不成功。这是强制转换做不到的。

下面是一个例子：

```
using namespace std;
class B{};
 class C:public B {};
 class D:public C {};

int main(){
    D*  pd=new D;
    C*  pc=dynamic_cast<C*>(pd);
    B*  pb=dynamic_cast<B*>(pd);
    //C*  pc=pd;
    //B*  pb=pd;
    void *p=dynamic_cast<C*>(pd);
    //void*p=pd;
    return 0;
}
```

在本题中，MyItem 与 IGlyph 是继承关系，可以适用 dynamic_cast 类型转换，而因为我们不知道确定的 IWidgetSelector::Selection()返回的具体类型是什么，所以应用 dynamic_cast "试探性"地进行类型转换是十分必要的。

答案：A

面试例题 7：阅读下面程序，下列选项说法正确的是哪项？[德国某计算机软件公司 2009 年 12 月面试题]

```
#include <iostream>
#include <string>
using namespace std;
class A
{
public:
//标识1
    virtual void foo(){cout <<"A foo" <<endl;}
    void pp(){cout <<"A PP" <<endl;}
};
class B:public A
{
    public:
    void foo(){cout <<"B foo" <<endl;}
    void pp(){cout <<"B PP" <<endl;}
    void FunctionB(){cout <<"Excute FunctionB!" <<endl;}
};
int main()
{
    A a;    A *pa=&a;
    pa->foo();
    pa->pp();
//标识2
    (dynamic_cast <B*>(pa))->FunctionB();
//标识3
    (dynamic_cast <B*>(pa))->foo();
(dynamic_cast <B*>(pa))->pp(); //标识4
    (*pa).foo();
    return 0;
}
```

A. 标识 1 处有问题，Class A 不应该调用虚函数。

B. 标识 2 处有问题，(dynamic_cast <B*>(pa))->FunctionB();无法运行通过。

C. 标识 3 处有问题，(dynamic_cast <B*>(pa))->foo();无法运行通过。

D. 标识 4 处有问题，(dynamic_cast <B*>(pa))->pp();无法运行通过。

因为 a 是基类对象，所以 dynamic_cast <B*>(pa) 将返回空指针。

解析：在上面的代码段中，如果 pa 指向一个 B 类型的对象，对这种情况执行任何操作都是安全的；但是，实际上 pa 指向的是一个 A 类型的对象，那么(dynamic_cast <B*>(pa))返回值将是一个空指针，所以题目中的代码：

```
(dynamic_cast <B*>(pa))->FunctionB(); //标识2
(dynamic_cast <B*>(pa))->foo(); //标识3
(dynamic_cast <B*>(pa))->pp(); //标识4
```

与下列代码：

```
B *somenull = NULL;
somenull->FunctionB();
somenull->foo();
somenull->pp();
```

没有任何区别，之所以标识 2 和标识 4 可以运行通过，是因为 FunctionB 和 pp 函数未使用任何成员数据，也不是虚函数，不需要 this 指针，也不需要动态绑定，可正常运行。

而(dynamic_cast <B*>(pa))->foo(); 将导致程序崩溃，因为调用了虚函数，编译器需要根据对象的虚函数指针查找虚函数表，但此时是空，为非法访问。

如果将 A a; 改为 B b; 就可正常运行了，正确代码如下：

```
#include <iostream>
#include <string>
using namespace std;
class A
{
public:
    virtual void foo(){cout <<"A foo" <<endl;}
    //虚函数的出现会带来动态机制  Class A 至少要有一个虚函数
    void pp(){cout <<"A PP" <<endl;}
};
class B:public A
{
    public:
    void foo(){cout <<"B foo" <<endl;}
    void pp(){cout <<"B PP" <<endl;}
    void FunctionB(){cout <<"Excute FunctionB!" <<endl;}
};
int main()
{
    B b;     A *pa=&b;
    pa->foo();  //由于存在多态，因此调用 B::foo()
    pa->pp();   //调用 A::pp()
    //(pa)->FunctionB();
    //编译错误:'FunctionB' : is not a member of 'A'
    //这里不能直接调用 pa 的 FunctionB 功能，因为没有声明
    (dynamic_cast <B*>(pa))->FunctionB();
    //运行时动态的把 pa 由 class A 转换成 class B 使 pa 可以执行 FunctionB()

    (dynamic_cast <B*>(pa))->foo();
    //运行时动态的把 pa 由 class A 转换成 class B 使 pa 可以执行 Class B 的 foo()
    //这里会调用虚函数，编译器需要根据对象的虚函数指针查找虚函数表
    (dynamic_cast <B*>(pa))->pp();
    //运行时动态的把 pa 由 class A 转换成 class B 使 pa 可以执行 Class B 的 pp()
    (*pa).foo();//调用 A::foo()

    return 0;
}
```

答案：C

面试例题 8：下面程序的运行结果是什么？〔美国某著名计算机软硬件公司面试题〕

```
#include <iostream>
using namespace std;
int main()
{
    unsigned short int i = 0;
    int j = 8,p;
    p = j << 1;
    i = i - 1;
    cout <<"\n i = " << i ;
    cout <<"\n p = " << p ;
    return 0;
}
```

解析：此题有两个考点，一是用最有效率的方法算出2乘以8等于几，二是无符号结果问题。

在这里，8左移一位就是8×2的结果16。移位运算是最有效率的计算乘/除算法的运算之一。在unsigned short int中无符号的–1的结果等于65 535。

答案：16，65535

面试例题9：建立一个联合体，由char类型和int类型组成。下面的程序运行结果是什么？

```
#include <iostream>
using namespace std;

union {
    unsigned char a;
    unsigned int i;
}u;
int main() {
    u.i=0xf0f1f2f3;
        cout<<hex<<u.i<<endl;
        cout<<hex<<int(u.a)<<endl;
        return 0;
}
```

解析：内存中数据的排列问题。

答案：

运行上面程序后，输出为：

```
f0f1f2f3
f3
```

这说明，内存中数据低位字节存入低地址，高位字节存入高地址，而数据的地址采用它的低地址来表示。

面试例题10：嵌入式系统总是要用户对变量或寄存器进行位操作。给定一个整型变量a，写两段代码，第一个设置a的bit 3，第二个清除a的bit 3。在以上两个操作中，要保持其他位不变。

解析：被面试者对这个问题有3种基本的反应。

一种是不知道如何下手。显然该被面试者从没做过任何嵌入式系统的工作。

还有一种是用bit fields。bit fields是被扔到C语言死角的东西，它保证你的代码在不同编译器之间是不可移植的，同时也保证了你的代码是不可重用的。

还有一种是用#defines和bit masks操作。这是一个有极高可移植性的方法，是应该被用到的方法。

一些人喜欢为设置和清除值而定义一个掩码，同时定义一些说明常数，这也是可以接受的。面试官希望看到的几个要点为说明常数、"|="和"&=~"操作。

答案：

最佳的解决方案如下：

```
#define BIT3 (0x1 << 3)
static int a;
void set_bit3(void) {
    a |= BIT3;
}
```

```
void clear_bit3(void) {
    a &= ~BIT3;
}
```

面试例题 11： 阅读以下代码，写出程序运行结果。[中国著名杀毒软件企业 J 公司 2008 年 4 月面试题]

```
# include <iostream>
# include <string>

using namespace std;

int main()
```

```
{
    int *pa = NULL;
    int *pb = pa + 15;
    printf("%x", pb);
    return 0;
}
```

解析： 15×4（字节）=60

所以要求输出的十六进制结果是 3C。这样在大系统里面使用未初始化的指针是很危险的。

答案： 3C

12.2 嵌入式编程

面试例题 1： Interrupts are an important part of embedded systems. Consequently, many compiler vendors offer an extension to standard C to support interrupts. Typically, the keyword is _interrupt. The following routine(ISR). Point out the errors in the code. （中断是嵌入式系统中重要的组成部分，这导致了很多编译开发商提供一种扩展——让标准 C 支持中断。其代表事实是，产生了一个新的关键字_interrupt。请看下面的程序（一个中断服务子程序 ISR），请指出这段代码的错误。）[中国台湾某著名 CPU 生产公司 2005 年面试题]

```
interrupt double compute_area
    (double radius)
{
    double area= PI*radius*radius;
```

```
    printf("\nArea=%f", area);
    return area;
}
```

解析： 嵌入式编程问题。

答案：

(1) ISR 不能返回一个值。如果你不懂这个，那么是不会被雇用的。

(2) ISR 不能传递参数。如果你没有看到这一点，被雇用的机会等同第一项。

(3) 在许多处理器/编译器中，浮点一般都是不可重入的。有些处理器/编译器需要让额外的寄存器入栈，有些处理器/编译器就不允许在 ISR 中做浮点运算。此外，ISR 应该是短而有效率的，在 ISR 中做浮点运算是不明智的。

（4）与第三点一脉相承，printf()经常有重入和性能上的问题，所以一般不使用 printf()。

面试例题 2：In embedded system, we usually use the keyword "volatile", what does the keyword mean?（在嵌入式系统中，我们经常使用"volatile"这个关键字，它是什么意思？）[中国台湾某著名 CPU 生产公司 2005 年面试题]

解析：volatile 问题。

当一个对象的值可能会在编译器的控制或监测之外被改变时，例如一个被系统时钟更新的变量，那么该对象应该声明成 volatile。 因此编译器执行的某些例行优化行为不能应用在已指定为 volatile 的对象上。

volatile 限定修饰符的用法与 const 非常相似——都是作为类型的附加修饰符。例如：

```
volatile int display_register;
volatile Task *curr_task;
volatile int ixa[ max_size ];
volatile Screen bitmap_buf;
```

display_register 是一个 int 型的 volatile 对象；curr_task 是一个指向 volatile 的 Task 类对象的指针；ixa 是一个 volatile 的整型数组，数组的每个元素都被认为是 volatile 的；bitmap_buf 是一个 volatile 的 Screen 类对象，它的每个数据成员都被视为 volatile 的。

volatile 修饰符的主要目的是提示编译器该对象的值可能在编译器未监测到的情况下被改变，因此编译器不能武断地对引用这些对象的代码做优化处理。

答案：

volatile 的语法与 const 是一样的，但是 volatie 的意思是"在编译器认识的范围外，这个数据可以被改变"。不知什么原因，环境正在改变数据（可能通过多任务处理），所以，volatile 告诉编译器不要擅自做出有关数据的任何假定——在优化期间这是特别重要的。如果编译器说："我已经把数据读进寄存器，而且再没有与寄存器接触。"在一般情况下，它不需要再读这个数据。但是，如果数据是 volatile 修饰的，编译器则不能做出这样的假定，因为数据可能被其他进程改变了，编译器必须重读这个数据而不是优化这个代码。

就像建立 const 对象一样，程序员也可以建立 volatile 对象，甚至还可以建立 const volatile 对象。这个对象不能被程序员改变，但可通过外面的工具改变。

面试例题 3：关键字 const 有什么含意？下面的声明都是什么意思？

```
const int a;
int const a;
```

```
const int *a;
int * const a;
int const * a const;
```

解析：只要一听到被面试者说"const 意味着常数",面试官就知道自己正在和一个业余者打交道。因为 ESP(Embedded Systems Programming,嵌入式系统编程)的每一位求职者都应该非常熟悉 const 能做什么和不能做什么。正确的说法是能说出 const 意味着"只读"就可以了。尽管这个答案不是完全的答案,但面试官可以接受它为一个正确的答案。

关键字 const 的作用是为读你代码的人传达非常有用的信息。实际上,声明一个参数为常量是为了告诉用户这个参数的应用目的。如果你曾花很多时间清理其他人留下的垃圾,你就会很快学会感谢这点儿多余的信息。当然,懂得用 const 的程序员很少会留下垃圾让别人来清理。通过给优化器一些附加的信息,使用关键字 const 也许能产生更紧凑的代码。

合理地使用关键字 const 可以使编译器很自然地保护那些不希望被改变的参数,防止其被无意的代码修改。简而言之,这样可以减少 bug 的出现。

答案:前两个的作用是一样的。a 是一个常整型数(不可修改值的整型数)。第三个即 const int * a,是一个指向 const 对象的指针,即指针本身不是 const 的,可以被修改,但它指向的对象,即这个整形数,可以被修改,只不过不允许通过这个指针去修改这个对象的值。这里举个最简单的例子:a 是一个指向 const 对象的指针,但它指向一个非 const 的 int 型对象 b。这个 b 的整型值是可以被修改的,只不过不能通过 a 这个指针去修改它,否则会报错。代码如下所示:

```
const int* a;
int b=30;
a=&b;
cout<<*a<<endl; //*a=30
b=40;
cout<<*a<<endl; //*a=40
*a=50;//error: you cannot assign to a variable that is const
```

第四个的意思是 a 是一个指向整型数的常指针(也就是说,指针指向的整型数可以修改,但指针不可以修改)。最后一个意味着 a 是一个指向常整型数的常指针(也就是说,指针指向的整型数不可以修改,同时指针也不可以修改)。

面试例题 4:关键字 volatile 有什么含意?并给出 3 个不同的例子。[中国台湾某著名计算机硬件公司面试题]

解析:回答不出这个问题的人是不会被雇用的。我认为这是区分 C 程序员和嵌入式系统程序员的最基本的问题。搞嵌入式的家伙们经常同硬件、中断、RTOS 等打交道,所有这些都要求用到 volatile 变量。不懂得 volatile 的内容将会带来灾难。

答案：一个定义为 volatile 的变量是说这变量可能会被意想不到地改变，这样，编译器就不会去假设这个变量的值了。精确地说就是，优化器在用到这个变量时必须每次都小心地重新读取这个变量的值，而不是使用保存在寄存器里的备份。下面是 volatile 变量的几个例子：

- 并行设备的硬件寄存器（如状态寄存器）。
- 一个中断服务子程序中会访问到的非自动变量（Non-automatic variables）。
- 多线程应用中被几个任务共享的变量。

面试例题 5：一个参数可以既是 const 又是 volatile 吗？一个指针可以是 volatile 吗？解释为什么。

答案：

第一个问题：可以。一个例子就是只读的状态寄存器。它是 volatile，因为它可能被意想不到地改变；它又是 const，因为程序不应该试图去修改它。

第二个问题：可以。尽管这并不很常见。一个例子是当一个中断服务子程序修改一个指向一个 buffer 的指针时。

面试例题 6：下面的函数有什么错误？

```
int square(volatile int *ptr)
{
    return *ptr * *ptr;
}
```

解析：这段代码的目的是用来返还指针*ptr 指向值的平方，但是，由于*ptr 指向一个 volatile 型参数，编译器将产生类似下面的代码：

```
int square(volatile int *ptr)
{
    int a,b;
    a = *ptr;
    b = *ptr;
    return a * b;
}
```

由于*ptr 的值可能被意想不到地改变，因此 a 和 b 可能是不同的。结果，这段代码可能无法返回你所期望的平方值。

答案：

正确的代码如下：

```
long square(volatile int *ptr)
{
    int a;
    a = *ptr;
    return a * a;
```

```
    }
```

面试例题 7：嵌入式系统经常具有要求程序员去访问某特定位置的内存的特点。在某工程中，要求设置一绝对地址为 0x67a9 的整型变量的值为 0xaa66。编译器是一个纯粹的 ANSI 编译器。写代码去完成这一任务。

解析：这一问题测试你是否知道为了访问一个绝对地址把一个整型数强制转换（typecast）为一个指针是合法的。这一问题的实现方式随着个人风格不同而不同。典型的代码如下：

```
int *ptr;
ptr = (int *)0x67a9;
*ptr = 0xaa55;
```

一个较晦涩的方法是：

```
*(int * const)(0x67a9) = 0xaa55;
```

建议你在面试时使用第一种方案。

答案：

```
int *ptr;
ptr = (int *)0x67a9;
*ptr = 0xaa55;
```

面试例题 8：评价下面的代码片断，找出其中的错误。

```
unsigned int zero = 0;
unsigned int compzero = 0xFFFF;
/*1's complement of zero */
```

解析：这一问题真正能揭露出应试者是否懂得处理器字长的重要性。在笔者的眼中，好的嵌入式程序员应该非常准确地明白硬件的细节和它的局限，然而 PC 程序往往把硬件作为一个无法避免的烦恼。对于一个 int 型且不是 16 位的处理器来说，上面的代码是不正确的。

答案：应编写如下代码：

```
unsigned int compzero = ~0;
```

面试例题 9：下面的代码片段的输出是什么？为什么？

```
char *ptr;
if ((ptr = (char *)malloc(0)) == NULL)
  puts("Got a null pointer");
else
  puts("Got a valid pointer");
```

解析：这是一道动态内存分配（Dynamic memory allocation）题。

尽管不像非嵌入式计算那么常见，嵌入式系统还是有从堆（heap）中动态分配内存的过程。

面试官期望应试者能解决内存碎片、碎片收集、变量的执行时间等问题。

这是一个有趣的问题。故意把 0 值传给了函数 malloc，得到了一个合法的指针，这就是上面的代码，该代码的输出是"Got a valid pointer"。我用这个来讨论这样的一道面试例题，看看被面试者是否能想到库例程这样做是正确的。得到正确的答案固然重要，但解决问题的方法和你做决定的基本原理更重要。

将程序修改成：

```
char *ptr;
if (int pp = (strlen(ptr = (char *)
    malloc(0))) == 0)
```
```
        puts("Got a null pointer");
else
        puts("Got a valid pointer");
```

或者：

```
char *ptr;
if (int pp = (sizeof(ptr = (char *)
    malloc(0))) ==4)
```
```
        puts("Got a null pointer");
else
        puts("Got a valid pointer");
```

如果求 ptr 的 strlen 值和 sizeof 值，该代码的输出是"Got a null pointer"。

答案：Got a valid pointer。

面试例题 10：In little-endian systems, what is the result of following C program? (在小尾字节系统中，这段 C 程序的结果是多少?)

```
typedef struct bitstruct{
int b1:5;
int :2;
int b2:2;
}bitstruct;
```
```
void main(){
bitstruct b;
memcpy(&b,"EMC EXAMINATION",sizeof(b));
printf("%d,%d\n", b.b1, b.b2);
}
```

解析："Endian"这个词出自《格列佛游记》。小人国的内战就源于吃鸡蛋时是究竟从大头（Big-Endian）敲开还是从小头（Little-Endian）敲开，由此曾发生过六次叛乱，其中一个皇帝送了命，另一个丢了王位。

我们一般将 Endian 翻译成"字节序"，将 big Endian 和 little Endian 称作"大尾"和"小尾"。Little-Endian 主要用在我们现在的 PC 的 CPU 中，Big-Endian 则应用在目前的 Mac 机器中（注意:是指 Power 系列 处理器）

嵌入式系统开发者应该对 Little-endian 和 Big-endian 模式非常了解。采用 Little-endian 模式的 CPU 对操作数的存放方式是从低字节到高字节，而 Big-endian 模式对操作数的存放方式是从高字节到低字节。例如，16bit 宽的数 0x1234 在 Little-endian 模式 CPU 内存中的存放方式（假设从地址 0x4000 开始存放）为：

```
内存地址  存放内容
0x4000    0x34
0x4001    0x12
```

而在 Big-endian 模式 CPU 内存中的存放方式则为：

```
内存地址    存放内容
0x4000     0x12
0x4001     0x34
```

32bit 宽的数 0x12345678 在 Little-endian 模式 CPU 内存中的存放方式（假设从地址 0x4000 开始存放）为：

```
内存地址    存放内容
0x4000     0x78
0x4001     0x56
0x4002     0x34
0x4003     0x12
```

而在 Big-endian 模式 CPU 内存中的存放方式则为：

```
内存地址    存放内容
0x4000     0x12
0x4001     0x34
0x4002     0x56
0x4003     0x78
```

在本题中 E 的 ASCII 值是 0x45(0100 0101)，M 是 0x4D(0100 1101)，它们在内存中的表现如下：

```
1010 0010 1011 0010
----E---- ----M----
```

结构 bitstruct 是 9 位的，执行 copy 以后，b 在内存中如下：

```
1010 0010 1
```

b1 占 5 位：

```
1010 0
```

中间跳过 2 位，b2 占 2 位：

```
01
```

计算的时候再把它们逆转过来，就成了下面的形式：

```
b1: 00101
b2: 10
```

b1 最高位是 0，表示其是正数，其原码跟补码一致，所以 b1 = 2^0 + 2^2 = 5。
b2 最高位是 1，表示其是负数，其原码要进行取反操作再加 1 为 10 所以 b2 = -(2^1) = (-2)。
答案：5，-2

面试例题 11：在某些极端要求性能的场合，我们需要对程序进行优化，关于优化，以下说法正确的是：

A．将程序整个用汇编语言改写会大大提高程序性能。

B．在优化前，可以先确定哪部分代码最为耗时，然后对这部分代码使用汇编语言编写。使用的汇编语句数目越少，程序就运转越快。

C．使用汇编语言虽然可能提高了程序性能，但是降低了程序的可移植性和可维护性，所以应该绝对避免。

D．适当调整汇编指令的顺序，可以缩短程序运行的时间。

解析：AC 说法都过于绝对了。至于 B 也是错的，不同的架构有不同的流水线方式，arm9 中的流水线对汇编的顺序要求很高，不然会浪费指令周期，有时候甚至用 nop 填充。

答案：D

面试例题 12：使用 C 语言将一个 1GB 的字符数组从头到尾全部设置为字符"A"，在一台典型的当代 PC 上，需要花费的 CPU 时间的数量级最接近：

A．0.001 秒　　　B．1 秒　　　C．100 秒　　　D．2 小时

解析：1GB 需要 1G 条指令，如 4 核 2GB 的 cpu，如 1 周期 1 条指令，需要 0.25 秒，所以最接近 1 秒 。

答案：B

面试例题 13：十进制数–10 的三进制 4 位数补码形式是_____：

A．0101　　　B．1010　　　C．2121　　　D．2122

解析：对于负数的补码：对于二进制而言，–10 的补码为 –(2^8 - |–10|) = –(256 – 10) = –246 = 11110110。

同理，对于 4 位三进制的补码：10 的补码为 3^4 – |–10| = 71 = 2212。

答案：D

12.3　static

面试例题 1：关键字 static 的作用是什么？

解析：这个简单的问题很少有人能回答完全。大多数应试者能正确回答第一部分，一部分能正确回答第二部分，但是很少的人能懂得第三部分。这是一个应试者的严重的缺点，因为他显然不懂得本地化数据和代码范围的好处和重要性。

答案：在 C 语言中，static 关键字至少有下列几个作用：
- 函数体内 static 变量的作用范围为该函数体，不同于 auto 变量，该变量的内存只被

分配一次，因此其值在下次调用时仍维持上次的值。
- 在模块内的 static 全局变量可以被模块内所有函数访问，但不能被模块外其他函数访问。
- 在模块内的 static 函数只可被这一模块内的其他函数调用，这个函数的使用范围被限制在声明它的模块内。
- 在类中的 static 成员变量属于整个类所拥有，对类的所有对象只有一份复制。
- 在类中的 static 成员函数属于整个类所拥有，这个函数不接收 this 指针，因而只能访问类的 static 成员变量。

面试题目 2：写出下面程序的运行结果。

```
int sum(int a)
{
    auto int c=0;
    static int b=3;
    c+=1;
    b+=2;
    return(a+b+c);
}
```

```
void main()
{
    int I;
    int a=2;
    for(I=0;I<5;I++)
    {
        printf("%d,", sum(a));
    }
}
```

解析：在求和函数 sum 里面 c 是 auto 变量，根据 auto 变量特性得知，每次调用 sum 函数时变量 c 都会自动赋值为 0。b 是 static 变量，根据 static 变量特性得知，每次调用 sum 函数时变量 b 都会使用上次调用 sum 函数时 b 保存的值。

简单地分析一下函数，可以知道，若传入的参数不变，则每次调用 sum 函数返回的结果，都比上次多 2。所以答案是：8,10,12,14,16。

答案：8,10,12,14,16。

第 3 部分

数据结构和设计模式

Data structure and design pattern

本部分主要介绍求职面试过程中出现的第二个重要的板块——数据结构，包括字符串的使用、堆、栈、排序方法等。此外，随着外企研发机构大量内迁我国，在外企的面试中，软件工程的知识，包括设计模式、UML、敏捷软件开发，以及.NET 技术和完全面向对象语言 C# 的面试题目将会有增无减。关于设计模式的题目在今后的面试中的比重会更加扩大。

第 13 章 数据结构基础

面试时间一般有2个小时,其中至少有20~30分钟时间是用来回答数据结构相关问题的。而由于链表是一种相对简单的数据结构,容易引起面试官多次反复发问。此外,数组的排序和逆置也是面试官必考的内容之一。事实上,单链表的复杂程度并不亚于树、图等复杂数据结构。面试官完全有可能构造出极富挑战性的试题。最后一个考点是堆栈,面试官会结合程序对你的思维能力进行考量。

13.1 单链表

面试例题1:编程实现一个单链表的建立/测长/打印。[日本某著名家电/通信/IT企业面试题]

答案:

完整代码如下:

```
#include <iostream>
#include <stdio.h>
#include <string.h>
#include <conio.h>
using namespace std;

typedef struct student
  {
    int data;
    struct student *next;
  }node;
node *creat()
  {
    node *head,*p,*s;
    int x,cycle=1;
    head=(node*)malloc(sizeof(node));
    p=head;
    while(cycle)
      {
        printf("\nplease input the data:");
        scanf("%d",&x);
        if(x!=0)
          {
            s=(node *)malloc(sizeof(node));
            s->data=x;
            printf("\n%d",s->data);
            p->next=s;
            p=s;
          }
        else cycle=0;
      }
    head=head->next;
    p->next=NULL;
    printf("\n    yyy  %d",head->data);
    return(head);
  }
```

```
//单链表测长
int length(node *head)
  {
    int n=0;
    node *p;
    p=head;
    while(p!=NULL)
       {
          p=p->next;
          n++;
       }
    return(n);
  }
//单链表打印
```

```
void print(node *head)

{ node *p;int n;
  n=length(head);
  printf("\nNow,These %d records are :\n",n);
  p=head;
   if(head!=NULL)

    while(p!=NULL)
    { printf("\n    uuu %d    ",p->data);
      p=p->next;
    }
}
```

面试例题 2：编程实现单链表删除节点。[美国某著名分析软件公司面试题]

  解析：单链表的插入，如下图所示。

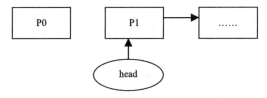

如果插入在头节点以前，则 p0 的 next 指向 p1，头节点指向 p0，如下图所示。

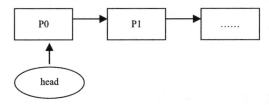

如果插入中间节点，如下图所示。

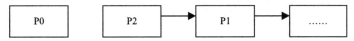

则先让 p2 的 next 指向 p0，再让 p0 指向 p1，如下图所示。

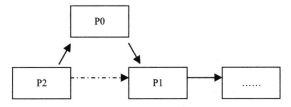

如果插入尾节点，如下图所示。

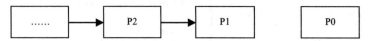

则先让 p1 的 next 指向 p0，再让 p0 指向空，如下图所示。

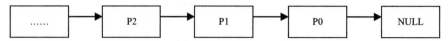

答案：

完整代码如下：

```
node *del(node *head, int num)
{
    node *p1,*p2;
    p1=head;
    while(num!=p1->data&&p1->next!=NULL)
      {p2=p1;p1=p1->next;}

    if(num==p1->data)
      {
         if(p1==head)
            {head=p1->next;
             free(p1);}
         else
            p2->next=p1->next;
      }
    else
      printf("\n%d could not been found",
         num);
    return(head);
}
```

面试例题 3：编写程序实现单链表的插入。[美国某著名计算机嵌入式公司 2005 年面试题]

解析：单链表的插入，如下图所示。

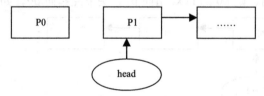

如果插入在头节点以前，则 p0 的 next 指向 p1，头节点指向 p0，如下图所示。

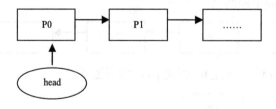

如果插入中间节点，如下图所示。

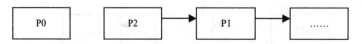

则先让 p2 的 next 指向 p0，再让 p0 指向 p1，如下图所示。

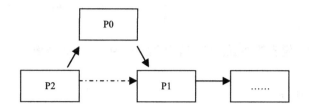

如果插入尾节点，如下图所示。

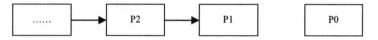

则先让 p1 的 next 指向 p0，再让 p0 指向空，如下图所示。

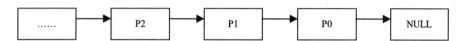

答案：完整代码如下：

```
node *insert(node *head,int num)
{
    node *p0,*p1,*p2;
    p1=head;
    p0=(node *)malloc(sizeof(node));
    p0->data=num;
    while(p0->data>p1->data&&p1->next!=
      NULL)
     {p2=p1;p1=p1->next;}
    if(p0->data<=p1->data)
     {
        if(head==p1)
         {p0->next=p1;
            head=p0;
         }
        else
         {
            p2->next=p0;
            p0->next=p1;
         }
     }
    else
     {
        p1->next=p0;p0->next=NULL;
     }
    return(head);
}
```

面试例题 4：编程实现单链表的排序。

答案：

完整代码如下：

```
node *sort(node *head)
{
    node *p,*p2,*p3;
    int n; int temp;
    n = length(head);
    if (head == NULL || head->next == NULL)
       return head;
    p = head;
    for ( int j = 1 ; j < n ; ++j )
    {
        p = head ;
        for( int i = 0 ; i < n - j ; ++i )
        {
            if(p->data>p->next->data )
            {
                temp = p->data;
                p->data=p->next->data;
                p->next->data=temp;
            }
            p = p->next;
        }
```

```
        }
            return head;
         }
```

面试例题 5：编程实现单链表的逆置。[美国某著名分析软件公司 2005 年面试题]

解析：

单链表模型如下图所示。

进行单链表逆置，首先要让 p2 的 next 指向 p1，如下图所示。

再由 p1 指向 p2，p2 指向 p3，如下图所示。

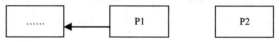

然后重复 p2 的 next 指向 p1，p1 指向 p2，p2 指向 p3。

答案：完整代码如下：

```
node *reverse(node *head)
{
   node *p1,*p2,*p3;

    if (head == NULL || head->next == NULL)
    return head;

   p1 = head, p2 = p1->next;
   while (p2)
   {
      p3=p2->next;
      p2->next=p1;
      p1=p2;
      p2=p3;
   }

   head->next = NULL;
   head = p1;
   return head;
```

```
}

int main()
 { node *head,stud;
   int n,del_num,insert_num;
   head=creat();
   print(head);
   cout << "\nInt : ";
   cin >> del_num;
   head=del(head,del_num);
   print(head);
   cout<<"\nplease input the insert data:";
   cin >> insert_num;
   head=insert(head,insert_num);
   print(head);

   return 0;
 }
```

面试例题 6：有一个 C 语言用来删除单链表的头元素的函数，请找出其中的问题并加以纠正。
[中国某著名综合软件公司 2005 年面试题]

```
void RemoveHead(node* head)
{
 free(head);
 head=head->next
```

}

解析：如果先做 free(head) 之后，就找不到 head 了，下一句 head= head->next 就不能正确链接了。

答案：正确程序如下：

```
void RemoveHead(node* head)
{ node *p;
 p=head->next;
 head->next=p->next;
 free(p);
}
```

面试例题 7：给出一个单链表，不知道节点 N 的值，怎样只遍历一次就可以求出中间节点，写出算法。[中国著名通信企业 H 公司 2007 年 11 月面试题]

```
void RemoveHead(node* head)
{
 free(head)
 head=head->next
}
```

解析：设立两个指针，比如*p 和*q。p 每次移动两个位置，即 p=p-> next-> next，q 每次移动一个位置，即 q=q-> next。

当 p 到达最后一个节点时，q 就是中间节点了。

答案：

算法如下：

```
void  searchmid(node*  head,node*mid  )
{
    node   *temp=head;
    while(head-> next-> next!=NULL)
    {
        head=head-> next-> next;
        temp=temp-> next;
        mid=temp;
    }
}
```

13.2 双链表

双链表的情况与单链表类似，只是增加了一个前置链而已。

面试例题 1：编程实现双链表的建立。

答案：完整代码如下：

```cpp
#include <iostream>
#include <stdio.h>
#include <string.h>
#include <conio.h>
using namespace std;

typedef struct student
    {
       int data;
       struct student *next;
       struct student *pre;
    }dnode;
//建立双链表
dnode *creat()
    {
       dnode *head,*p,*s;
       int x,cycle=1;
       head=(dnode*)malloc(sizeof(dnode));
       p=head;
       while(cycle)
           {
              printf("\nplease input the data:");
              scanf("%d",&x);
              if(x!=0)
                 {
                    s=(dnode *)malloc(sizeof(dnode));
                    s->data=x;
                    printf("\n %d",s->data);
                    p->next=s;
                    s->pre=p;
                    p=s;
                 }
              else cycle=0;
           }
       head=head->next;
       head->pre=NULL;
       p->next=NULL;

       printf("\n    yyy  %d",head->data);
       return(head);
    }
```

面试例题2：编程实现双链表删除/插入节点。

答案：

完整代码如下：

```cpp
//双链表删除节点
dnode *del(dnode *head, int num)
{
    dnode *p1,*p2;
    p1=head;
    while(num!=p1->data&&p1->next!=NULL)
    {p1=p1->next;}

    if(num==p1->data)
       {
          if(p1==head)
             {head=head->next;
              head->pre=NULL;
              free(p1);    }
          else if(p1->next==NULL)
             {
                p1->pre->next=NULL;
                free(p1);
             }
          else
             {
                p1->next->pre=p1->pre;
                p1->pre->next=p1->next;
             }
       }
    else
         printf("\n%d could not been
                  found",num);
    return(head);
}
//双链表插入节点
dnode *insert(dnode *head,int num)
    {
       dnode *p0,*p1;
       p1=head;
       p0=(dnode *)malloc(sizeof(dnode));
       p0->data=num;
while(p0->data>p1->data&&p1->next!=NULL)
       {p1=p1->next;}
       if(p0->data<=p1->data)
         {
            if(head==p1)
              {
                 p0->next=p1;
                 p1->pre=p0;
                 head=p0;
              }
```

```
            else
            {
                p1->pre->next=p0;
                p0->next=p1;
                p0->pre=p1->pre;
                p1->pre=p0;
            }
        }
        else   //比哪个都大的情况
        {
            p1->next=p0;        p0->pre=p1;
p0->next=NULL;
        }
    }
    return(head);
}
```

```
int main()
{   dnode *head,stud;
    int n,del_num,insert_num;
    head=creat();
    print(head);
    cout << "\nInt : ";
    cin >> del_num;
    head=del(head,del_num);
    print(head);
    cout <<"\nplease input the insert data: ";
    cin >> insert_num;
    head=insert(head,insert_num);
    print(head);
    return 0;
}
```

13.3 循环链表

面试例题：已知 n 个人（以编号 1，2，3，…，n 分别表示）围坐在一张圆桌周围。从编号为 k 的人开始报数，数到 m 的那个人出列；他的下一个人又从 K 开始报数，数到 m 的那个人又出列；依此规律重复下去，直到圆桌周围的人全部出列。试用 C++编程实现。[中国著名门户网站 W 公司 2008 年面试题]

解析：本题就是约瑟夫环问题的实际场景。要通过输入 n、m、k 3 个正整数，求出列的序列。这个问题采用的是典型的循环链表的数据结构，就是将一个链表的尾元素指针指向队首元素：

```
p->link=head
```

解决问题的核心步骤如下：

（1）建立一个具有 n 个链节点、无头节点的循环链表。

（2）确定第 1 个报数人的位置。

（3）不断地从链表中删除链节点，直到链表为空。

答案：完整代码如下：

```
#include <iostream>
#include <stdlib.h>
#include <stdio.h>
#define ERROR 0

typedef struct LNode{
    int data;
    struct LNode *link;
}LNode,*LinkList;
```

```
void JOSEPHUS(int n,int k,int m)
//n 为总人数，k 为第一个开始报数的人，
  m 为出列者喊到的数
{
    /* p 为当前节点，r 为辅助节点，
       指向 p 的前驱节点，list 为头节点*/
    LinkList p,r,list, curr;

    /*建立循环链表*/
```

```
      p=(LinkList)malloc(sizeof(LNode));
      p->data = 0;
      p->link = p;
      curr = p;
      for(int i=1;i <n;i++)
      {
         LinkList t=(LinkList)malloc
            (sizeof(LNode));
         t->data = i;
         t->link = curr->link;
         curr->link = t;
         curr = t;
      }
      /*把当前指针移动到第一个报数的人*/
      r = curr;
```

```
   while (k--) r=p,p=p->link;
   while (n--)
   {
      for (int s=m-1;s--;r=p,p=p->link);
      r->link=p->link;
      printf("%d->", p->data);
      free(p);
      p = r->link;
   }
}
main()
{
   JOSEPHUS(13,4,1);
}
```

13.4 队列

面试例题 1: If the frequent-used operation done to a link list to access a random selected item with specified index and insert or delete item from the rest, then which of the following is the most suitable structure to save time?(如果按 index 访问 item 并就地插入或删除数据，这种操作比较频繁，那使用什么节构最节省时间？)

A. Sequential list 顺序表（数组）。

B. Double linked list（双向链表）。

C. Double linked list with header pointer（单独存储 head 指针的双向链表）。

D. Linked list（链表）。

答案：A

面试例题 2：编程实现队列的入队/出队操作。[美国某著名计算机嵌入式公司 2005 年面试题]

答案：

完整代码如下：

```
#include <iostream>
#include <stdio.h>
#include <string.h>
#include <conio.h>
using namespace std;

typedef struct student
{
   int data;
   struct student *next;
}node;
```

```
typedef struct linkqueue
{
   node *first,*rear;
}queue;

//队列的入队
queue *insert(queue *HQ,int x)
{
   node *s;
```

```
      s=(node *)malloc(sizeof(node));
      s->data=x;
      s->next=NULL;

      if(HQ->rear==NULL)
      {
         HQ->first=s;
         HQ->rear=s;
      }

      else
      {
         HQ->rear->next=s;
         HQ->rear=s;
      }
      return(HQ);
   }
   //队列出队
   queue *del(queue *HQ)
   {
      node *p;int x;

      if(HQ->first==NULL)
```
```
      {
         printf("\n yichu");
      }
      else
      {
         x=HQ->first->data;
         p=HQ->first;
         if(HQ->first==HQ->rear)
         {
            HQ->first=NULL;
            HQ->rear=NULL;
         }
         else
         {
            HQ->first=HQ->first->next;
            free(p);
         }
         return(HQ);
      }
   }
```

13.5 栈

面试例题 1：编程实现栈的入栈/出栈操作。[中国著名网络企业 XL 公司 2007 年 12 月面试题]

答案：完整代码如下：

```
#include <iostream>
#include <stdio.h>
#include <string.h>
#include <conio.h>
using namespace std;
typedef struct student
   {
      int data;
      struct student *next;
   }node;

typedef struct stackqueue
   {
      node *zhandi,*top;
   }queue;
//入栈
   queue *push(queue *HQ,int x)
   {
      node *s,*p;
      s=(node *)malloc(sizeof(node));
      s->data=x;
```
```
      s->next=NULL;

      if(HQ->zhandi==NULL)
      {
         HQ->zhandi=s;
         HQ->top=s;
      }

      else
      {
         HQ->top->next=s;
         HQ->top=s;
      }
      return(HQ);
   }
//出栈
   queue *pop(queue *HQ)
   {
      node *p;int x;

      if(HQ->zhandi ==NULL)
      {
         printf("\n yichu");
      }
```

```
        else
        {
            x=HQ->zhandi->data;
            p=HQ->zhandi;
            if(HQ->zhandi==HQ->top)
            {
                HQ->zhandi=NULL;
                HQ->top=NULL;
            }
            else
            {
```

```
            while(p->next!=HQ->top)
            {
                p=p->next;
            }
            HQ->top=p;
            HQ->top->next=NULL;
        }
    return(HQ);
}
```

面试例题 2：如下 C++程序：

```
int    i=0x22222222;
char   szTest[ ]= "aaaa";           //a 的 ASCII 码为 0x61
func(i,  szTest);                    //函数原型为 void func(int a, char *sz);
```

请问刚进入 func 函数时，参数在栈中的形式可为以下哪种？（左侧为地址，右侧为数据。）

[中国著名网络企业 XL 公司 2007 年 11 月面试题]

A.
0x0013FCF0   0x61616161
0x0013FCF4   0x22222222
0x0013FCF8   0x0013FCF8

B.
0x0013FCF0   0x22222222
0x0013FCF4   0x0013FCF8
0x0013FCF8   0x61616161

C.
0x0013FCF0   0x22222222
0x0013FCF4   0x61616161
0x0013FCF8   0x00000000

D.
0x0013FCF0   0x0013FCF8
0x0013FCF4   0x22222222
0x0013FCF8   0x61616161

解析：本题考查的是函数调用时的参数传递和栈帧节构。

调用函数时首先进行参数压栈，一般情况下压栈顺序为从右到左，先压 sz 再压 i……最后压函数地址，但是压 sz 的时候不是直接压 0x61616161 而压的是 szTest 的地址。不过除了压栈顺序，还要考虑栈的生长方向。事实上，在 Windows 平台上，栈都是从高地址向低地址生长的。

如果依题意压 sz 压的是 0x61616161，压栈顺序为从右到左的话，答案应该是 A。

B：压栈顺序不对。

C：压栈顺序不对。

D：栈的生长方向应该是从高到低。

答案：A

面试例题 3：编号为 123456789 的火车经过如下轨道从左边入口处移到右边出口处（每车都必须且只能进临时轨道 M 一次，且不能再回左边入口处）

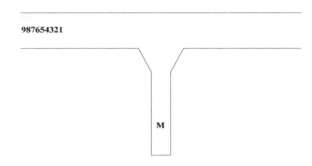

按照从左向右的顺序，下面的结果不可能的是哪项？[中国台湾某 CPU 硬件厂商 2009 年 11 月面试题]

A. 123876549　　　　　　　　B. 321987654

C. 321456798　　　　　　　　D. 987651234

解析：本题实际上考的是数据结构的栈。临时轨道 M 就是栈。

A 是 123 挨个过去，45678 入栈再出栈变成 87654，9 再过去。

B 是 123 入栈再出栈变成 321，456789 入栈再出栈变成 987654。

C 是 123 入栈再出栈变成 321，4567 直接过去，89 入栈再出栈变成 98。

D 是 98765 在前，则 1234 必须全部先进栈，98765 过去后，剩下 1234 必须先回到左边，再通过才满足 1234。但是题意要求不可再回到左边入口处，所以这个选项不可行。

答案：D

扩展知识：如果 M 只能容纳 4 列车。上面选项应该选哪个才可行？

面试例题 4：用两个栈实现一个队列的功能，请用 C++ 实现它。

解析：思路如下：

假设两个栈 A 和 B，且都为空。

可以认为栈 A 提供入队列的功能，栈 B 提供出队列的功能。

入队列：入栈 A。

出队列：

- 如果栈 B 不为空，直接弹出栈 B 的数据。
- 如果栈 B 为空，则依次弹出栈 A 的数据，放入栈 B 中，再弹出栈 B 的数据。

答案：

代码如下:

```cpp
#include <iostream>
#include <stack>
using namespace std;
template<class T>
struct MyQueue
{
    void push(T &t)
    {
        s1.push(t);
    }
    T front()
    {
        if(s2.empty())
        {
            if(s1.size() == 0) throw;
            while(!s1.empty())
            {
                s2.push(s1.top());
                s1.pop();
            }
        }
        return s2.top();
    }
    void pop()
    {
        if(s2.empty())
        {
            while(!s1.empty())
            {
                s2.push(s1.top());
                s1.pop();
            }
        }
        if(!s2.empty())
            s2.pop();
    }
    stack<T> s1;
    stack<T> s2;
};

int main()
{
    MyQueue<int> mq;
    int i;
    for( i=0; i< 10; ++i)
    {
        mq.push(i);
    }
    for(i=0; i< 10; ++i)
    {
        cout<<mq.front()<<endl;
        mq.pop();
    }
    return 0;
}
```

13.6 堆

面试例题 1：请讲述 heap 与 stack 的差别。[美国著名数据库公司 S 2006 年、2008 年面试题]

解析：本题 2006 年、2008 年两次出现。

在进行 C/C++编程时，需要程序员对内存的了解比较精准。经常需要操作的内存可分为以下几个类别。

- 栈区（stack）：由编译器自动分配和释放，存放函数的参数值、局部变量的值等。其操作方式类似于数据结构中的栈。
- 堆区（heap）：一般由程序员分配和释放，若程序员不释放，程序节束时可能由操作系统回收。注意它与数据结构中的堆是两回事，分配方式倒是类似于链表。
- 全局区（静态区）（static）：全局变量和静态变量的存储是放在一块的，初始化的全局变量和静态变量在一块区域，未初始化的全局变量和未初始化的静态变量在相邻的另一块区域。程序节束后由系统释放。

- 文字常量区：常量字符串就是放在这里的。程序节束后由系统释放。
- 程序代码区：存放函数体的二进制代码。

以下是一段实际说明的程序代码：

```
//main.cpp
int a = 0;              //全局初始化区
char *p1;               //全局未初始化区
main()
{
    int b;              //栈
    char s[] = "abc";   //栈
    char *p2;           //栈
    char *p3 = "123456";
    //123456 在常量区，p3 在栈上
```

```
    static int c =0
    //全局（静态）初始化区
    p1 = (char *)malloc(10);
    p2 = (char *)malloc(20);
    //分配得来的 10 和 20 字节的区域就在堆区
    strcpy(p1, "123456");
    //123456 放在常量区，编译器可能会将它与 p3
    //所指向的 "123456" 优化成一个地方
}
```

堆和栈的理论知识如下。

1．申请方式

栈：由系统自动分配。例如，声明在函数中的一个局部变量 int b，系统自动在栈中为 b 开辟空间。

堆：需要程序员自己申请，并指明大小，在 C 中用 malloc 函数。

如：

```
    p1 = (char *)malloc(10);
```

在 C++中用 new 运算符，如：

```
    int *p2 = new int(10);
```

但是注意 p1、p2 本身是在栈中的。

2．申请后系统的响应

栈：只要栈的剩余空间大于所申请空间，系统将为程序提供内存，否则将报异常提示栈溢出。

堆：首先应该知道操作系统有一个记录空闲内存地址的链表，当系统收到程序的申请时，会遍历该链表，寻找第一个空间大于所申请空间的堆节点，然后将该节点从空闲节点链表中删除，并将该节点的空间分配给程序。对于大多数系统，会在这块内存空间中的首地址处记录本次分配的大小，这样，代码中的 delete 语句才能正确地释放本内存空间。另外，由于找到的堆节点的大小不一定正好等于申请的大小，系统会自动地将多余的那部分重新放入空闲链表中。

3．申请大小的限制

栈：在 Windows 下，栈是向低地址扩展的数据结构，是一块连续的内存的区域。这句话

的意思是栈顶的地址和栈的最大容量是系统预先规定好的，在 Windows 下，栈的大小是 2MB（也有的说是 1MB，总之是一个编译时就确定的常数），如果申请的空间超过栈的剩余空间，将提示 overflow。因此，能从栈获得的空间较小。

堆：堆是向高地址扩展的数据结构，是不连续的内存区域。这是由于系统是用链表存储空闲内存地址的，自然是不连续的。而链表的遍历方向是由低地址向高地址，堆的大小受限于计算机系统中有效的虚拟内存。由此可见，堆获得的空间比较灵活，也比较大。

4．申请效率的比较

栈：由系统自动分配，速度较快。但程序员无法控制。

堆：是由 new 分配的内存，一般速度比较慢，而且容易产生内存碎片，不过用起来最方便。

另外，在 Windows 下，最好的方式是用 VirtualAlloc 分配内存。不是在堆，也不是在栈，而是直接在进程的地址空间中保留一块内存，虽然用起来最不方便，但是速度最快，也最灵活。

5．堆和栈中的存储内容

栈：在函数调用时，第一个进栈的是主函数中的下一条指令（函数调用语句的下一条可执行语句）的地址，然后是函数的各个参数。在大多数的 C 编译器中，参数是由右往左入栈的，然后是函数中的局部变量。注意静态变量是不入栈的。

当本次函数调用节束后，局部变量先出栈，然后是参数，最后栈顶指针指向最开始存的地址，也就是主函数中的下一条指令，程序由该点继续运行。

堆：一般是在堆的头部用一个字节存放堆的大小。堆中的具体内容由程序员安排。

6．存取效率的比较

```
char s1[] = "aaaaaaaaaaaaaa";
char *s2 = "bbbbbbbbbbbbbbbb";
```

aaaaaaaaaa 是在运行时刻赋值的，而 bbbbbbbbbb 是在编译时就确定的。但是，在以后的存取中，在栈上的数组比指针所指向的字符串（例如堆）快。

比如：

```
#include
void main()
{
char a = 1;
char c[] = "1234567890";
```

```
char *p ="1234567890";
a = c[1];
a = p[1];
return;
}
```

对应的汇编代码如下：

```
10: a = c[1];
00401067 8A 4D F1 mov cl,byte ptr [ebp-0Fh]
0040106A 88 4D FC mov byte ptr [ebp-4],cl
11: a = p[1];
0040106D 8B 55 EC mov edx,dword ptr
    [ebp-14h]
00401070 8A 42 01 mov al,byte ptr [edx+1]
00401073 88 45 FC mov byte ptr [ebp-4],al
```

第一种在读取时直接就把字符串中的元素读到寄存器 cl 中，而第二种则要先把 edx 指中，再根据 edx 读取字符，显然慢了。

7．小节

堆和栈的区别可以用如下的比喻来描述。

使用栈就像我们去饭馆里吃饭，只管点菜（发出申请）、付钱和吃（使用），吃饱了就走，不必理会切菜、洗菜等准备工作和洗碗、刷锅等扫尾工作。好处是快捷，但是自由度小。使用堆就像是自己动手做喜欢吃的菜肴，比较麻烦，但是比较符合自己的口味，而且自由度大。

数据结构方面的堆和栈，这些都是不同的概念。这里的堆实际上指的就是（满足堆性质的）优先队列的一种数据结构，第一个元素有最高的优先权；栈实际上就是满足先进后出的性质的数学或数据结构。虽然"堆栈"的说法是连起来叫，但是它们还是有很大区别的。

答案：

heap 是堆，stack 是栈。

stack 的空间由操作系统自动分配/释放，heap 上的空间手动分配/释放。

stack 空间有限，heap 是很大的自由存储区。

C 中的 malloc 函数分配的内存空间即在堆上，C++中对应的是 new 操作符。

程序在编译期对变量和函数分配内存都在栈上进行，且程序运行过程中函数调用时参数的传递也在栈上进行。

面试例题 2：全局变量放在（ ）；函数内部变量 static int ncount 放在（ ）；函数内部变量 char *p="AAA",p 的位置在（ ）；指向空间的位置（ ）；函数内变量 char *p=new char;，p 的位置（ ）；指向空间的位置（ ）。[中国某著名综合软件公司 2005 年面试题]

A．数据段　　　B．代码段　　　C．堆栈　　　D．堆　　　E．不一定，看情况

解析：堆栈是一种简单的数据结构，是一种只允许在其一端进行插入或删除的线性表。允许插入或删除操作的一端称为栈顶，另一端称为栈底。对堆栈的插入和删除操作称为入栈和出栈。有一组 CPU 指令可以实现对进程的内存实现堆栈访问。其中，POP 指令实现出栈操作，PUSH 指令实现入栈操作。CPU 的 ESP 寄存器存放当前线程的栈顶指针，EBP 寄存器中保存当前线程的栈底指针。CPU 的 EIP 寄存器存放下一个 CPU 指令存放的内存地址。当

CPU 执行完当前的指令后，从 EIP 寄存器中读取下一条指令的内存地址，然后继续执行。

答案：A，A，C，A，C，D。

扩展知识（变量的内存分配情况）

接触过编程的人都知道，高级语言都能通过变量名访问内存中的数据。那么这些变量在内存中是如何存放的呢？程序又是如何使用这些变量的呢？

首先，来了解一下C语言的变量是如何在内存分布的。C语言有全局变量（Global）、本地变量（Local）、静态变量（Static）和寄存器变量（Register）。每种变量都有不同的分配方式。先来看下面这段代码：

```
#include <stdio.h>
int g1=0, g2=0, g3=0;
int main()
{
static int s1=0, s2=0, s3=0;
int v1=0, v2=0, v3=0;
//打印出各个变量的内存地址
printf("0x%08x ",&v1);
//打印各本地变量的内存地址
printf("0x%08x ",&v2);
printf("0x%08x ",&v3);

printf("0x%08x ",&g1);
//打印各全局变量的内存地址
printf("0x%08x ",&g2);
printf("0x%08x ",&g3);
printf("0x%08x ",&s1);
//打印各静态变量的内存地址
printf("0x%08x ",&s2);
printf("0x%08x ",&s3);
return 0;
}
```

编译后的执行结果是：

```
0x0012ff78
0x0012ff7c
0x0012ff80

0x004068d0
0x004068d4
```

```
0x004068d8
0x004068dc
0x004068e0
0x004068e4
```

输出的结果就是变量的内存地址。其中 v1、v2、v3 是本地变量，g1、g2、g3 是全局变量，s1、s2、s3 是静态变量。你可以看到这些变量在内存中是连续分布的，但是本地变量和全局变量分配的内存地址差了十万八千里，而全局变量和静态变量分配的内存是连续的。这是因为本地变量和全局/静态变量是分配在不同类型的内存区域中的结果。对于一个进程的内存空间而言，可以在逻辑上分成3个部分：代码区、静态数据区和动态数据区。动态数据区一般就是"堆栈"。"栈（stack）"和"堆（heap）"是两种不同的动态数据区。栈是一种线性节构，堆是一种链式节构。进程的每个线程都有私有的"栈"，所以每个线程虽然代码一样，但本地变量的数据都是互不干扰的。

一个堆栈可以通过"基地址"和"栈顶"地址来描述。全局变量和静态变量分配在静态数据区，本地变量分配在动态数据区，即堆栈中。程序通过堆栈的基地址和偏移量来访问本地变量，如下图所示。

堆栈是一个先进后出的数据结构，栈顶地址总是小于等于栈的基地址。我们可以先了解一下函数调用的过程，以便对堆栈在程序中的作用有更深入的了解。不同的语言有不同的函数调用规定，这些因素有参数的压入规则和堆栈的平衡。Windows API 的调用规则和 ANSI C 的函数调用规则是不一样的，前者由被调函数调整堆栈，后者由调用者调整堆栈。两者通过"_stdcall"和"_cdecl"前缀区分。先看下面这段代码：

```
void __stdcall func(int param1,int param2,int param3)
{
    int var1=param1;
    int var2=param2;
    int var3=param3;
    printf("&param1:0X%08X\n",&param1);
    printf("&param2:0X%08X\n",&param2);
    printf("&param3:0X%08X\n",&param3);
    printf("&var1:0X%08X\n",&var1);
    printf("&var2:0X%08X\n",&var2);
    printf("&var3:0X%08X\n",&var3);
}

int main()
{
    func(1,2,3);
    return 0;
}
```

编译后的执行结果是：

```
&param1:0X0022FF60
&param2:0X0022FF64
&param3:0X0022FF68
```
```
&var1:0X0022FF54
&var2:0X0022FF50
&var3:0X0022FF4C
```

下面详细解释函数调用的过程中堆栈的分布：

在堆栈中分布变量是从高地址向低地址分布，EBP 指向栈底指针，ESP 是指向栈顶的指针，根据__stdcall 调用约定，参数从右向左入栈，所以首先，3 个参数以从右到左的次序压入堆栈，先压"param3"，再压"param2"，最后压入"param1"。栈内分布如下图所示。

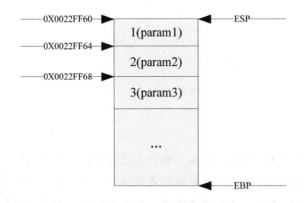

然后函数的返回地址入栈，栈内分布如下图所示。

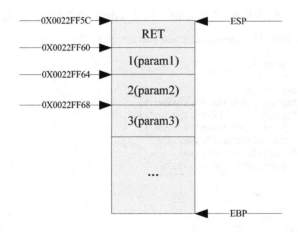

通过跳转指令进入函数。函数地址入栈后，EBP入栈，然后把当前的ESP的值给EBP，汇编下指令为：

```
push ebp
mov ebp esp
```

此时栈底指针和栈顶指针指向同一位置，栈内分布为如下图所示。

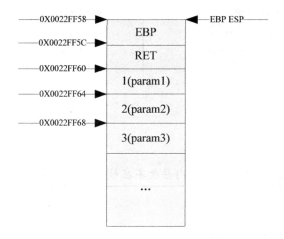

然后是 int var1=param1;int var2=param2;int var3=param3;也就是变量 var1,var2,var3 的初始化（从左向右的顺序入栈），按声明顺序依次存储到 EBP-4,EBP-8,EBP-12 位置，栈内分布如下图所示。

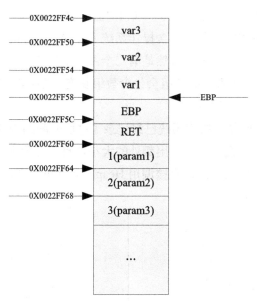

Windows 下的动态数据除了可存放在栈中，还可以存放在堆中。了解 C++的朋友都知道，C++可以使用 new 关键字来动态分配内存。来看下面的 C++代码：

```
#include <stdio.h>
#include <iostream.h>
#include <windows.h>
void func()
{
    char *buffer=new char[128];
    char bufflocal[128];
    static char buffstatic[128];
    printf("0x%08x ",buffer);
```

203

```
            //打印堆中变量的内存地址          void main()
            printf("0x%08x ",bufflocal);      {
            //打印本地变量的内存地址              func();
            printf("0x%08x ",buffstatic);        return;
            //打印静态变量的内存地址          }
        }
```

程序执行结果为:

0x004107d0
0x0012ff04
0x004068c0

可以发现用 new 关键字分配的内存既不在栈中，也不在静态数据区。

面试例题 3：以下两种情况：

(1) new 一个 10 个整型的数组。

(2) 分 10 次 new 一个整型的变量。

哪个占的空间更大些?

A．1　　　　B．2　　　　C．一样多　　　　D．不确定

[美国著名操作系统、数据库软件公司 W 2008 年 4 月面试题]

解析：如果所谓"占用空间"不包含操作系统 HeapAlloc 时的额外损耗，则两者占用空间是一样多的。如果包括额外损耗，自然是第二个占用空间多。

有人觉得 new 一个 10 个整型的数组会包含数组长度，以便 delete []时知道要释放多少空间，事实上，这种说法是不正确的。

在调用 HeapAlloc 的时候，操作系统已经记录了这块分配的内存的大小，因此 HeapFree 的时候直接给出指针就行，根本不必给出额外的大小信息。因此如果对于内建类型，完全不必另外开 4 字节去保存数组的长度，直接调用 HeapFree 就可以了。

可以编程做一个测试：

```
#include <stdio.h>                    int main()
class CTest                           {
{                                         int *p = new int[10];
public:                                   //所生成的汇编代码在下面
  ~CTest()                                printf( "%d\n", *((int*)p-1) );
  { printf("~CTest dtor\n"); }            delete []p;
};                                        return 0;
                                      }
```

汇编代码如下：

```
int *p = new int[10];
0040101E  push 28h ;传参，0x28h=40 即 10 个 int 的大小
00401020  call operator new[](402F10h);调用 operator new 分配内存，里面实际调用了 malloc 的内核
00401025  add  esp,4
```

```
00401028  mov    dword ptr [ebp-0E0h],eax
0040102E  mov    eax,dword ptr [ebp-0E0h]
00401034  mov    dword ptr [p],eax
```

但是到了带有析构函数的类就不行了,因为 delete []p 的时候需要知道调用析构函数的次数,此时便有额外的 4 字节被分配来记录数组大小。

如果上面的程序改成:

```
int main()
{
//所生成的汇编代码在下面
  CTest *p = new CTest[10];
  printf( "%d\n", *((int*)p-1) );
  delete []p;
  return 0;
}
```

汇编代码如下:

```
;CTest *p = new CTest[10];
0040101E  push       0Eh  ;0x0e=14h 正好是 10*sizeof(CTest)+4
                          ;其中 sizeof(CTest)=1
00401020  call       operator new[] (403050h)
;调用 operator new 分配内存,里面实际调用了 malloc 的内核
00401025  add        esp,4  ;清理
00401028  mov        dword ptr [ebp-0ECh],eax
0040102E  cmp        dword ptr [ebp-0ECh],0
00401035  je         main+54h (401054h)
00401037  mov        eax,dword ptr [ebp-0ECh]
0040103D  mov        dword ptr [eax],0Ah
00401043  mov        ecx,dword ptr [ebp-0ECh]
00401049  add        ecx,4

0040104C  mov        dword ptr [ebp-0F4h],ecx
00401052  jmp        main+5Eh (40105Eh)
00401054  mov        dword ptr [ebp-0F4h],0
0040105E  mov        edx,dword ptr [ebp-0F4h]
00401064  mov        dword ptr [p],edx
```

在后面 delete []p 的时候,正是根据那个额外的信息来确定调用析构函数的次数的。实际是调用了 CTest::vector deleting destructor,这是为每个类默认生成的一个析构函数。

由题意来看,应该是考堆的分配的额外损耗的问题,所以笔者认为第二种做法占用空间多。

至于 new 是否会产生"内存碎片"的问题,因为内存碎片只是系统分给程序时会产生的:假如程序第一次分配了 10KB,而系统内存分配粒度为 32KB,剩余的 22KB 如果没有被程序用到则产生内存碎片。如果程序继续分配,则系统很可能优化,继续使用剩下的 22KB。而本例中没有大于分配粒度,因此产生的碎片应该是一样的。

但对于操作系统来说:new 一块内存,Windows 不仅分配给你内存,还用 4 字节在那段

内存后作为内存分配边界，如果从这个角度来说的话第二次就分配多了。

答案：B

面试例题 4：If one compiled and ran following C Program in Windows , which of the statements below is correct about the program's run-time memory allocation? （下面程序描述正确的是）[美国著名硬件公司 E2013 年面试题]

```
#include <stdio.h>
#include <stdlib.h>

int a = 1024;
void test(int c)
{
  static int b[20];
  int* p = (int*)malloc(c * sizeof(int));
}

int main(void)
{
  test(a * 1024);
  return 0;
}
```

A. Memory used by variable 'p' is allocated in a stack area.

B. Memory used by array variable 'b' is allocated in a stack area.

C. Memory used by variable 'c' is allocated in a heap area.

D. Memory to which is pointed by pointer 'p' is leaked. After the program termination, system loses control of that memory area.

解析：变量 p、c 分布在栈区。变量 b 分布在全局静态初始化区。所以 B，C 错误；A 正确。

至于选项 D：在 Windows 中，对于一般没有 free 的 malloc，在进程正常结束时是可以回收的，不管用户程序怎么 malloc，在进程结束的时候，其虚拟地址空间就会被直接销毁，操作系统只需要在进程结束的时候让内存管理模块。把分页文件中与此进程相关的记录全部删除，标记为"可用空间"，就可以使所有申请的内存都一次性地回收。

但是，这里有一个条件，就是在进程退出时。(也只有这个时候，内核会调用内存管理模块来执行清理），如果是一个服务器上长期运行的程序，不可能动不动就退出来清理一次。这种时候，不合理的内存分配导致的泄漏就会使程序运行出现问题。

答案：A

13.7 树、图、哈希表

面试例题 1：If a pre-order traversal sequence of a binary tree is abcdefg, which one of the following is NOT possible in-order traversal sequence?（前序遍历二叉树值为 abcdefg，下面哪个不可能是中序遍历）[美国著名软件公司 M2013 年 11 月笔试题]

    A. abcdefg   B. gfedcba
    C. bcdefga   D. bceadfg

解析：二叉树遍历原则如下：前序遍历是根左右，中序遍历是左根右，后序遍历是左右根。如果前序遍历二叉树值为 abcdefg，那么 a 一定是根，这样我们再来看选项 D，如果 bceadfg 是中序遍历，那么 bce 在左，a 为根，dfg 在右。根据前序遍历，bce 就一定在 dfg 左边，所以前序遍历二叉树值不可能为 abcdefg。

答案：D

面试例题 2：There is binary search tree which is used to store characters 'A', 'B','C','D','E', 'F','G','H',which of the following is post-order tree walk result? （有一个二叉搜索树用来存储字符 'A', 'B', 'C','D','E','F','G','H'下面哪个结果是后序树遍历结果）[美国著名软件公司 M2009 年 11 月笔试题]

    A. ADBCEGFH   B. BCAGEHFD
    C. BCAEFDHG   D. BDACEFHG

解析：二叉搜索树（Binary Search Tree），或者是一棵空树，或者是具有下列性质的二叉树：对于树中的每个节点 X，它的左子树中所有关键字的值都小于 X 的关键字值，而它的右子树中的所有关键字值都大于 X 的关键字值。这意味着该树所有的元素都可以用某种统一的方式排序。

例如下面就是一棵合法的二叉搜索树：

它的左、右子树也分别为二叉搜索树。

二叉搜索树的查找过程和次优二叉树类似，通常采取二叉链表作为二叉搜索树的存储节构。中序遍历二叉搜索树可得到一个关键字的有序序列，一个无序序列可以通过构造一棵二叉搜索树变成一个有序序列，构造树的过程即为对无序序列进行排序的过程。每次插入的新的节点都是二叉搜索树上新的叶子节点,在进行插入操作时,不必移动其他节点,只需改动某个节点的指针,由空变为非空即可。搜索、插入、删除的复杂度等于树高,即 O(log(n))。

二叉树的一个重要的应用是它们在查找中的使用。二叉搜索树的概念相当容易理解,二叉搜索树的性质决定了它在搜索方面有着非常出色的表现:要找到一棵树的最小节点,只需要从根节点开始,只要有左儿子就向左进行,终止节点就是最小的节点。找最大的节点则是往右进行。例如上面的例子中,最小的节点是 1,在最左边;最大的节点是 8,在最右边。

对于本题而言,二叉搜索树则必满足对树中任一非叶节点,其左子树都小于该节点值,右子树所有节点值都大于该节点值。节合二叉树后序遍历的特点,最后一个肯定是根节点。

A. ADBCEGFH

-> (H) 左子树(ADBCEGF), 右子树(空)　　(左子树必须都小于根 H, 右子树都大于根 H)

--> (F) 左子树 (ADBCE), 右子树(G)

---> (E) 左子树 (ADBC), 右子树(空)

----> (C) 剩下(ADB)不能区别左子树, 右子树, 所以选项 A 不成立;

B. BCAGEHFD

->(D, (BCA), (GEHF))

--> GEHF, F 为根, 剩下 GEH 不能根据 F 分成两个子段, 所以 B 不成立;

C. BCAEFDHG

->(G, (BCAEFD), (H))

-->(G, (D, (BCA), (EF)), (H))

--->(G, (D, (A, (), (BC)), (F, (E), ())), (H))

---->(G, (D, (A, (), (C, (B), ())), (F, (E), ())), (H))

```
        G
       / \
      D   H
     / \
    A   F
     \ /
     C E
    /
   B
```

选项 C 成立;

D. BDACEFHG

-> (G, (BDACEF), (H))

--> (G, (F, (BDACE), ()), (H))

---> (G, (F, (E, (BDAC), ()), ()), (H))

----> BDAC 子树, C 为根, 据 C 不能将序列 BDA 划分为两个子序列, 使得左子序列全小于 C, 右子序列全大于 C

所以选项 D 不成立。

答案：C

面试例题 3：Which of the following data sequence(s) should NOT produces a balanced binary search tree if the inserted from left to right?

A. 8,-1,6,7,4,3,-2   B. 20,10,16,4,30,24,31

C. 7,12,3,-2,8,19,5,10   D. 10,5,20,6,2,1,22,15,30

解析：平衡二叉树（Balanced Binary Tree）具有以下性质：它是一棵空树或它的左右两个子树的高度差的绝对值不超过 1，并且左右两个子树都是一棵平衡二叉树。按照这个原则衡量如下二叉搜索树，显然 A 选项不符合要求。

答案：A

面试例题 4：如下数据结构：

```
typedef struct TreeNode {
char c;
TreeNode *leftchild;
TreeNode *rightchild;
}
```

请实现两棵树是否相等的比较, 相等返回 0 否则返回其他值。并说明你的算法复杂度。

[美国著名软件公司 M2009 年 11 月笔试题]

```
int CompTree(TreeNode* tree1, TreeNode* tree2);
```

注：A、B 两棵树相等当且仅当 RootA-> c==RootB-> c，而且 A 和 B 的左右子树对应相等或者左右互换后相等。

答案：这道题涉及二叉树，用递归方法比较方便，具体代码如下：

```
int CompTree(TreeNode *tree1, TreeNode *tree2)
{
  bool isTree1Null = (tree1 == NULL);
  bool isTree2Null = (tree2 == NULL);
  // 其中一个为 NULL, 而另一个不为 NULL, 肯定不相等
  if (isTree1Null != isTree2Null)
    return 1;
  // 两个都为 NULL, 一定相等
  if (isTree1Null && isTree2Null)
    return 0;
  // 两个都不为 NULL, 如果 c 不等, 则一定不相等
```

```
    if (tree1->c != tree2->c)
      return 1;
    // 两个都不为NULL,且c相等,则看两棵子树是否相等或者是否互换相等
    return (CompTree(tree1->left, tree2->left) & CompTree(tree1->right, tree2->right)) |
      (CompTree(tree1->left, tree2->right) & CompTree(tree1->right, tree2->left));
}
```

面试例题 5: A quad-tree, starting from the root node, could consist of many nodes: leaf-node and non-leaf node. Each non-leaf node may have 1 to 4 child nodes; each node has an internal value V, if not null, which would refer to any node in the same quad-tree. Hierarchically, depth of node describes the distance between a node in a tree and the tree's root node, the farther the distance is, the deeper the node is at in the tree. The goal is to find all the nodes in the quad-tree which fulfills the condition: the value of node A refers to a node B in the same tree, where the depth of node A is larger than the depth of node B. The input would be a data structure representing the quad-tree; the output would be a data structure representing the list of nodes fulfilling the conditions. (四叉树由许多个节点组成,其起点是根节点。节点有两种:有叶节点,无叶节点,其中每个无叶节点又可分出 1 到 4 个子节点。每一节点都包含其内在价值 V。如果这个价值是有效值,则可以表示同一四叉树上任一节点的价值。从等级上划分,节点的深度表明节点与根节点之间的距离:距离越远,节点的深度越深。目的是找出四叉树上所有符合以下条件的节点:在同一树上,节点 A 的价值说明节点 B 的价值但其深度要大于节点 B 的深度。四叉树以数据输入的节构呈现,而符合各条件的节点列以数据输出的节构呈现。)

Question: Describe how you will solve the problem and explain why you pick the solution. The best answer should consider multiple solutions and choose the optimal one in terms of time and space complexity, and explain why you choose this one. (说明你如何解决这个问题并解释你为什么采取那种解决方式。最好的回答应是在多种解决方案中根据时空的复杂程度选择最佳的一种并解释你为什么选择该项。)[英国某图形软件公司 2009 年 9 月笔试题]

解析:用广度优先的方法遍历(先遍历离根近的节点),配合 hash(将所有节点信息保存至 hash 表,同时记录节点同根节点的距离),当某节点包含引用值时,判断 hash 里面是否存在该节点,如果不存在,则说明当前节点的级别 <=引用节点的级别,如果 hash 里面存在该节点信息,再判断当前节点的级别是否=引用节点的级别,!=说明引用节点的级别比当前节点高。复杂度为 O(n)。

答案:建立该树时按照完全四叉树的位置给每个节点编号。编号为 n 节点,其 4 个子节点为 4n,4n+1,4n+2,4n+3,根节点编 0,编 1 都无所谓。要完成题目的工作,只需要把其引用编号(内涵值)与其编号一比就知道了。遍历一次即可,复杂度 o(N)。

面试例题 6：下面哪个序列不是右图的一个拓扑排序？

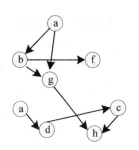

A．ebfgadch B．aebdgfch
C．adchebfg D．aedbfgch

解析：有向图拓扑排序算法的基本步骤如下：

1> 从图中选择一个入度为 0 的顶点，输出该顶点；

2> 从图中删除该顶点及其相关联的弧，调整被删弧的弧头结点的入度（入度-1）；

3> 重复执行 1、2 直到所有顶点均被输出。

选项 C 内容 adch 执行到 h 时候，h 入度不为 0，所以错误。

答案：C

面试例题 7：下面是邻接表存储的图，以[0]点出发，求深度优先遍历和广度优先遍历结果。[美国某数据库公司 2012 年 11 月笔试题]

```
[0] -> [1] -> [5] -> [6] -> END
[1] -> [0] -> [2] -> END
[2] -> [1] -> [3] -> END
[3] -> [2] -> [4] -> [7] -> END
[4] -> [3] -> [5] -> [8] -> END
[5] -> [4] -> [0] -> END
[6] -> [0] -> [8] -> [7] -> END
[7] -> [6] -> [8] -> [3] -> END
[8] -> [6] -> [7] -> [4] -> END
```

解析：深度优先遍历：

1> 首先访问出发点 v，并将其标记为已访问过；然后依次从 v 出发搜索 v 的每个邻接点 w。

2> 若 w 未曾访问过，则以 w 为新的出发点继续进行深度优先遍历，直至图中所有和源点 v 有路径相通的顶点（亦称为从源点可达的顶点）均已被访问为止。

3> 若此时图中仍有未访问的顶点，则另选一个尚未访问的顶点作为新的源点重复上述过程，直至图中所有顶点均已被访问为止。

广度优先遍历：

1> 从图中某个顶点 V0 出发，并访问此顶点。

2> 从 V0 出发，访问 V0 的各个未曾访问的邻接点 W1,W2,…,Wk；然后,依次从 W1,W2,…,Wk 出发访问各自未被访问的邻接点。

3> 重复步骤 2，直到全部顶点都被访问为止。

答案：DFS = 0 1 2 3 4 5 8 6 7 End；BFS = 0 1 5 6 2 4 8 7 3 End。

面试例题 8：如何设计一个魔方（六面）的程序，说说方法。[中国某著名搜索引擎公司 2010 年 6 月笔试题]

答案：把魔方展开，得到 6 个正方形，定义 6 个节构体，内容为一个 9 个点和一个编号，每个点包括一个颜色标识；在魔方展开图中根据正方形的相邻关系编号，每个正方形都有 4 个函数：左翻、右翻、上翻、下翻。

根据相邻关系，每个操作会引起相邻面的相关操作；比如一个面的左翻会调用右边相邻面的左翻；也就意味着左相邻面的 0、1、2 三个元素与当前面互换；递归下去，直到所有面都交换完毕。

面试例题 9：在百度或淘宝搜索时，每输入字符都会出现搜索建议，比如输入"北京"，搜索框下面会以北京为前缀，展示"北京爱情故事"、"北京公交"、"北京医院"等等搜索词。实现这类技术后台所采用的数据结构是什么？[中国某著名搜索引擎 B 公司 2012 年 6 月笔试题]

答案：Trie 树，又称单词查找树、字典树，是一种树形结构，是一种哈希树的变种，是一种用于快速检索的多叉树结构。典型应用是用于统计和排序大量的字符串（但不仅限于字符串），所以经常被搜索引擎系统用于文本词频统计。它的优点是：最大限度地减少无谓的字符串比较，查询效率比哈希表高。Trie 树的核心思想是空间换时间。利用字符串的公共前缀来降低查询时间的开销以达到提高效率的目的。

对于搜索引擎，一般会保留一个单词查找树的前 N 个字（全球或最近热门使用的）；对于每个用户，保持 Trie 树最近前 N 个字为该用户使用的结果。

如果用户点击任何搜索结果，Trie 树可以非常迅速并异步获取完整的部分/模糊查找，然后预取数据，再用一个 Web 应用程序可以发送一个较小的一组结果的浏览器。

面试例题 10：用二进制来编码字符串"abcdabaa"，需要能够根据编码，解码回原来的字符串，最少需要多长的二进制字符串？

    A. 12   B. 14   C. 18   D. 24

解析：哈夫曼编码问题：字符串"abcdabaa"有 4 个 a、2 个 b、1 个 c、1 个 d。构造哈夫曼树如右图所示。a 编码 0(1 位)，b 编码 10(2 位)，c 编码 110(3 位)，d 编码 111(3 位)。这个字符串的总长度为：1*4+2*2+3*1+3*1=14。

答案：B

面试例题 11：一个包含 n 个结点的四叉树，每一个节点都有 4 个指向孩子节点的指针，这个四叉树有____个空指针。

答案：n 个节点有 n-1 个非空指针，其余皆为空指针。4*n−(n−1) = 3*n+1

面试例题 12：有 1 千万条短信，有重复，以文本文件的形式保存，一行一条，有重复。请用 5 分钟时间，找出重复出现最多的前 10 条。[中国某著名互联网公司 2010 年 5 月笔试题]

解析：对于本题来说，某些面试者想用数据库的办法实现：首先将文本导入数据库，再利用 select 语句某些方法得出前 10 条短信。但是实际上用数据库是绝对满足不了 5 分钟解决这个条件的。这是因为 1 千万条短信即使 1 秒钟录入 1 万条（这已经算是很快的数据导入了）5 分钟才 3 百万条。即便真的能在 5 分钟内录完 1 千万条，也必须先建索引，不然 sql 语句 5 分钟内肯定得不出结果。但对 1 千万条记录建索引即使在 5 分钟内都不能完成的。所以用数据库的办法不行。

这种类型的题之所以会出现，这是因为互联网公司无时无刻都在需要处理由用户产生的海量数据/日志，所以海量数据的题现在很热，基本上互联网公司都会考。重点考察的是你的数据结构设计与算法基本功。类似题目是如何根据关键词搜索访问最多的前 10 个网站。

答案：**方法 1**：可以用哈希表的方法对 1 千万条分成若干组进行边扫描边建散列表。第一次扫描，取首字节，尾字节，中间随便两字节作为 Hash Code，插入到 hash table 中。并记录其地址和信息长度和重复次数，1 千万条信息，记录这几个信息还放得下。同 hash code 且等长就是疑似相同，比较一下。相同记录只加 1 次进 hash table，但将重复次数加 1。一次扫描以后，已经记录各自的重复次数，进行第二次 hash table 的处理。用线性时间选择可在 O(n) 的级别上完成前 10 条的寻找。分组后每份中的 top 10 必须保证各不相同，可 hash 来保证。也可直接按 hash 值的大小来分类。

方法 2：可以采用从小到大排序的办法，根据经验，除非是群发的过节短信，否则字数越少的短信出现重复的几率越高。建议从字数少的短信开始找起，比如一开始搜一个字的短信，找出重复出现的 top10 并分别记录出现次数，然后搜两个字的，依此类推。对于对相同字数的比较长的短信的搜索，除了 hash 之类的算法外，可以选择只抽取头、中和尾等几个位置的字符进行粗判，因为此种判断方式是为了加快查找速度但未必能得到真正期望的 top10，因此需要做标记；如此搜索一遍后，可以从各次 top10 结果中找到备选的 top10，如果这 top10 中有刚才做过标记的，则对其对应字数的所有短信进行精确搜索以找到真正的 top10 并再次比较。

方法 3：可以采用内存映射办法，首先，1 千万条短信按现在的短信长度将不会超过 1G 空间，使用内存映射文件比较合适。可以一次映射（当然如果更大的数据量的话，可以采用分段映射），由于不需要频繁使用文件 I/O 和频繁分配小内存，这将大大提高数据的加载速度。其次，对每条短信的第 i (i 从 0 到 70) 个字母按 ASCII 码进行分组，其实也就是创建树。i 是树的深度，也是短信第 i 个字母。

该问题主要是解决两方面的内容,一是内容加载,二是短信内容比较。采用文件内存映射技术可以解决内容加载的性能问题(不仅仅不需要调用文件 I/O 函数,而且也不需要每读出一条短信都分配一小块内存),而使用树技术可以有效减少比较的次数。代码如下:

```
struct TNode
{
  BYTE* pText;
   //直接指向文件映射的内存地址
  DWORD dwCount;
   //计算器,记录此节点的相同短信数
  TNode* ChildNodes[256];
   //子节点数据,由于一个字母的 ASCII 值不可能超过 256,所以子节点也不可能超过 256
  TNode()
  {
    //初始化成员
  }
  ~TNode()
  {
    //释放资源
  }
};

//int nIndex 是字母下标
void CreateChildNode(TNode* pNode, const BYTE* pText, int nIndex)
{
    if(pNode->ChildNodes[pText[nIndex]] == NULL)
    {//如果不存在此子节点,就创建.TNode 构造函数//应该有初始化代码
      //为了处理方便,这里也可以在创建的同时把此节//点加到一个数组中

      pNode->ChildNodes[pText[nIndex]] = new TNode;
    }
    if(pText[nIndex+1] == '\0')
    {//此短信已完成,记数器加1,并保存此短信内容
      pNode->ChildNodes[pText[nIndex]]->dwCount++;
      pNode->ChildNodes[pText[nIndex]]->pText=pText;
    }
    else //if(pText[nIndex] != '\0')
    {//如果还未结束,就创建下一级节点
      CreateNode(pNode->ChildNodes[pText[nIndex]], pText, nIndex+1);
    }
}

//创建根节点,pTexts 是短信数组,dwCount 是短信//数量(这里是 1 千万)
void CreateRootNode(const BYTE** pTexts, DWORD dwCount)
{
    TNode RootNode;
    for(DWORD dwIndex=0;dwIndex<dwCount;dwIndex++)
    {
      CreateNode(&RootN, pTexts[dwIndex], 0);
    }
    //所有节点按 dwCount 的值进行排序
    //取前 10 个节点,显示结果
}
```

扩展知识

有1亿个浮点数，请找出其中最大的10000个。提示：假设每个浮点数占4个字节，1亿个浮点数就要占到相当大的空间，因此不能一次将全部读入内存进行排序。

既然不可以一次读入内存，那可以使用如下方法：

方法1：读出100万个数据，找出最大的1万个，如果这100万数据选择够理想，那么最小的这1万个数据里面最小的为基准，可以过滤掉1亿数据里面99%的数据，最后就再一次在剩下的100万（1%）里面找出最大的1万个。

方法2：分块查找，比如100万一个块，找出最大1万个，一次下来就剩下100万数据需要找出1万个。

找出100万个数据里面最大的1万个，可以采用快速排序的方法，分2堆，如果大的那堆个数N大于1万个，继续对大堆快速排序一次分成2堆，如果大堆个数N小于1万，就在小的那堆里面快速排序一次，找第10000-N大的数字；递归以上过程，就可以找到相关结果。

13.8 排序

排序问题是各大IT公司必考的题目。

所谓排序，就是整理文件中的记录，使之按关键字递增（或递减）的顺序排列起来。其确切定义如下：

输入：n 个记录 R_1、R_2、…、R_n，其相应的关键字分别为 K_1、K_2、…、K_n。

输出：R_{i1}、R_{i2}、…、R_{in}，使得 $K_{i1} \leqslant K_{i2} \leqslant \cdots \leqslant K_{in}$（或 $K_{i1} \geqslant K_{i2} \geqslant \cdots \geqslant K_{in}$）。

1．被排序对象——文件

被排序的对象——文件由一组记录组成。

记录则由若干个数据项（或域）组成。其中有一项可用来标识一个记录，称为关键字项。该数据项的值称为关键字（Key）。

2．排序运算的依据——关键字

用来做排序运算依据的关键字，可以是数字类型，也可以是字符类型。

关键字的选取应根据问题的要求而定。

在高考成绩统计中将每个考生作为一个记录。每条记录包含准考证号、姓名、各科的分数和总分数等项内容。若要唯一地标识一个考生的记录,则必须用"准考证号"作为关键字。若要按照考生的总分数排名次,则需用"总分数"作为关键字。

3. 排序的稳定性

当待排序记录的关键字均不相同时,排序结果是唯一的,否则排序结果不唯一。

在待排序的文件中,若存在多个关键字相同的记录,经过排序后这些具有相同关键字的记录之间的相对次序保持不变,该排序方法是稳定的;若具有相同关键字的记录之间的相对次序发生变化,则称这种排序方法是不稳定的。排序算法的稳定性是针对所有输入实例而言的。即在所有可能的输入实例中,只要有一个实例使得算法不满足稳定性要求,则该排序算法就是不稳定的。稳定的排序如下表所示。

稳定的排序	时间复杂度	空间复杂度
气泡排序 (bubble sort)	最差、平均都是 $O(n^2)$;最好是 $O(n)$	1
鸡尾酒排序 (Cocktail sort, 双向的冒泡排序)	最差、平均都是 $O(n^2)$;最好是 $O(n)$	1
插入排序 (insertion sort)	最差、平均都是 $O(n^2)$;最好是 $O(n)$	1
归并排序 (merge sort)	最差、平均、最好都是 $O(n\log n)$	$O(n)$
桶排序 (bucket sort)	$O(n)$	$O(k)$
基数排序 (Radix Sort)	$O(dn)$ (d 是常数)	$O(n)$
二叉树排序 (Binary tree sort)	$O(n \log n)$	$O(n)$
图书馆排序 (Library sort)	$O(n \log n)$	$(1+\varepsilon)n$

不稳定的排序如下表所示:

不稳定的排序	时间复杂度	空间复杂度
选择排序 (selection sort)	最差,平均都是 $O(n^2)$	1
希尔排序 (shell sort)	$O(n \log n)$	1
堆排序 (heapsort)	最差、平均、最好都是 $O(n \log n)$	1
快速排序 (quicksort)	平均 $O(n \log n)$;最坏情况下 $O(n^2)$	$O(\log n)$

4. 排序方法的分类

1) 按是否涉及数据的内、外存交换分

在排序过程中,若整个文件都是放在内存中处理,排序时不涉及数据的内、外存交换,则称为内部排序(简称内排序)。反之,若排序过程中要进行数据的内、外存交换,则称为外部排序。

注意：
- ....内排序适用于记录个数不很多的小文件。
- ....外排序则适用于记录个数太多，不能一次将其全部记录放入内存的大文件。

2）按策略划分内部排序方法

可以分为 5 类：插入排序、选择排序、交换排序、归并排序和分配排序。

5．排序算法的基本操作

大多数排序算法都有两个基本的操作：
- 比较两个关键字的大小。
- 改变指向记录的指针或移动记录本身。

注意：第二种基本操作的实现依赖于待排序记录的存储方式。

6．待排文件的常用存储方式

1）以顺序表（或直接用向量）作为存储节构

排序过程：对记录本身进行物理重排，即通过关键字之间的比较判定，将记录移到合适的位置。

2）以链表作为存储节构

排序过程：无须移动记录，仅需修改指针。通常将这类排序称为链表（或链式）排序。

3）用顺序的方式存储待排序的记录，但同时建立一个辅助表（如包括关键字和指向记录位置的指针组成的索引表）

排序过程：只需对辅助表的表目进行物理重排（即只移动辅助表的表目，而不移动记录本身）。适用于难于在链表上实现，且仍需避免排序过程中移动记录的排序方法。

7．排序算法性能评价

1）评价排序算法好坏的标准

评价排序算法好坏的标准主要有两条：
- 执行时间和所需的辅助空间。
- 算法本身的复杂程度。

2）排序算法的空间复杂度

若排序算法所需的辅助空间并不依赖于问题的规模 n，即辅助空间是 $O(1)$，则称为就地排序（In-PlaceSort）。

非就地排序一般要求的辅助空间为 $O(n)$。

3）排序算法的时间开销

大多数排序算法的时间开销主要是关键字之间的比较和记录的移动。有的排序算法其执行时间不仅依赖于问题的规模，还取决于输入实例中数据的状态。

面试例题 1：The following is an improved quick sort algorithm. Please fill in the blank.（下面的程序是一个快速排序问题，请填空。）[美国某著名计算机嵌入式公司 2005 年面试题]

```
# include<iostream>
# include<stdio.h>
void improveqsort(int *list,int m,int n)
{
 int k,t,i,j;                    /*
 for(i=0;i<10;i++)
     printf("%3d",list[i]);*/
 if(m<n)
     {
         i=m;j=n+1;k=list[m];
         while(i<j)
             {
                 for(i=i+1;i<n;i++)
                     if(list[i]>=k)
                         break;
                 for(j=j-1;j>m;j--)
                     if(list[j]<=k)
                         break;
                 if(i<j)
                     {t=list[i];list[i]=
                         list[j];list[j]=t;}
             }
         t=list[m];list[m]=list[j];
             list[j]=t;
         improveqsort(_____,_____,_____);
         improveqsort(_____,_____,_____);
     }
}
main()
{
 int list[10];
 int n=9,m=0,i;
 printf(" input 10 number: ");
 for(i=0;i<10;i++)
     scanf("%d",&list[i]);
 printf("\n ");
 improveqsort(list,m,n);
 for(i=0;i<10;i++)
     printf("%5d",list[i]);
 printf("\n");
}
```

解析：数据结构的快速排序问题。

答案：improveqsort(list,m,j-1);

improveqsort(list,i,n);

扩展知识（快速排序的算法思想）

快速排序是 C.R.A.Hoare 于 1962 年提出的一种划分交换排序。它采用了一种分治的策略，通常称为分治法（Divide-and-Conquer Method）。

1. 分治法的基本思想

分治法的基本思想是将原问题分解为若干个规模更小但节构与原问题相似的子问题。递归地解决这些子问题，然后将这些子问题的解组合为原问题的解。

2. 快速排序的基本思想

设当前待排序的无序区为 R[low..high]，利用分治法可将快速排序的基本思想描述为：

1)分解

在 R[low..high]中任选一个记录作为基准(Pivot),以此基准将当前无序区划分为左、右两个较小的子区间 R[low..pivotpos-1]和 R[pivotpos+1..high],并使左边子区间中所有记录的关键字均小于等于基准记录(不妨记为 pivot)的关键字 pivot.key,右边的子区间中所有记录的关键字均大于等于 pivot.key,而基准记录 pivot 则位于正确的位置(pivotpos)上,它无须参加后续的排序。

注意:

划分的关键是要求出基准记录所在的位置 pivotpos。划分的结果可以简单地表示为(注意 pivot=R[pivotpos]):

R[low..pivotpos-1].keys≤R[pivotpos].key≤R[pivotpos+1..high].keys

其中 low≤pivotpos≤high。

2)求解

通过递归调用快速排序对左、右子区间 R[low..pivotpos-1] 和 R[pivotpos+1..high] 快速排序。

3)组合

因为当"求解"步骤中的两个递归调用节束时,其左、右两个子区间已有序。对快速排序而言,"组合"步骤无须做什么,可看作是空操作。

3. 快速排序算法 QuickSort

代码如下:

```
void QuickSort(SeqList R, int low, int high)
{                                  // 对 R[low..high] 快速排序
  int pivotpos;                    // 划分后的基准记录的位置
  if(low<high){                    // 仅当区间长度大于 1 时才须排序

    pivotpos=Partition(R, low, high);
    // 对 R[low..high] 做划分
    QuickSort(R, low, pivotpos-1);   // 对左区间递归排序
    QuickSort(R, pivotpos+1, high);  // 对右区间递归排序
  }
} //QuickSort
```

注意:

为排序整个文件,只须调用 QuickSort(R, 1, n)即可完成对 R[l..n]的排序。

4. 划分算法 Partition

1)简单的划分方法

① 具体做法

第1步：（初始化）设置两个指针 i 和 j，它们的初值分别为区间的下界和上界，即 i=low，i=high；选取无序区的第一个记录 R[i]（即 R[low]）作为基准记录，并将它保存在变量 pivot 中。

第2步：令 j 自 high 起向左扫描，直到找到第1个关键字小于 pivot.key 的记录 R[j]，将 R[j]移至 i 所指的位置上，这相当于 R[j]和基准 R[i]（即 pivot）进行了交换，使关键字小于基准关键字 pivot.key 的记录移到了基准的左边，交换后 R[j]中是 pivot；然后，令 i 指针自 i+1 位置开始向右扫描，直至找到第1个关键字大于 pivot.key 的记录 R[i]，将 R[i]移到 i 所指的位置上，这相当于交换了 R[i]和基准 R[j]，使关键字大于基准关键字的记录移到了基准的右边，交换后 R[i]中又相当于存放了 pivot；接着令指针 j 自位置 j-1 开始向左扫描，如此交替改变扫描方向，从两端各自往中间靠拢，直至 i=j 时，i 便是基准 pivot 最终的位置，将 pivot 放在此位置上就完成了一次划分。

② 划分算法

代码如下：

```
int Partition(SeqList R, int I, int j)
 {                              // 调用 Partition(R, low, high)时,对 R[low..high]
                                // 做划分并返回基准记录的位置
   ReceType pivot=R[i];         // 用区间的第1个记录作为基准
   while(i<j){                  // 从区间两端交替向中间扫描，直至 i=j 为止
     while(i<j&&R[j].key>=pivot.key)
                                //pivot 相当于在位置 i 上
       j--;                     // 从右向左扫描，查找第1个关键字小于 pivot.key
                                //的记录 R[j]
     if(i<j)                    // 表示找到的 R[j]的关键字<pivot.key
       R[i++]=R[j];             // 相当于交换 R[i]和 R[j],
       //交换后 i 指针加 1
     while(i<j&&R[i].key<=pivot.key)
                                //pivot 相当于在位置 j 上
       i++;                     // 从左向右扫描，查找第1个关键字大于 pivot.
                                // key 的记录 R[i]
     if(i<j)                    // 表示找到了 R[i]，使 R[i].key>pivot.key
       R[j--]=R[i];             // 相当于交换 R[i]和 R[j],
       //交换后 j 指针减 1
   }                            //endwhile
   R[i]=pivot ;                 // 基准记录已被最后定位
   return i ;
 }                              //partition
```

5. 快速排序执行过程

快速排序执行的全过程可用递归树来描述，如下图所示。

初始关键字:	[49	38	65	97	76	13	27	49]
	i							j
j 向左扫描	[49	38	65	97	76	13	27	49]
	i						j	
第一次交换后	[27	38	65	97	76	13	□	49]
		i					j	
i 向右扫描	[27	38	65	97	76	13	□	49]
				i			j	
第二次交换后	[27	38	□	97	76	13	65	49]
				i		j		
j 向左扫描, 位置不变, 第三次交换后	[27	38	13	97	76	□	65	49]
					i	j		
i 向左扫描, 位置不变, 第四次交换后	[27	38	13	□	76	97	65	49]
					i	j		
j 向左扫描后划分过程结束	[27	38	13	49	76	97	65	49]
				i	j			

一次划分过程如下图所示。

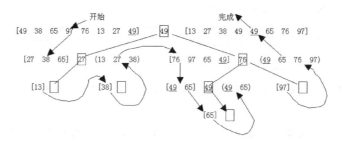

QuickSort 执行时的递归树：

```
[49 38 65 97 76 13 27 49]      //初始关键字
[27 38 13] 49 [76 97 65 49]    //第一次划分完成后, 对应递归树第 2 层
[13] 27 [38] 49 [49 65] 76 [97] //对上一层个无序区划分完成后, 对应递归树第 3 层
13 27 38 49 49 [65] 76 97      //对上一层个无序区划分完成后, 对应递归树第 4 层
13 27 38 49 49 65 76 97        //最后的排序结果
```

对递归树的每层上个无序区划分之后的状态。

6. 时间复杂度

快速排序法是一种不稳定的排序方法, 平均时间复杂度 $O(n \times \lg n/\lg 2)$, 最差情况时间复杂度为 $O(n^2)$。

面试例题 2：请用 C 或 C++写出一个冒泡排序程序, 要求输入 10 个整数, 输出排序结果。[中国著名通信企业 H 公司面试题]

解析：交换排序中的冒泡排序问题。

答案：
程序如下：

```c
# include<iostream>
# include<stdio.h>
void maopao(int *list)
{
  int i,j,temp;
  for (i=0;i<9;i++)
    for(j=0;j<9-i;j++)
    {
        if (list[j]>list[j+1])
        { temp=list[j];list[j]=
          list[j+1];list[j+1]=temp;}
    }
}

main()
{
  int list[10];
  int n=9,m=0,i;
  printf(" input 10 number: ");
  for(i=0;i<10;i++)
      scanf("%d",&list[i]);
  printf("\n ");
  maopao(list);
  for(i=0;i<10;i++)
      printf("%5d",list[i]);
  printf("\n");
}
```

扩展知识（交换排序的算法思想）

交换排序的基本思想是两两比较待排序记录的关键字，发现两个记录的次序相反时即进行交换，直到没有反序的记录为止。

应用交换排序基本思想的主要排序方法有冒泡排序和快速排序。

1. 冒泡排序方法

将被排序的记录数组 R[1..n] 垂直排列，每个记录 R[i] 看作是重量为 R[i].key 的气泡。根据轻气泡不能在重气泡之下的原则，从下往上扫描数组 R。凡扫描到违反本原则的轻气泡，就使其向上"飘浮"。如此反复进行，直到最后任何两个气泡都是轻者在上，重者在下为止。

1) 初始

R[1..n] 为无序区。

2) 第一趟扫描

从无序区底部向上依次比较相邻的两个气泡的重量，若发现轻者在下、重者在上，则交换二者的位置。即依次比较（R[n], R[n-1]）、（R[n-1], R[n-2]）、…、（R[2], R[1]）；对于每对气泡（R[j+1], R[j]），若 R[j+1].key<R[j].key，则交换 R[j+1] 和 R[j] 的内容。

第一趟扫描完毕时，"最轻"的气泡就飘浮到该区间的顶部，即关键字最小的记录被放在最高位置 R[1] 上。

3) 第二趟扫描

扫描 R[2..n]。扫描完毕时，"次轻"的气泡飘浮到 R[2] 的位置上。

最后，经过 $n-1$ 趟扫描可得到有序区 R[1..n]。

注意：

第 i 趟扫描时，R[1..i-1]和 R[i..n]分别为当前的有序区和无序区。扫描仍是从无序区底部向上直至该区顶部。扫描完毕时，该区中最轻气泡飘浮到顶部位置 R[i]上，结果是 R[1..i]变为新的有序区。

2. 排序算法

1）分析

因为每一趟排序都使有序区增加了一个气泡，在经过 $n-1$ 趟排序之后，有序区中就有 $n-1$ 个气泡，而无序区中气泡的重量总是大于等于有序区中气泡的重量，所以整个冒泡排序过程至多需要进行 $n-1$ 趟排序。

若在某一趟排序中未发现气泡位置的交换，则说明待排序的无序区中所有气泡均满足轻者在上、重者在下的原则，因此，冒泡排序过程可在此趟排序后终止。为此，在下面给出的算法中，引入一个布尔量 exchange，在每趟排序开始前，先将其置为 FALSE。若排序过程中发生了交换，则将其置为 TRUE。各趟排序节束时检查 exchange，若未曾发生过交换则终止算法，不再进行下一趟排序。

2）具体算法

代码如下：

```
void BubbleSort(SeqList R)
{ //R(1..n)是待排序的文件，采用自下向上扫描，对 R 做冒泡排序
    int i, j;
    Boolean exchange;           //交换标志
    for(i=1;i<n;i++){           //最多做 n-1 趟排序
      exchange=FALSE;           //本趟排序开始前，交换标志应为假
      for(j=n-1;j>=i; j--)      //对当前无序区 R[i..n]自下向上扫描
        if(R[j+1].key<R[j].key){//交换记录
          R[0]=R[j+1];          //R[0]不是哨兵，仅做暂存单元
          R[j+1]=R[j];
          R[j]=R[0];
          exchange=TRUE;        //发生了交换，故将交换标志置为真
        }
      if(!exchange)             //本趟排序未发生交换，提前终止算法
          return;
    } //endfor(外循环)
} //BubbleSort
```

3. 算法分析

1）算法的最好时间复杂度

若文件的初始状态是正序的，一趟扫描即可完成排序。所需的关键字比较次数 C 和记录移动次数 M 均达到最小值：

$C_{min} = n-1$

$M_{min}=0$

冒泡排序最好的时间复杂度为 $O(n)$。

（2）算法的最坏时间复杂度

若初始文件是反序的，需要进行 $n-1$ 趟排序。每趟排序要进行 $n-i$ 次关键字的比较（$1 \leq i \leq n-1$），且每次比较都必须移动记录 3 次来交换记录位置。在这种情况下，比较和移动次数均达到最大值：

$C_{max}=n(n-1)/2=O(n^2)$

$M_{max}=3n(n-1)/2=O(n^2)$

冒泡排序的最坏时间复杂度为 $O(n^2)$。

3）算法的平均时间复杂度为 $O(n^2)$

虽然冒泡排序不一定要进行 $n-1$ 趟，但由于它的记录移动次数较多，故平均时间性能比直接插入排序要差得多。

4）算法稳定性

冒泡排序是就地排序，且它是稳定的。

面试例题 3：请用 C 或 C++ 写出一个 Shell 排序程序，要求输入 10 个整数，输出排序结果。
[中国某著名通信企业 H 公司面试题]

解析：希尔排序（Shell Sort）是插入排序的一种，因 D.L.Shell 于 1959 年提出而得名。

答案：

完整代码如下：

```cpp
# include<iostream>
# include<stdio.h>
void ShellSort(int* data,int left,
    int right)
{
    int len = right - left + 1;
    int d = len;
    while (d > 1)
    {
        d = (d + 1) / 2;
        for (int i = left; i < right + 1
            - d;i++)
        {
            if (data[i + d] < data[i])
            {
                int tmp = data[i + d];
                data[i + d] = data[i];
                data[i] = tmp;
            }
        }
    }
}
void ShellSort2(int* data,int len)
{
    int d = len;
    while (d > 1)
    {
        d = (d + 1)/2;
        for (int i = 0; i < len - d;i++)
        {
            if (data[i + d] < data[i])
            {
                int tmp = data[i + d];
                data[i + d] = data[i];
                data[i] = tmp;
```

```
                }
            }
        for(int i=0;i<10;i++)
            printf("%5d",data[i]);
            printf("\n");
    }
}
main()
{
 int list[10];
 int n=9,m=0,i;
```

```
    printf(" input 10 number: ");
    for(i=0;i<10;i++)
        scanf("%d",&list[i]);
    printf("\n ");
    ShellSort2(list,10);
    //ShellSort(list,0,9);
    printf("\n");
    for(i=0;i<10;i++)
        printf("%5d",list[i]);
    printf("\n");
}
```

扩展知识（希尔（Shell）排序基本思想）

先取一个小于 n 的整数 d1 作为第一个增量，把文件的全部记录分成 d1 个组。所有距离为 d1 的倍数的记录放在同一个组中。先在各组内进行直接插入排序，然后，取第二个增量 d2<d1 重复上述的分组和排序，直至所取的增量 dt=1(dt<dt−1<…<d2<d1)，即所有记录放在同一组中进行直接插入排序为止。

该方法实质上是一种分组插入方法。

给定实例的 Shell 排序的排序过程如下。

假设待排序文件有 10 个记录，其关键字分别是 49，38，65，97，76，13，27，49，55，04。

增量序列的取值依次为 5，3，2，1。排序过程如下图所示。

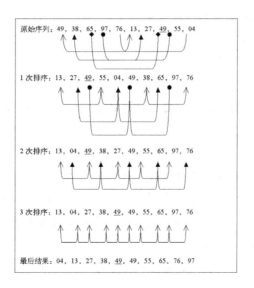

Shell 排序的算法实现如下:

```
void ShellPass(SeqList R, int d)
{                                       //希尔排序中的一趟排序,d为当前增量
    for(i=d+1;i<=n; i++)                //将R[d+1..n]分别插入各组当前的
                                        //有序区
        if(R[i].key<R[i-d].key){
            R[0]=R[i];j=i-d;            //R[0]只是暂存单元,不是哨兵
            do {                        //查找R[i]的插入位置
                R[j+d]; =R[j];          //后移记录
                j=j-d;                  //查找前一记录
            }while(j>0&&R[0].key<R[j].key);
            R[j+d]=R[0];                //插入R[i]到正确的位置上
        }                               //endif
}                                       //ShellPass

void ShellSort(SeqList R)
{
    int increment=n;                    //增量初值,不妨设n>0
    do {
        increment=increment/3+1;        //求下一增量
        ShellPass(R, increment);
                                        //一趟增量为increment的Shell插入排序
    }while(increment>1)
}                                       //ShellSort
```

注意:当增量 d=1 时,ShellPass 和 InsertSort 基本一致,只是由于没有哨兵而在内循环中增加了一个循环判定条件"j>0",以防下标越界。

算法分析:

1) 增量序列的选择

Shell 排序的执行时间依赖于增量序列。

好的增量序列的共同特征如下:

● 最后一个增量必须为 1。

● 应该尽量避免序列中的值(尤其是相邻的值)互为倍数的情况。

有人通过大量的实验,给出了目前较好的结果:当 n 较大时,比较和移动的次数约在 $n^{1.25} \sim 1.6n^{1.25}$ 之间。

2) Shell 排序的时间性能优于直接插入排序

希尔排序的时间性能优于直接插入排序的原因如下:

● 当文件初态基本有序时,直接插入排序所需的比较和移动次数均较少。

● 当 n 值较小时,n 和 n^2 的差别也较小,即直接插入排序的最好时间复杂度 $O(n)$ 和最坏时间复杂度 $O(n^2)$ 差别不大。

在希尔排序开始时增量较大,分组较多,每组的记录数目少,故各组内直接插入

较快。后来增量 di 逐渐缩小，分组数逐渐减少，而各组的记录数目逐渐增多。但由于已经按 di−1 作为距离排过序，使文件较接近于有序状态，所以新的一趟排序过程也较快。

因此，希尔排序在效率上较直接插入排序有较大的改进。

3）稳定性

希尔排序是不稳定的。参见上述实例，该例中两个相同关键字 49 在排序前后的相对次序发生了变化。

面试例题 4：以下哪种排序属于稳定排序？[美国某著名分析软件公司 2005 年面试题]

A．归并排序　　　B．快速排序　　　C．希尔排序　　　D．堆排序

解析：只有归并排序是稳定排序，其他 3 个都是不稳定的。

答案：A

扩展知识（各种排序方法比较）

按平均时间将排序分为以下 4 类。

- 平方阶（$O(n^2)$）排序：一般称为简单排序，例如直接插入、直接选择和冒泡排序。
- 线性对数阶（$O(n\lg n)$）排序：如快速、堆和归并排序。
- $O(n^{1+\varepsilon})$阶排序：ε是介于 0 和 1 之间的常数，即 $0<\varepsilon<1$，如希尔排序。
- 线性阶（$O(n)$）排序：如桶、箱和基数排序。

简单排序中直接插入排序最好，快速排序最快。当文件为正序时，直接插入排序和冒泡排序均最佳。

1．影响排序效果的因素 因为不同的排序方法适应不同的应用环境和要求，所以选择合适的排序方法应综合考虑下列因素：

- 待排序的记录数目 n。
- 记录的大小（规模）。
- 关键字的节构及其初始状态。
- 对稳定性的要求。
- 语言工具的条件。
- 存储节构。
- 时间和辅助空间复杂度等。

2. 不同条件下排序方法的选择

（1）若 n 较小（如 n≤50），可采用直接插入或直接选择排序。

当记录规模较小时，直接插入排序较好。否则因为直接选择移动的记录数少于直接插入，应选直接选择排序为宜。

（2）若文件初始状态基本有序（指正序），则应选用直接插入排序、冒泡排序或随机的快速排序为宜。

（3）若 n 较大，则应采用时间复杂度为 O(nlgn)的排序方法（快速排序、堆排序或归并排序）。

快速排序被认为是目前基于比较的内部排序中最好的方法。当待排序的关键字随机分布时，快速排序的平均时间最短。

堆排序所需的辅助空间少于快速排序，并且不会出现快速排序可能出现的最坏情况。这两种排序都是不稳定的。

若要求排序稳定，则可选用归并排序。但本章介绍的从单个记录起进行两两归并的排序算法并不值得提倡，通常可以将它和直接插入排序节合在一起使用。先利用直接插入排序求得较长的有序子文件，然后再两两归并之。因为直接插入排序是稳定的，所以改进后的归并排序仍是稳定的。

13.9 时间复杂度

面试例题 1：定义了如下类和有序表关键字序列为 b c d e f g q r s t，则在二分法查找关键字 b 的过程中，先后进行比较的关键字依次是多少？[中国某互联网公司2009年11月面试题]

    A．f c b   B．f d b   C．g c b   D．g d b

解析：二分法查找是指已知有序队列中找出与给定关键字相同的数的具体位置。原理是分别定义三个指针 low、high、mid，分别指向待查元素所在范围的下界和上界及区间的中间位置，即 mid＝（low＋high）/2，让关键字与 mid 所指的数比较，若相等则查找成功并返回 mid，若关键字小于 mid 所指的数则 high =mid-1，否则 low=mid+1，然后继续循环直到找到或找不到为止。下面代码是二分法的 C++实现：

```
#include <stdio.h>
#include <iostream>
using namespace std;

#define MAXSIZE 10
```

```
typedef struct{
    int list[MAXSIZE];
    int length;
}List;

int dichotomy_search(List s,int k)
{
    int low,mid,high;
    low=0;
    high=s.length-1;
    mid=(low+high)/2;
    while(high>=low)
    {
        cout << mid << endl;
        if(s.list[mid]>k){//turn to the left part

            high=mid-1;
            mid=(low+high)/2;
        }
        else if(s.list[mid]<k){ //turn to the right part
            low=mid+1;
            mid=(low+high)/2;
        }
        else

            return(mid+1);//The key has been searched

    }
    return 0;//no such key

}

int main(int argc,char **argv)
{
    List s;
    int i,k,rst;
    int a[MAXSIZE]={1,3,6,12,15,19,25,32,38,87};
    for(i=0;i<MAXSIZE;i++){
        s.list[i]=a[i];
    }
    s.length=MAXSIZE;
    printf("Input key number:");
    scanf("%d",&k);

    rst=dichotomy_search(s,k);
    if(rst==0){
        printf("Key:%d is not in the list!\n",k);
    }
    else{
        printf("The key is in the list,position is:%d \n",rst);
    }
    return 0;
}
```

对于本题而言，要比较三个关键字，分别是 f、e、b。具体情况如下图所示。

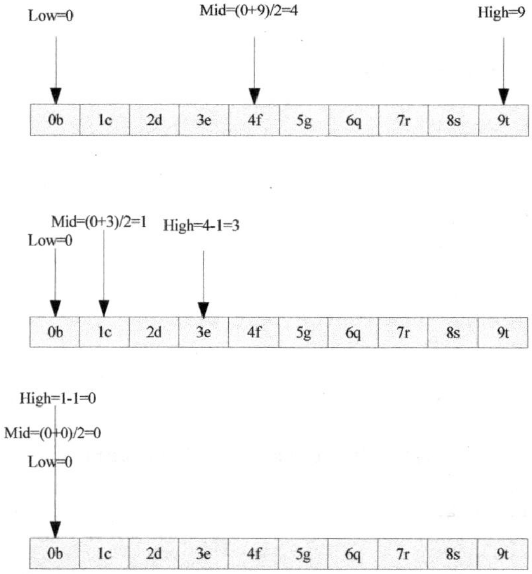

答案：A

面试例题 2：Which of the choices below correctly describes the amount of time used by the following code？（下面哪个选项正确地描述了代码运行的调度次数？）[美国著名软件公司 M2009 年 10 月面试题]

```
n=10;
for(i=1; i<n; i++)
    for(j=1; j<n; j+=n/2)
        for(k=1; k<n; k=2*k)
            x = x +1;
```

A．$\Theta(n^3)$ B．$\Theta(n2logn)$ C．$\Theta(n(\log n)*2)$ D．$\Theta(n \log n)$

解析：本题考量面试者对时间复杂度的理解。本题涉及如下概念：

1）时间频度

一个算法执行所耗费的时间，从理论上是不能算出来的，必须上机运行测试才能知道。但不可能也没有必要对每个算法都上机测试，只需知道哪个算法花费的时间多，哪个算法花费的时间少就可以了。并且一个算法花费的时间与算法中语句的执行次数成正比例，哪个算法中语句执行次数多，它花费时间就多。一个算法中的语句执行次数称为语句频度或时间频度。记为 T(n)。

2）时间复杂度

在刚才提到的时间频度中，n 称为问题的规模，当 n 不断变化时，时间频度 T(n)也会不断变化。但有时我们想知道它变化时呈现什么规律。为此，我们引入时间复杂度概念。

一般情况下，算法中基本操作重复执行的次数是问题规模 n 的某个函数，用 T(n)表示，若有某个辅助函数 f(n)，使得当 n 趋近于无穷大时，T(n)/f(n) 的极限值为不等于零的常数，则称 f(n)是 T(n)的同数量级函数。记作 T(n)=O(f(n))，称 O(f(n)) 为算法的渐进时间复杂度，简称时间复杂度。

在各种不同算法中，若算法中语句执行次数为一个常数，则时间复杂度为 O(1)，另外，在时间频度不相同时，时间复杂度有可能相同，如 $T(n)=n^2+3n+4$ 与 $T(n)=4n^2+2n+1$，它们的频度不同，但时间复杂度相同，都为 $O(n^2)$。

按数量级递增排列，常见的时间复杂度有：

```
常数阶 O(1)
对数阶 O(log(2)n)
线性阶 O(n)
线性对数阶 O(nlog(2)n)
平方阶 O(n^2)
立方阶 O(n^3)
...
k 次方阶 O(n^k)
指数阶 O(2^n)
```

随着问题规模 n 的不断增大，上述时间复杂度不断增大，而算法的执行效率不断降低。

3）算法的时间复杂度

若要比较不同的算法的时间效率，受限要确定一个度量标准，最直接的办法就是将计算法转化为程序，在计算机上运行，通过计算机内部的计时功能获得精确的时间，然后进行比较。但该方法受计算机的硬件、软件等因素的影响，会掩盖算法本身的优劣，所以一般采用事先分析估算的算法，即撇开计算机软硬件等因素，只考虑问题的规模（一般用用自然数 n 表示），认为一个特定的算法的时间复杂度，只采取于问题的规模，或者说它是问题的规模的函数。

为了方便比较，通常的做法是，从算法选取一种对于所研究的问题（或算法模型）来说是基本运算的操作，以其重复执行的次数作为评价算法时间复杂度的标准。该基本操作多数情况下是由算法最深层环内的语句表示的，基本操作的执行次数实际上就是相应语句的执行次数。

一般说来：

```
T(n)=O(f(n))
O(1)<O(log2n)<O(n)<O(n log2 n)<O(n^2)<O(n^3)<O(2^n)
```

所以要选择时间复杂度量级低的算法。

至于本题，在这里观看代码可知，x=x+1，是循环最内侧代码，其时间复杂度最高，所以只求这句代码的复杂度即可。从内到外看，k 循环从 1==2^0 开始每次变成原来的 2 倍，一直到大于 n-1，所以应该是循环体运行次数是|log(n)|，时间复杂度为 O(log(n))（计算机中 log 默认底数是 2）；j 循环从 1 开始每次递增 n/2，一直到 n-1，第一次递增之后 j 变成(n+2)/2，第二次递增 j 则是 n+1 所以应该是循环了 2 次，但是时间复杂度还是 O(1)，因为常数次数的时间复杂度都是 O(1)的，i 循环从 1 开始，每次增 1 一直到 n-1，所以循环体运行 n-1 次，时间复杂度为 O(n)。最后相乘得到总的时间复杂度就是 O(n*1*log(n))=O(n*log(n))；这里要强调一下：时间复杂度都不带常数项或者常数系数的，所以不存在所谓 O(2n)这样的时间复杂度。

答案：D

面试例题 3：以下哪种节构，平均来讲获取任意一个指定值最快，为什么？[中国某互联网公司 2009 年 11 月面试题]

　　A．二叉排序树　　　B．哈希表　　　C．栈　　　D．队列

解析：一般来说，哪个需要的额外空间越多，哪个越快。

哈希表和哈希函数是大学数据结构中的课程，实际开发中我们经常用到 Hashtable 这种节构，当遇到键-值对存储，采用 Hashtable 比 ArrayList 查找的性能高。为什么呢？我们在享受高性能的同时，需要付出高额外空间的代价。那么使用 Hashtable 是否就是很好的选择呢？就此疑问，做分析如下：

1．于键-值查找性能高

数据结构描述线性表和树时，记录在节构中的相对位置是随机的，记录和关键字之间不存在明确的关系，因此在查找记录的时候，需要进行一系列的关键字比较，这种查找方式建立在比较的基础之上，在 Java 中（Array,ArrayList,List）这些集合节构采用了上面的存储方式。比如，现在我们有一个班同学的数据，包括姓名、性别、年龄、学号等。假如数据如下：

姓名	性别	年龄	学号
张三	男	15	1
李四	女	14	2
王五	男	14	3

假如，我们按照姓名来查找，查找函数 FindByName(string name)：

(1) 查找"张三"：

只需在第一行匹配一次。

(2) 查找"王五"

在第一行匹配，失败；

在第二行匹配，失败；

在第三行匹配，成功。

上面两种情况，分析了最好的情况和最坏的情况，那么平均查找次数应该为 (1+3)/2=2 次，即平均查找次数为（记录总数+1）的 1/2。尽管有一些优化的算法，可以使查找排序效率增高，但是复杂度会保持在 $\log_2^n$ 的范围之内。

如何更更快的进行查找呢？我们所期望的效果是一下子就定位到要找记录的位置之上，这时候时间复杂度为 1，查找最快。如果我们事先为每条记录编一个序号，然后让它们按号入位，我们又知道按照什么规则对这些记录进行编号的话，如果我们再次查找某个记录的时候，只需要先通过规则计算出该记录的编号，然后根据编号，在记录的线性队列中，就可以轻易地找到记录了。

注意，上述的描述包含了两个概念，一个是用于对学生进行编号的规则，在数据结构中，称之为哈希函数，另外一个是按照规则为学生排列的顺序节构，称之为哈希表。

仍以上面的学生为例，假设学号就是规则，老师手上有一个规则表，在排座位的时候也按照这个规则来排序，查找李四，首先该教师会根据规则判断出，李四的编号为 2，就是在座位中的 2 号位置，直接走过去，就可以找到李四了。

流程如下：

从上面的图中，可以看出哈希表可以描述为两个表，一个表用来装记录的位置编号，另一个表用来装记录；此外存在一套规则，用来表述记录与编号之间的联系。这个规则通常是如何制定的呢？

1）直接定址法

对于整型的数据 GetHashCode()函数返回的就是整型本身，其实就是基于直接定址的方法，比如有一组 0～100 的数据，用来表示人的年龄。那么，采用直接定址的方法构成的哈希表为：

```
0    1    2    3    4    5
0岁  1岁  2岁  3岁  4岁  5岁
......
```

这样的定址方式简单方便，适用于原数据能够用数字表述或者原数据具有鲜明顺序关系的情形。

2）数字分析法：

有这样一组数据，用于表述一些人的出生日期：

```
年    月    日
75    10    1
75    12    10
75    02    14
```

分析一下，年和月的第一位数字基本相同，造成冲突的几率非常大，而后面三位差别比较大，所以采用后三位：

3）平方取中法

取关键字平方后的中间几位作为哈希地址。

4）折叠法

将关键字分割成位数相同的几部分，最后一部分位数可以不相同，然后取这几部分的叠加和（取出进位）作为哈希地址，比如有这样的数据：

```
20144545473
```

可以：

```
    5473
+   4454
+    201
=  10128
```

取出进位 1，取 0128 为哈希地址。

5）取余法

取关键字被某个不大于哈希表表长 m 的数 p 除后所得余数为哈希地址。H(key)=key MOD p (p<=m)。

6）随机数法

选择一个随机函数，取关键字的随机函数值为它的哈希地址，即 H(key)=random(key)，其中 random 为随机函数。通常关键字长度不等时采用此法。

总之，哈希函数的规则是通过某种转换关系，使关键字适度的分散到指定大小的的顺序节构中。越分散，则以后查找的时间复杂度越小，空间复杂度越高。

2. 使用 hash 付出的代价

hash 是一种典型以空间换时间的算法，比如原来一个长度为 100 的数组，对其查找，只需要遍历且匹配相应记录即可，从空间复杂度上来看，假如数组存储的是 Byte 类型数据，那么该数组占用 100Byte 空间。现在我们采用 hash 算法，我们前面说的 hash 必须有一个规则，约束键与存储位置的关系，那么就需要一个固定长度的 hash 表，此时，仍然是 100Byte 的数组，假设我们需要的 100Byte 用来记录键与位置的关系，那么总的空间为 200Byte，而且用于记录规则的表大小会根据规则，大小可能是不定的。

hash 表最突出的问题在于冲突，就是两个键值经过哈希函数计算出来的索引位置很可能相同。

答案：B

面试例题 4：Which of the following operation performs NOT faster on an ordered data over a disordered data?（有序队列数据相对于无序队列数据，下列哪种操作并不快？）[中国某杀毒软件公司 2009 年 11 月面试题]

  A．Find the minimum（找出最小值） B．Calculate the average value（估算平均值）

  C．Find the median（找出中间值）

  D．Find the one with maximal occurrence（找出最大出现可能性）

  解析：对于这 4 种情况分别分析如下：

- 对于寻找最小值：有序队列数据的时间复杂度是 O(1)，无序队列数据的时间复杂度是 O(n)。
- 对于估算平均值：有序队列数据的时间复杂度是 O(n)，无序队列数据的时间复杂度是 O(n)。
- 对于找出中间值：有序队列数据的时间复杂度是 O(1)，无序队列数据的时间复杂度是 O(n)(O(n)的算法类似于快排)。
- 对于找出最大出现可能性：有序队列数据的时间复杂度是 O(n)，无序队列数据的时间复杂度是 O(nlgn)（使用平衡查找节构而不是哈希表）。

  答案：B

面试例题 5：有 20 个数组，每个数组里面有 500 个数，升序排列，求出这 10000 个数字中最大的 500 个。求复杂度[中国某著名搜索引擎公司 B2012 年 11 月面试题]

  解析：20 个数组的最小元素全部进堆。每次取最小的一个的时候，从最小元素对应的数组里取下来一个放进堆里。堆里一直最多有 20 个数，充分利用 20 个数组的有序性。

  答案：复杂度 500*log(20)

面试例题 6：辗转相除法的时间复杂度是多少？[美国某搜索引擎公司 G2013 年 4 月面试题]

  答案：欧几里得算法，又称辗转相除法，用于求两个自然数的最大公约数. 算法的思想很简单，基于下面的数论等式 gcd(a, b) = gcd(b, a mod b)，其时间复杂度为 O(logn)。

面试例题 7：How does cloud computing provides on-demand functionality?（云计算是如何提供按需模式的功能的？）

  答案：云计算网络、互联网的一种比喻说法，它提供了以互联网按需模式访问共享的虚拟化 IT 资源的方式，所有的资源以资源池的方式存在，提供配置化的访问方式，资源类型包括网络、服务器、存储、应用和服务。

面试例题 8：可扩展性和伸缩性的区别是什么？

答案：可扩展性是云计算的特性之一，它通过增加资源容量的方式来满足增长的系统压力，如果系统压力超出一定范围，允许系统架构以按需模式扩展系统容量和系统性能。可扩展性可以通过软件框架来实现：动态加载的插件、顶端有抽象接口的认真设计的类层次结构、有用的回调函数构造以及功能很有逻辑并且可塑性很强的代码结构。

高可伸缩性代表一种弹性，在系统扩展成长过程中，软件能够保证旺盛的生命力，通过很少的改动甚至只是硬件设备的添置，就能实现整个系统处理能力的线性增长，实现高吞吐量和低延迟高性能。

面试例题 9：云计算的三层架构分别是什么？

答案：按照云计算平台提供的服务种类，划分出了云计算平台的三层架构，即：

Infrastructure as a Service(IaaS)：提供 CPU，网络，存储等基础硬件的云服务。在 IaaS 这一层，著名的云计算产品有 Amazon 的 S3 (Simple Storage Service)，提供给用户云存储服务。

Platform as a Service (PaaS)：提供类似于操作系统层次的服务与管理，比如 Google GAE，你可以把自己写的 Java 应用（或者是 Python）丢在 Google 的 GAE 里运行，GAE 就像一个"云"操作系统，对你而言，不用关心你的程序在哪台机器上运行。

Software as a Service (SaaS)。代表如亚马逊的 Amazon Web services (AWS)，PaaS 的代表如 Google App Engine (GAE)，以及 SaaS 的代表如 IBM Lotus Live。IaaS 就是我们所熟悉的软件即服务。事实上 SaaS 的概念出现早于云计算，只不过云计算的出现让原来的 SaaS 找到了自己更加合理的位置。本质上，SaaS 的理念是：有别的传统的许可证付费方式（比如购买 Windows Office），SaaS 强调按需使用付费。SaaS 著名的产品很多，比如 IBM 的 LotusLive，Salesforce.com 等。

第 14 章

字 符 串

基本上求职者进行笔试时没有不考字符串的。字符串也是一种相对简单的数据结构，容易多次引起面试官反复发问。我曾不止一次在面试时被考官要求当场写出 strcpy 函数的表达方式。事实上，字符串也是一个考验程序员编程规范和编程习惯的重要考点。不要忽视这些细节，因为这些细节会体现你在操作系统、软件工程、边界内存处理等方面的知识掌控能力，也会成为企业是否录用你的参考因素。

14.1 整数字符串转化

面试例题 1：怎样将整数转化成字符串数，并且不用函数 itoa？

解析：整数转化成字符串，可以采用加'0'，再逆序的办法，整数加'0'就会隐性转化成 char 类型的数。

答案：程序代码如下：

```
#include <iostream>
#include <stdio.h>
int main(void)
{
  intnum=12345,j=0,i=0;
  char temp[7],str[7];

  //itoa(number, string, 10);

  while(num)
  {
      temp[i]=num%10+'0';
      i++;
      num=num/10;
  }
  temp[i]=0;
  printf(" temp=%s\n", temp);
  i=i-1;
  printf(" temp=%d\n", i);
  //刚刚转化的字符串是逆序的,必须把它反转过来
  while(i>=0)
  {
      str[j]=temp[i];
      j++;
      i--;
  }
  str[j]=0;
  printf(" string=%s\n", str);
  return 0;
}
```

扩展知识

如果可以使用 itoa 函数的话，则十分简单，答案如下：

```
#include <iostream>
#include <stdio.h>
int main(void)
{
  int number = 12345;
  char string[7];

  itoa(number, string, 10);
  printf("integer = %d string = %c\n", number, string[1]);
  return 0;
}
```

面试例题 2：编程实现字符串数转化成整数的办法。[中国某著名 IT 培训企业公司 2005 年面试题]

解析：字符串转化成整数，可以采用减'0'再乘 10 累加的办法，字符串减'0'就会隐性转化成 int 类型的数。

答案：程序代码如下：

```
#include <iostream>
#include <stdio.h>
int main(void)
{
   int num = 12345,j=0,i=0,sum=0;
   char temp[7]={'1','2','3','4','5',
      '\0'},str[7];
   while(temp[i])
   {
     sum=sum*10+(temp[i]-'0' );
     i++;
   }
   printf(" sum=%d\n", sum);
   return 0;
}
```

14.2 字符数组和 strcpy

面试例题 1：Write a function about string copy, the strcpy prototype is "char* strcpy(char* strDest, const char* strSrc);". Here strDest is destination string, strSrc is source string. （已知 strcpy 函数的原型是 char *strcpy(char *strDest, const char *strSrc);，其中 strDest 是目的字符串，strSrc 是源字符串。）

（1） Write the function strcpy, don't call C/C++ string library. （不调用 C++/C 的字符串库函数，请编写函数 strcpy。）

（2） Here strcpy can copy strSrc to strDest, but why we use char* as the return value of strcpy? （strcpy 能把 strSrc 的内容复制到 strDest，为什么还要 char * 类型的返回值？）[中国台湾某著

名 CPU 生产公司 2005 年面试题]

解析：字符串复制函数问题。

答案：(1) 代码如下：

```
char *strcpy(char *strDest, const char *strSrc);
{
    assert((strDest!=NULL)&&(strSrc!=NULL));
    char *address=strDest;
    while( (*strDest++=*strSrc++)!='\0')
    NULL
    ;
    return address ;
}
```

(2) 为了实现链式表达式，返回具体值。

例如：

```
int length = strlen( strcpy( strDest, "hello world") );
```

面试例题 2：下面的程序会出现何种问题？[美国某著名计算机软件公司面试题]

```
#include <iostream>
#include <stdio.h>
int main(void)
{
    char s[]="123456789";
    char d[]="123";
    strcpy(d,s);
    printf("%s,\n%s",d,s);
    return 0;
}
```

解析：以上程序输出结果是 123456789,56789。

没经验的程序员一定会在此大跌眼镜的，源字串竟然被截掉了一部分（截掉的长度恰是目标字串原来的长度。至于原因，应该是当初分配的内存地址是连续内存的问题，原来是 1234\0123456789\0，strcpy 后变成了 123456789\06789\0），所以在分配空间的时候要给源字符串和目标字符串留足够的空间。

把目标字串定义在前，源字串定义在后，虽然可以看到正确的输出结果 123456789, 123456789。但会产生一个运行期错误，原因估计是越过了目标字串的实际空间，访问到了不可预知的地址。

微软在这里是写得非常简单的，代码如下：

```
char * cdecl strcpy(char * dst, const char * src)
{
    char * cp = dst;
    while( *cp++ = *src++ )
    ;           /* Copy src over dst */
    return( dst );
}
```

微软为什么这么写？它这样安全漏洞太多了，所以必须预先为目标字串分配足够的空间，并且使用这个函数的时候得小心翼翼才行。

为了提高性能，减去那些罗嗦的安全检查是必要的。况且程序员在使用时应该知道哪些条件下会发生访问违例，这种做法就是把责任推给了程序员，让他来决定安全与性能的取舍。

答案：123456789,56789。

复制函数的一个完整的标准写法如下：

```c
#include<stdio.h>
#include<malloc.h>
#include<assert.h>
#include<string.h>
void stringcpy(char *to,
    const char *form)
{
    assert(to!=NULL && form!=NULL);
    while(*form!='\0')
    {
        *to++=*form++;
    }
    *to='\0';
}
int main(void)
{
    char *f;
    char *t;
    f=(char *)malloc(15);
    t=(char *)malloc(15);
    stringcpy(f,"asdfghjkl");
    stringcpy(t,f);
    printf("%s\n",f);
    printf("%s\n",t);
    return 0;
}
```

扩展知识（数组大小分配）

在使用数组的时候，总有一个问题困扰着我们：数组应该有多大？

在很多的情况下，你不能确定要使用多大的数组。你可能并不知道该班级的学生的人数，那么你就要把数组定义得足够大。这样，你的程序在运行时就申请了固定大小的、你认为足够大的内存空间。即使你知道该班级的学生数，但是如果因为某种特殊原因人数有增加或者减少，你又必须重新修改程序，扩大数组的存储范围。这种分配固定大小的内存分配方法称为静态内存分配。但是这种内存分配的方法存在比较严重的缺陷，特别是处理某些问题时，在大多数情况下会浪费大量的内存空间；在少数情况下，当你定义的数组不够大时，还可能引起下标越界错误，甚至导致严重后果。

那么有没有其他的方法来解决这样的问题呢？有，那就是动态内存分配。

所谓动态内存分配就是指在程序执行的过程中动态地分配或者回收存储空间的内存分配方法。动态内存分配不像数组等静态内存分配方法那样需要预先分配存储空间，而是由系统根据程序的需要即时分配，且分配的大小就是程序要求的大小。从以上动、静态内存分配比较可以知道动态内存分配相对于静态内存分配的特点：

- 不需要预先分配存储空间。
- 分配的空间可以根据程序的需要扩大或缩小。

1. 如何实现动态内存分配及其管理

要实现根据程序的需要动态分配存储空间，就必须用到以下几个函数。

1）malloc 函数

malloc 函数的原型为：

```
void *malloc (unsigned int size)
```

其作用是在内存的动态存储区中分配一个长度为 size 的连续空间。其参数是一个无符号整型数,返回值是一个指向所分配的连续存储域的起始地址的指针。还有一点必须注意的是,若函数未能成功分配存储空间(如内存不足)就会返回一个 NULL 指针,所以在调用该函数时应该检测返回值是否为 NULL 并执行相应的操作。

下例是一个动态分配的程序:

```
main()
{
  int count,*array;
/*count 是一个计数器, array 是一个整型指针, 也可以理解为指向一个整型数组的首地址*/
  if((array(int *) malloc(10*sizeof(int)))==NULL)
{
  printf("不能成功分配存储空间。");
  exit(1);
}
for (count=0;count<10;count++)  /*给数组赋值*/
  array[count]=count;
for(count=0;count<10;count++)  /*打印数组元素*/
  printf("%2d",array[count]);
}
```

上例中动态分配了 10 个整型存储区域,然后进行赋值并打印。例中 if((array(int *) malloc(10*sizeof(int)))==NULL)语句可以分为以下几步:

(1)分配 10 个整型的连续存储空间,并返回一个指向其起始地址的整型指针。

(2)把此整型指针地址赋给 array。

(3)检测返回值是否为 NULL。

2)free 函数

由于内存区域总是有限的,不能无限制地分配下去,而且一个程序要尽量节省资源,所以当所分配的内存区域不用时,就要释放它,以便其他的变量或者程序使用。这时我们就要用到 free 函数。其函数原型是:

```
void free(void *p)
```

作用是释放指针 p 所指向的内存区域。

其参数 p 必须是先前调用 malloc 函数或 calloc 函数(另一个动态分配存储区域的函数)时返回的指针。给 free 函数传递其他的值很可能造成死机或其他灾难性的后果。

注意:这里重要的是指针的值,而不是用来申请动态内存的指针本身。例如:

```
int *p1,*p2;
p1=malloc(10*sizeof(int));
p2=p1;
……
free(p2) /*或者 free(p2)*/
```

malloc 返回值赋给 p1,又把 p1 的值赋给 p2,所以此时 p1、p2 都可作为 free 函数的参数。malloc 函数对存储区域进行分配。free 函数释放已经不用的内存区域。所以有这两个函数就可以实现对内存区域进行动态分配并进行简单的管理了。

面试例题 3：编写一个函数，作用是把一个 char 组成的字符串循环右移 n 个。比如原来是"abcdefghi"，如果 n=2，移位后应该是"hiabcdefgh"。

函数头是这样的：

```
//pStr 是指向以'\0'结尾的字符串的指针
//steps 是要求移动的 n
void LoopMove ( char * pStr, int steps )
{
    //请填充
}
```

解析：这个试题主要考查面试者对标准库函数的熟练程度，在需要的时候引用库函数可以很大程度上简少程序编写的工作量。

最频繁被使用的库函数包括 Strcpy、memcpy、memset。

答案：

解答 1：

```
void LoopMove ( char *pStr, int steps )
{
    int n = strlen( pStr ) - steps;
    char tmp[MAX_LEN];
    strcpy ( tmp, pStr + n );
    strcpy ( tmp + steps, pStr);
    *( tmp + strlen ( pStr ) ) = '\0';
    strcpy( pStr, tmp );
}
```

解答 2：

```
void LoopMove ( char *pStr, int steps )
{
    int n = strlen( pStr ) - steps;
    char tmp[MAX_LEN];
    memcpy( tmp, pStr + n, steps );
    memcpy(pStr + steps, pStr, n );
    memcpy(pStr, tmp, steps );
}
```

14.3 数组初始化和数组越界

面试例题 1：下面关于数组的初始化正确的是哪项？[中国著名网络企业 XL 公司面试题]

A．char   str[2]={"a","b"};   B．char   str[2][3]={"a","b"};
C．char   str[2][3]={{'a','b'},{'e','d'},{'e','f'}}; D．char   str[]={"a","b"};

解析：数组初始化问题。

答案：B

面试例题 2：Find the defects in each of the following programs, and explain why it is incorrect.（找出下面程序的错误，并解释它为什么是错的。）[中国台湾某著名杀毒软件公司 2005 年面试题]

```
void test1() {
    char string[10];
    char* str1="0123456789";
    strcpy(string,str1);
    std::cout<<string<<'\n';
}
void test2() {
    char string[10],str1[10];
    for(int i=0;i<10;i++) {
        str1[i]='a';
    }
```

```
    strcpy(string,str1);
    std::cout<<string<<'\n';
}
void test3(char* str1) {
    char string[10];
    if(strlen(str1)<=10) {
        strcpy(string,str1);
    }
    std::cout<<string<<'\n';
}
```

解析：字符数组和 strcpy 问题。

对于函数 test1，这里 string 数组越界。因为字符串长度为 10，还有一个结束符'\0'，所以总共有 11 个字符长度。string 数组大小为 10，这里越界了。但是虽然越界但并不报错，整个程序无论编译还是运行都可以正常通过。字符数组并不要求最后一个字符为'\0'。是否需要加入'\0'，完全由系统需要决定。

使用 strcpy 函数的时候一定要注意前面目的数组的大小必须大于后面字符串的大小，否则便是访问越界。

对于函数 test2，这里最大的问题还是 str1 没有结束符，因为 strcpy 的第二个参数应该是一个字符串常量。该函数就是利用第二个参数的结束符来判断是否复制完毕，所以在 for 循环后面应加上 str1p[9] = '\0'。

字符数组和字符串的最明显的区别就是字符串会被默认地加上结束符'\0'。

对于函数 test3，这里的问题仍是越界问题。strlen 函数得到字符串除结束符外的长度。如果这里是大于等于 10 的话，就很明显是越界了。

小结：上面的 3 个找错的函数，主要是考查对字符串和字符数组概念的掌握，以及对 strcpy 函数和 strlen 函数的理解。

字符数组并不要求最后一个字符为'\0'。是否需要加入'\0'，完全由系统需要决定。但是字符数组的初始化要求最后一个字符必须为'\0'，所以 test2 虽然能够编译通过，但是会出现运行时错误。类似于 char c[5]={'C','h','i','n','a'} 这样的定义是错误的。

答案：

可以编译通过的程序如下所示：

```
#include <iostream>
    void test1() {
        char string[10];
        char* str1="0123456789";
```

```
        strcpy(string,str1);
        std::cout<<string<<'\n';
    }
    void test2() {
```

243

```
            char string[10],str1[10];                         strcpy(string,str1);
            for(int i=0;i<9;i++) {                        }
                // 错误1                                   std::cout<<string<<'\n';
                str1[i]='a';                           }
            }                                          int main()
            str1[9]='\0';                              {
            strcpy(string,str1);                           test1();
            std::cout<<string<<'\n';                       test2();
        }                                                  char* str="0123456789";
        void test3(char* str1) {                           test3(str);
            char string[10];                               return 0;
            if(strlen(str1)<=10) {                     }
```

面试例题3：本段代码有什么问题，如何修改？[中国台湾著名杀毒软件公司 Q 2007 年 9 月面试题]

```
#include <iostream>                              char ch;
using namespace std;                             /* 将 <= 变成 < */
                                                 for (ch=0; ch <=MAX; ch++)
#define MAX 255                                      { p[ch]=ch; cout << ch << " "; }

main()                                           cout << ch << " ";
{                                              }
    char p[MAX+1];
```

解析：这是 char 数值问题。char 值范围为 –128~127，由于 char ch;的执行，程序会在栈中开辟一个大小为 256 的 char 空间，而第 256 个 char 就是我们声明的 ch。

当执行 ch++，而使 ch = 128 时，这会改变第 256 个空间的值，也就是 ch 的值，改变的结果是 ch 重新变成 –128，那么就持续小于 255，继续进行循环，从而陷入死循环。

如果把 char 修改成 unsigned char 还是会有问题，因为 ch <=MAX;这个等号的存在，所以在等于 255 的时候一样执行循环，然后 255 加 1，一样溢出，ch 的值变为 0，然后不停地循环。唯一的解决方法是将"<="变成"<"，循环结束后单独给数组最后一个元素 p[255]赋值。

答案：程序陷入死循环。

正确代码如下：

```
#include <iostream>                              /* 将 <= 变成 < */
using namespace std;                             for (ch=0; ch <MAX; ch++)
                                                     {
#define MAX 255                                          p[ch]=ch; cout << ch << " ";
                                                     }
main()                                           /* 在此添加一句:给数组最后一个元素p[255]赋值 */
{                                                p[ch] = ch;
    char p[MAX+1];                               cout << ch << " ";
// 修改 ch 为 unsigned char                     }
    unsigned    char   ch;
```

14.4　数字流和数组声明

面试例题 1：Which is not the standard I/O channel?（下面哪一个不是标准输入／输出通道？）
[中国某著名综合软件公司 2005 年面试题]

  A．std::cin B．std::cout C．std::cerr D．stream

  解析：I/O stream 问题。头文件 iostream 中含有 cin、cout、cerr 几个对象，对应于标准输入流、标准输出流和标准错误流。

  答案：D

面试例题 2：Which definition is correct?（下面哪个数组的声明是正确的？）[中国台湾某著名杀毒软件公司 2005 年 9 月面试题]

  A．int a[];   B．int n=10,a[n];

  C．int a[10+1]={0};   D．int a[3]={1,2,3,4};

  解析：数组定义问题。

int a[]是错误的，不允许建立空数组。

int n=10,a[n];这是不可以的，在 C++中声明一个数组，a[n]，这里的 n 应为一个常量表达式，而原题目中的 n 是一个整型变量，如果是 const int n=10,a[n];就是正确的。

int a[10+1]={0};是允许的。

int a[3]={1,2,3,4};会造成越界问题，因此不允许。

  答案：C。

14.5　字符串其他问题

面试例题 1：求一个字符串中连续出现次数最多的子串，请给出分析和代码。[中国著名 IT 培训企业 2008 年 3 月面试题]

  解析：这里首先要搞清楚子串的概念，1 个字符当然也算字串，注意看题目，是求连续出现次数最多的子串。如果字符串是 abcbcbcabc，这个连续出现次数最多的子串是 bc，连续出现次数为 3 次。如果类似于 abcccabc，则连续出现次数最多的子串为 c，次数也是 3 次。这个题目可以首先逐个子串扫描来记录每个子串出现的次数。比如：abc 这个字符串，对应子串为 a/b/c/ab/bc/abc，各出现过一次，然后再逐渐缩小字符子串来得出正确的结果。

  答案：完整代码如下：

```cpp
#include<iostream>
#include<vector>
#include<string>
using namespace std;
pair<int,string> fun(const string &str)
{
    vector<string> subs;
    int maxcount=1,count=1;
    string substr;
    int i,len=str.length();
    for(i=0;i<len;++i)
        subs.push_back(str.substr(i,len-i));
    for(i=0;i<len;++i)
    {
        for(int j=i+1;j<=(len+i)/2;++j)
        {
            count=1;
            if(subs[i].substr(0,j-i) == subs[j].substr(0,j-i))
            {
                ++count;
                for(int k=j+(j-i);k<len;k+=j-i){
                    if(subs[i].substr(0,j-i) == subs[k].substr(0,j-i))
                        ++count;
                    else
                        break;
                }
                if(count>maxcount)
                {
                    maxcount=count;
                    substr=subs[i].substr(0,j-i);
                }//if
            }//if
        }//for
    }//for
    return make_pair(maxcount,substr);
}

pair<int,string> fun1(const string& str)
{
    int maxcount=1,count=1;
    string substr;
    int i=0,j=0;
    int len=str.length();
    int k=i+1;
    while(i<len){
        j=str.find(str[i],k); //从(k~len-1)范围内寻找 str[i]
        if(j==string::npos || j>(len+i)/2 )//若找不到，说明(k~len-1)范围内没有 str[i]
        {
            i++;
            k=i+1;
        }else{  //若找到，则必有(j>=i+1)
            int s=i;
            int sl=j-i;  //连续字串的步长
            while(str.substr(s,sl)==str.substr(j,sl)){//检测连续字串是否相等
                ++count;
                s=j;
                j=j+sl;
            }//while
            if(count>maxcount)//记录次数最多的连续相同字串
            {
                maxcount=count;
                substr=str.substr(i,sl);
            }
            k=j+1;
            count=1;
        }//else
    }//while
    return make_pair(maxcount,substr);
}

int main()
{
    string str;
    pair<int,string> rs;
    while(cin>>str)
    {
        rs=fun(str);
        cout<<rs.second<<":"<<rs.first<<endl;
        rs=fun1(str);
        cout<<rs.second<<":"<<rs.first<<endl;
    }
    return 0;
}
```

面试例题 2：编程：输入一行字符串，找出其中出现的相同且长度最长的字符串，输出它及其首字符的位置。例如"yyabcdabjcabceg"，输出结果应该为 abc 和 3。[中国著名 IT 培训企业 2008 年 3 月面试题]

解析：可以将字符串 yyabcdabjcabceg 分解成：

```
yyabcdabjcabceg                    ......
yabcdabjcabceg                     ceg
abcdabjcabceg                      eg
bcdabjcabceg                       g
cdabjcabceg
```

对这几个字符串排序，然后比较相邻字符串的前驱就可以了，很容易求出最长的公共前驱。

答案：完整代码如下：

```cpp
#include <iostream>
#include<string>
using namespace std;
int main()
{
    string str,tep;
    cout<<"请输入字符串"<<endl;
    cin>>str;
    for(int i=str.length()-1;i>1;i--)
    {
        for(int j=0;j<str.length();j++)
        {
            if(j+i<=str.length())
            {
                size_t t=0;
                size_t num=0;
                tep=str.substr(j,i);   //从大到小取
                                        //子串
                t=str.find(tep);       //正序查找
                num=str.rfind(tep);    //逆序查找
                if(t!=num)             //如果两次查找位置不一致
                                        //说明存在重复子串
                {
                    cout<<tep<<" "<< t+1<<endl;   //
                                        //输出子串及位置
                    return 0;
                }
            }
        }
    }
    return 0;
}
```

面试例题 3：Please implement the function strstr() (Find a substring, returns a pointer to the first occurrence of strCharSet in string), DO NOT use any C run-time functions. const char* strstr(const char* string, const char* strCharSet); （请写一个函数来模拟 C++中的 strstr()函数：该函数的返回值是主串中字符子串的位置以后的所有字符。请不要使用任何 C 程序已有的函数来完成。）[中国台湾某著名杀毒软件公司 2005 年面试题]

解析：string 字符串问题。做一个程序模拟 C++中的 strstr()函数。strstr()函数是把主串中子串及以后的字符全部返回。比如主串是"12345678"，子串是"234"，那么函数的返回值就是"2345678"。

答案：正确程序如下：

```cpp
#include <iostream>
using namespace std;
const char* strstr1(const char* string,
const char* strCharSet)
{
    for(int i=0;string[i]!='\0';i++)
    {
        int j=0;
        int temp=i;
        if(string[i]==strCharSet[j])
        {
while(string[i++]==strCharSet[j++])
            {
                if((strCharSet[j]=='\0'))
                    return &string[i-j];
            }
            i=temp;
        }
    }
    return NULL;
}
int main() {
    char* string="12345554555123";
    cout<<string<<endl;
    char strCharSet[10]={};
    cin>>strCharSet;
    cout<<strstr1(string,strCharSet)<<endl;
    //char*string2=strstr("123455545
    //55123","234");
    //  cout<<string2<<endl;
    return 0;
}
```

面试例题 4：将一句话里的单词进行倒置，标点符号不倒换。比如一句话"i come from tianjin." 倒换后变成"tianjin. from come i"。

解析：解决该问题可以分为两步：第一步全盘置换将该句变成".nijnait morf emoc i"，第二步进行部分翻转，如果不是空格，则开始翻转单词。

答案：
具体代码如下：

```c
#include <iostream>
#include <stdio.h>

int main(void)
{
    intnum=-12345,j=0,i=0,flag=0,begin,end;
    charstr[]="icomefromtianjin.",temp;
    j=strlen(str)-1;

    printf(" string = %s\n", str);
    //第一步是进行全盘翻转,将单词变成
    // ".nijnait morf emoc i"
    while(j>i)
    {
        //str[j]=temp[i];
        temp=str[i];
        str[i]=str[j];
        str[j]=temp;
        j--;
        i++;
    }
    printf(" string = %s\n", str);
    i=0;
    //第二步进行部分翻转,如果不是空格 则开始翻
    //转单词
    while(str[i])
    {
        //str[j]=temp[i];
        if(str[i]!=' ')
        {
            begin = i;
            while(str[i]&&str[i]!=' ')
            {i++;}
            i=i-1;
            end=i;
        }
        while(end>begin)
        {
            //str[j]=temp[i];
            temp=str[begin];
            str[begin]=str[end];
            str[end]=temp;
            end--;
            begin++;
```

```
            }
            i++;
    }
```
```
    printf(" string = %s\n", str);
    return 0;
}
```

面试例题 5：Consider a function which, for a given whole number n, returns the number of ones required when writing out all numbers between 0 and *n*.For example, *f*(1)=1，*f*(13)=6. Notice that *f*(1)=1. What is the next largest n such that *f*(n)=n？ $n \leqslant 4\,000\,000\,000$.

  e.g. *f*(13)=6

  because the number of "1" in 1,2,3,4,5,6,7,8,9,10,11,12,13 is 6. (1, 11, 12, 13)

  （现在要我们写一个函数，计算 4 000 000 000 以内的最大的那个 *f*(n)=n 的值，函数 *f* 的功能是统计所有 0 到 *n* 之间所有含有数字 1 的数字和。

  比如：*f*(13)=6

  因为"1"在"1,2,3,4,5,6,7,8,9,10,11,12,13"中的总数是 6（1，11，12，13））[美国著名搜索引擎公司 G 2008 年 4 月面试题]

  解析：字符串数字统计问题。

  答案：完整代码如下：

```c
#include <stdio.h>
unsigned long f(unsigned long n){
    unsigned long fn = 0, ntemp = n;
    unsigned long step;
    for(step = 1; ntemp > 0; step *= 10, ntemp /= 10){
        fn += (((ntemp -1) /10) + 1) * step;
        if(( ntemp % 10 ) ==1){
            fn -= step - (n % step + 1);
        }
    }
    return fn;
}
unsigned long get_max_fn_equal_n(unsigned long upper_bound){
    unsigned long n = 1, fn = 0;
    unsigned long max = 1;
    while(n <= upper_bound ) {
        fn = f(n);
        if(fn == n){
            max = n;
            printf("%10lu\t" , n++);
        }
        else if( fn < n )
            n += (n-fn)/10 + 1;
        else
            n = fn;
    }
    return max;
}
int main()
{
    unsigned long upper_bound = 4000000000UL;
    printf("[::test] f(%lu) = %lu.\n", 13, f(13));
    printf("\n[::max] max({f(n)=n, n<=%lu}) = %lu.\n", upper_bound, get_max_fn_equal_n(upper_bound));
    return 0;
}
```

  对上面代码稍做如下解释：

  1）当 f(n)>n 的时候，令 c=f(n)-n>0，设 b 属于[0,c)，即 0<=b<c。因为 f(n)是一个非递减函数，当 n2>n1 时，必有 f(n2)>=f(n1)。那么有 f(n+b)>=f(n)。又因为 b<c 且 c=f(n)-n，所以

b<f(n)-n，得出 f(n)>n+b。最后得出 f(n+b)>=f(n)>n+b。

也就是说只要 b 属于[0,c]，当 n 递增 b 的时候，必定有 f(n+b)>n+b。因此这些值都可以被剪枝忽略掉。我们取 b 的上确界值 c 来说。则有 f(n+c)>=f(n)>=n+c。这时才可能出现 f(n+c)=n+c 的情况。这里是可能，而不是一定。

所以当 fn>n 的时候，选取递增步长 c=f(n)-n，令 n=n+c=n+fn-n=fn。

2）当 fn<n 的时候，题目给的上限是 4 000 000 000，这是一个 10 位数。可以得出结论，当 n 增加 1 的时候，f(n)最多增加 10。这是一种极端情况，即新增加的那个数是 1 111 111 111，所以多了 10 个 1，那么 f(n)最多增加 10。目前，选取某个步长 b，当 n+b 时，依然有 f(n+b)<n+b，但是依然迅速逼近 f(N)=N。

假设现在 f(n1)<n1，那么想要达到 f(n1)=n1 的情况，f(n1)至少得增加 n1-f(n1)。

而此时，在之前推出的结论基础上（当 n 增加 1 的时候，f(n)最多增加 10），可以得出 n1 最少增加了(n1-f(n1))/10+1。令 n1 增加后结果记为 n2=n1+(n1-f(n1))/10+1。

因此 n2>n1，所以 f(n2)>=f(n1)，而 f(n2)=f{ n1 + (n1-f(n1))/10+1 }<f(n1)+n1-f(n1)=n1。所以 n2>n1>f(n2)。

因此，当 fn<n 的时候，取步长为 (n-fn)/10 + 1，这样的话可以迅速逼近 f(N)=N。

14.6　字符子串问题

面试例题 1：转换字符串格式为原来字符串里的字符+该字符连续出现的个数，例如字符串 1233422222，转化为 1121324125（1 出现 1 次，2 出现 1 次，3 出现 2 次……）。

怎么实现比较简便？[美国著名搜索引擎公司 G 2007 年面试题]

解析：可以通过 sprintf 语句来实现算法。

sprintf 跟 printf 在用法上几乎一样，只是打印的目的地不同而已，前者打印到字符串中，后者则直接在命令行上输出。

1）打印字符串

sprintf 最常见的应用之一莫过于把整数打印到字符串中，所以，spritnf 在大多数场合可以替代 itoa。如：

```
//把整数 123 打印成一个字符串保存在 s 中
sprintf(s, "%d", 123); //产生"123"
```

可以指定宽度，不足的左边补空格：

```
sprintf(s, "%8d%8d", 123, 4567); //产生: "     123    4567"
```

当然也可以左对齐：

```
sprintf(s, "%-8d%8d", 123, 4567); //产生: "123         4567"
```

也可以按照十六进制打印：

```
sprintf(s, "%8x", 4567);  //小写十六进制，宽度占8个位置，右对齐
sprintf(s, "%-8X", 4568); //大写十六进制，宽度占8个位置，左对齐
```

2）连接字符串

sprintf 的格式控制串中既然可以插入各种东西，并最终把它们"连成一串"，自然也就能够连接字符串，从而在许多场合可以替代 strcat。sprintf 能够一次连接多个字符串，可以同时在它们中间插入别的内容，非常灵活。比如：

```
char* who = "I";
char* whom = "Duantao";
sprintf(s, "%s love %s.", who, whom); //产生: "I love Duantao."
```

答案：程序源代码如下：

```cpp
# include <iostream>
# include <string>
using namespace std;
int main()
{
    cout << "Enter the numbers " <<endl;
    string str;
    char reschar[50];
    reschar[0]= '\0 ';
    getline(cin, str);
    int len=str.length();
    int count=1;
    int k;
    for(k=0; k <= len-1; k++)
    {
        if(str[k+1]==str[k])
        {
            count++;
        }
        else
        {
            sprintf(reschar+strlen(reschar), "%c%d ", str[k],count);
            count=1;
        }
    }
    if(str[k]==str[k-1])
        count++;
    else
        count=1;
    sprintf(reschar+strlen(reschar), "%c%d ",  str[k],count);
    cout << reschar << "gg"<<endl;
```

```
        cout << endl;
        return 0;
}
```

面试例题 2：填空题：移动字符串内容。传入参数 char *w 和 m，规则如下：将 w 中字符串的倒数 m 个字符移到字符串前面，其余依次像右移。例如：ABCDEFGHI,M=3,那么移动之后就是 GHIABCDEF。注意不得修改原代码。[日本著名软件企业 H 公司 2013 年 2 月面试题]

```
void fun(char *w, int m)
{
   int i=0; len=strlen(w);
   if(m>len)   m = len;
    while(/* 请输入代码*/_){
     _/*请输入代码*/_;
    }
   w[len-m] = '\0';
}
```

答案：代码如下：

```
while(len-m > 0 || (m=0) != 0){
    for(i=0,w[len]=w[0],++m;i<len;i++) w[i]=w[i+1];
```

第15章

设计模式与软件测试

鲁迅先生曾经说过:"地上本没有路,走的人多了也就成了路。"设计模式如同此理,它是经验的传承,并非体系。它是被前人发现,经过总结形成的一套某一类问题的一般性解决方案,而不是被设计出来的定性规则。它不像算法那样可以照搬照用。

设计模式关注的重点在于通过经验提取的"准则或指导方案"在设计中的应用,因此在不同层面考虑问题的时候就形成了不同问题领域上的模式。模式的目标是,把共通问题中的不变部分和变化部分分离出来。不变的部分,就构成了模式。因此,模式是一个经验提取的"准则",并且在一次一次的实践中得到验证。在不同的层次有不同模式,小到语言实现,大到架构。在不同的层面上,模式提供不同层面的指导。

和建筑结构一样,软件中亦有诸多的"内力"。和建筑设计一样,软件设计也应该努力疏解系统中的内力,使系统趋于稳定、有生气。一切软件设计都应该由此出发。任何系统都需要有变化,任何系统都会走向死亡。作为设计者,应该拥抱变化,利用变化,而不是逃避变化。

经典设计模式一共有 23 种,面试时重要的不是你熟记了多少个模式的名称,关键还在于付诸实践的运用。为了有效地设计而去熟悉某种模式所花费的代价是值得的,因为很快你会在设计中发现这种模式真的很好,很多时候它会令你的设计更加简单。

软件测试是指使用人工或者自动手段来运行或测试某个系统的过程,其目的在于检验软件是否满足规定的需求或弄清预期结果与实际结果之间的差别。测试工程师是目前 IT 行业极端短缺的人才,未来 5 年 IT 行业最炙手可热的职位。中国软件业每年新增约 20 万测试岗位就业机会,而企业、学校培养出的测试人才却不足需求量的 1/10,这种测试人才需求与供给间的差距仍在拉大。

随着软件市场的成熟,软件对社会运转的巨大贡献已经得到了广泛认可,但是,人们对软件作用期望值也越来越高,更多人将关注点转移到软件的质量和功能可靠性上,而软件产业在产品性能测试领域存在着严重不足,软件测试水平的高低可以说是决定了软件产业的前途命运。

15.1 设计模式

面试例题 1:Which came first, chicken or the egg?(请用设计模式观点描述先有鸡还是先有蛋?)
[德国某著名软件咨询企业 2005 年 10 月面试题]

解析:

请先看下面的程序:

```
using System;
class Client
{
    public static void Main ()
    {
        hen jiji = new hen();
        egg dan = new egg();
        jiji.d = dan;
        Console.WriteLine(jiji.d.m);
    }
}
```

```
class hen
{
    public int n = 9;
    public egg d;
}

class egg : hen
{
    public int m = 10;
}
```

egg 继承自 hen,可以说没有 hen 就没有 egg,可 hen 里面有一个成员是 egg 类型。到底是先有鸡还是先有蛋?这个程序可以正常编译执行并打印结果 10。

答案:"先有鸡还是先有蛋"问题只是对面向对象本质的一个理解,将人类的自然语言放在此处来理解并不合适。由下图可知,根本不存在鸡与蛋的问题,而是型与值的问题,以及指针引用的问题,因为鸡和蛋两个对象间是"引用"关系而不是"包含"关系。

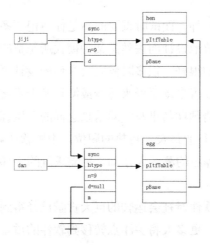

面试例题 2：请用设计模式的思想描述蜡笔和毛笔有什么不同，并用 C#程序实现。

解析：大家小时候都有用蜡笔画画的经历吧。红红绿绿的蜡笔一大盒，根据想象描绘出各式的图样。而毛笔下的国画更是工笔写意各展风采。而今天我们的故事从蜡笔与毛笔说起。

设想要绘制一幅图画，蓝天、白云、绿树、小鸟。如果画面尺寸很大，那么用蜡笔绘制就会遇到点儿麻烦。毕竟细细的蜡笔要涂出一片蓝天是有些麻烦的。如果可能，最好有套大号蜡笔，粗粗的蜡笔很快能涂抹完成。至于色彩嘛，最好每种颜色来支粗的，除了蓝天还有绿地呢。这样，如果一套 12 种颜色的蜡笔，我们需要两套 24 支，同种颜色的一粗一细。要是再有一套中号蜡笔就更好了，于是，不多不少总共 36 支蜡笔（见下图）。

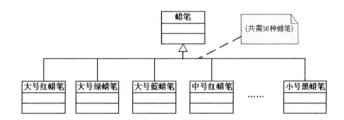

再看看毛笔这一边，居然如此简陋：一套水彩 12 色，外加大、中、小 3 支毛笔（见下图）。你可别小瞧这"简陋"的组合，画蓝天用大毛笔，画小鸟用小毛笔，各有专长。

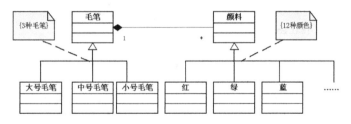

这就是 Bridge 模式。为了一幅画，我们需要准备 36 支型号不同的蜡笔，而改用毛笔的话 3 支就够了，当然还要搭配上 12 种颜色。通过 Bridge 模式，我们把乘法运算 3×12＝36 改为了加法运算 3＋12＝15，这一改进可不小。那么这里蜡笔和毛笔到底有什么区别呢？

实际上，蜡笔和毛笔的一个关键区别就在于笔和颜色是否能够分离。桥梁模式的用意是"将抽象化（Abstraction）与实现化（Implementation）脱耦，使得二者可以独立地变化"。关键就在于能否脱耦。蜡笔的颜色和蜡笔本身是分不开的，所以必须使用 36 支色彩、大小各异的蜡笔来绘制图画。而毛笔与颜料能够很好地脱耦，各自独立变化，简化了操作。在这里，抽象层面的概念是"毛笔用颜料作画"，而在实现时，毛笔有大、中、小 3 号，颜料有红、绿、蓝等 12 种，于是便可出现 3×12 种组合。每个参与者（毛笔与颜料）都可以在自己的自由度内随意转换。

蜡笔由于无法将笔与颜色分离，造成笔与颜色两个自由度无法单独变化，使得只有创建 36 种对象才能完成任务。Bridge 模式将继承关系转换为组合关系，从而降低了系统间的耦合，减少了代码编写量。

答案：

代码如下：

```csharp
// 桥接模式类型举例
using System;

// "Abstraction"类
class Abstraction
{
  // 字段
  protected Implementor implementor;

  // 属性
  public Implementor Implementor
  {
    set{ implementor = value; }
  }

  // 函数
  virtual public void Operation()
  {
    implementor.Operation();
  }
}

// "Implementor"类
abstract class Implementor
{
  // 函数
  abstract public void Operation();
}

// "RefinedAbstraction"类
class RefinedAbstraction : Abstraction
{
  // 函数
  override public void Operation()
  {
    implementor.Operation();
  }
}

// "ConcreteImplementorA"类
classConcreteImplementorA:Implementor
{
  // 函数
  override public void Operation()
  {
    Console.WriteLine("ConcreteImplementorA Operation");
  }
}

// "ConcreteImplementorB"
classConcreteImplementorB:Implementor
{
  // 函数
  override public void Operation()
  {
    Console.WriteLine("ConcreteImplementorB Operation");
  }
}

/**//// <summary>
/// Client test
/// </summary>
public class Client
{
   public static void Main(string[] args )
   {
     Abstraction abstraction=new RefinedAbstraction();

     // 设置 implementation 委托并且调用
     abstraction.Implementor=newConcreteImplementorA();
     abstraction.Operation();

     // 修改 implementation 委托并且调用
```

```
abstraction.Implementor=newConcreteImplem
entorB();
```

```
    abstraction.Operation();
  }
}
```

面试例题 3：以下代码实现了设计模式中的哪种模式？[美国某著名搜索引擎公司 2005 年面试题]

```
public sealed class SampleSingleton1
{
private int m_Counter = 0;
private SampleSingleton1()
{
Console.WriteLine(""初始化 SampleSingleton1。"");
}
publicstatic readonly SampleSingleton1 Singleton = new SampleSingleton1();
public void Counter()
{
m_Counter ++;
}
}
```

A．原型   B．抽象工厂
C．单键   D．生成器

解析：这是一个典型的单键模式。

答案：C

面试例题 4：Consider a context-sensitive help feature for graphical user interface. The user can obtain help information on any part of the interface just by clicking on it. The help that's provided depends on the part of interface that's selected and its context; for example, a button widget in a dialog box might have different help information than a similar button in the main window. If no specific help information exists for that part of the interface, then the help system should display a more general help message about the immediate context——the dialog box as a whole, for example.

（为图形用户界面设计一种特性——能领会语境并提供帮助，使得用户仅仅通过在界面的任何部分上单击鼠标就可以获得相应的帮助信息。它所提供的帮助主要依赖于所选择的界面及相应的语境。

举个例子，在具备这样特性的一个对话框中的一个按钮部件上单击鼠标可能就会有一个与主窗口中类似的按钮但有不同的帮助信息。如果没有该界面的这部分内容的具体帮助信息，那么帮助系统就会根据即时的具体语境提供较为通用的帮助信息，这就是对于上述问题的一个具体的例子。）

为了设计上面的东西该选用（　　）。[中国台湾某著名杀毒软件公司 2005 年 10 月面试题]

A．观察者模式　　　　　　　　B．桥接模式
C．供应链模式　　　　　　　　D．原型模式

解析：本题应该选择观察者模式。为了形象描述观察者模式，举一个给教工发大米的例子。

每年到年底的时候，工会都要给每位教工发大米、油什么的。正好我家的米快吃完了，所以就盼着发大米。可是等了好多天也没见什么动静，扳着手指头数数离春节还有多半个月呢，看我心急的。不过，盼大米的老师恐怕不只是我一个，都等着工会有什么动静就去领大米呢。

教工等着发大米是一个典型的观察者模式。当工会大米来了，教工就会做出响应。不过这观察也有两种说头法：一种是拉（Pull）模式，要求教工时不时到工会绕一圈，看看大米来了没有，恐怕没有人认为这是一种好办法。当然，还有另外一种模式，就是推（Push）模式，大米到了工会，工会会给每家每户把大米送过去。第二种方法好不好呢？好？呵呵，谁说好了，谁说好我让谁到工会上班去。

其实，我们还有一种方法，就是大米到了工会后，工会不把大米给每人送去，而是给每人发个轻量级的"消息"，教工得到消息后，再把大米拉回各家。这要求每位教工有一个工会的引用，在得到消息后到指定的地点领取大米。这样工会不用给每家教工送大米，而教工也不用每天到工会门口巴望着等大米了。

而本题鼠标帮助的例子也与教工拉大米相似。观察者模式定义了一种一对多的依赖关系，让多个观察者对象同时监听某一个主题帮助。这个帮助对象在状态上发生变化时，会通知所有观察者对象，使它们能够自动更新自己。

一个软件系统常常要求在某一个对象的状态发生变化的时候，某些其他的对象做出相应的改变。做到这一点的设计方案有很多，但是为了使系统能够易于复用，应该选择低耦合度的设计方案。减少对象之间的耦合有利于系统的复用，但是同时设计师需要使这些低耦合度的对象能够维持行动的协调一致，保证高度的协作（collaboration）。观察者模式是满足这一要求的各种设计方案中最重要的一种。

答案：A

扩展知识（观察者模式的结构）

观察者模式的类如下图所示。

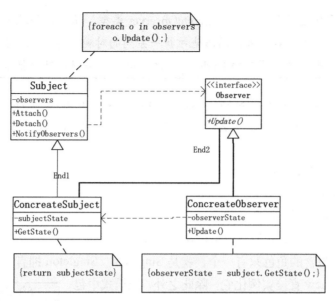

可以看出，在这个观察者模式的实现里有下面这些角色。

- 抽象主题（Subject）角色：主题角色把所有对观察者对象的引用保存在一个聚集里，每个主题都可以有任何数量的观察者。抽象主题提供一个接口，可以增加和删除观察者对象。抽象主题角色又叫作抽象被观察者（Observable）角色，一般用一个抽象类或者一个接口实现。
- 抽象观察者（Observer）角色：为所有的具体观察者定义一个接口，在得到主题的通知时更新自己。这个接口叫作更新接口。抽象观察者角色一般用一个抽象类或者一个接口实现。在这个示意性的实现中，更新接口只包含一个方法（即 Update() 方法），这个方法叫作更新方法。
- 具体主题（ConcreteSubject）角色：将有关状态存入具体观察者对象；在具体主题的内部状态改变时，给所有登记过的观察者发出通知。具体主题角色又叫作具体被观察者角色（ConcreteObservable）。具体主题角色通常用一个具体子类实现。
- 具体观察者（ConcreteObserver）角色：存储与主题的状态自恰的状态。具体观察者角色实现抽象观察者角色所要求的更新接口，以便使本身的状态与主题的状态相协调。如果需要，具体观察者角色可以保存一个指向具体主题对象的引用。具体观察者角色通常用一个具体子类实现。

从具体主题角色指向抽象观察者角色的合成关系，代表具体主题对象可以有任意多个对抽象观察者对象的引用。之所以使用抽象观察者而不使用具体观察者，意味着主题对象不需要知道引用了哪些 ConcreteObserver 类型，而只需知道抽象 Observer 类型。这就使得具体主题对象可以动态地维护一系列的对观察者对象的引用，并在需要的时候调用每一个观察者共有的 Update()方法。这种做法叫作针对抽象编程。

面试例题 5：Implement the simplest singleton pattern(initialize if necessary).（写一个单例模式，如果有必要的话就初始化。）[德国某著名软件咨询企业 2005 年 10 月面试题]

解析：

单例模式的特点有 3 个：

- 单例类只能有一个实例。
- 单例类必须自己创建自己的唯一实例。
- 单例类必须给所有其他对象提供这一实例。

Singleton 模式包含的角色只有一个，就是 Singleton。Singleton 拥有一个私有构造函数，确保用户无法通过 new 直接实例化它。除此之外，该模式中包含一个静态私有成员变量 instance 与静态公有方法 Instance()。Instance 方法负责检验并实例化自己，然后存储在静态成员变量中，以确保只有一个实例被创建。单例模式的结构如右图所示。

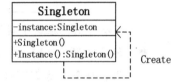

答案：

完整代码如下：

```
// 单件模式类型举例
using System;
// "Singleton"
class Singleton
{
    // 字段
    private static Singleton instance;

    // 结构
    protected Singleton() {}

    // 函数
    public static Singleton Instance()
    {
        // 设定初值进行初始化
        if( instance == null )
            instance=newSingleton();
        return instance;
    }
}

/**///// <summary>
/// Client test
/// </summary>
public class Client
{
    public static void Main()
    {
        // 构造函数被保护——不能使用 new 字符
        Singletons1=Singleton.Instance();
        Singletons2=Singleton.Instance();
        if( s1 == s2 )
            Console.WriteLine( "The same instance" );
    }
}
```

15.2 软件测试基础

面试例题 1：Why is test automation important?（自动化测试为何重要？）[美国数据库公司 S2009 年 11 月面试题]

解析：自动化测试从根本上提高 QA 们的职业素质，让 QA 们从彻底上摆脱重复繁重的测试工作，而更着重在 QA 的流程上已经完成项目质量的重复保证上。此外某些人对 QA 有些偏见：对 QA 的普遍认识就是只是测试而已。因为他们能看到 QA 最直接的劳动就是在反反复复勤勤恳恳的测试。

答案：自动化测试可以让测试人员从枯燥无味的手工重复性测试中解放出来，并且提高工作效率，通过自动化测试结果来分析功能和性能上的缺陷。

面试例题 2：Describe criterions that testing is completed。（描述一个测试结束的准则。）[美国数据库公司 S2009 年 11 月面试题]

答案：一个测试结束的标准可以查看已提交的 bug 是否已经全部解决并已验证关闭，一般来说，bug 验证率在 95%以上，并且没有大的影响功能的 bug 处于未解决状态，就可以测试通过。

面试例题 3：What kinds of content should be included in a Test Plan?(For example, available human resource)（在一个测试计划中能包含哪些内容，如可用的人力资源？）[美国数据库公司 S2009 年 11 月面试题]

答案：在一个测试计划中可以包含需要测试的产品的特点和主要功能模块，列出需要测试的功能点，并标明侧重点；测试的策略和记录（测试工具的确认，测试用例等文档模板，测试方法的确定）；测试资源配置（确定测试每一阶段的任务和所需资源）。

面试例题 4：Please describe differences between functional testing and usability testing.(请描述功能测试和可用性测试之间的区别。)[美国数据库公司 S2009 年 11 月面试题]

解析：本题涉及几个测试的重要概念：

Functional testing（功能测试），也称为 behavioral testing（行为测试），根据产品特征、操作描述和用户方案，测试一个产品的特性和可操作行为以确定它们满足设计需求。本地化软件的功能测试，用于验证应用程序或网站对目标用户能正确工作。使用适当的平台、浏览器和测试脚本，以保证目标用户的体验将足够好，就像应用程序是专门为该市场开发的一样。

功能测试也叫黑盒子测试或数据驱动测试，只需考虑各个功能，不需要考虑整个软件的内部结构及代码。一般从软件产品的界面、架构出发，按照需求编写出来的测试用例，输入数据在预期结果和实际结果之间进行评测，进而提出使产品更加符合用户使用的要求。

可用性测试是用户在和系统（网站、软件应用程序、移动技术或任何用户操作的设备）交互时对用户体验质量的度量。可用性（Usability）是交互式 IT 产品/系统的重要质量指标，指的是产品对用户来说有效、易学、高效、好记、少错和令人满意的程度，即用户能否用产品完成他的任务，效率如何，主观感受怎样？实际上是从用户角度所看到的产品质量，是产品竞争力的核心。

答案：功能测试主要是黑盒测试，由测试人员进行，主要验证产品是否符合需求设计的要求；可用性测试主要是由用户（或者测试人员模拟用户行为）来进行的测试，主要是对产品的易用性进行测试，包括有效性（effectiveness）、效率（efficiency）和用户主观满意度（satisfaction）。其中有效性指用户完成特定任务和达到特定目标时所具有的正确和完整程度；效率指用户完成任务的正确和完整程度与所使用资源（如时间）之间的比率；满意度指用户在使用产品过程中所感受到的主观满意和接受程度。

15.3 黑盒测试

面试例题 1: A student needs to score at least 60 points to pass. If they score at least 80 points they will achieve a Merit and if they score 100 points they will achieve the Maximum. Which of the following would be the most likely set of values identified by the boundary Value Testing?[美国著名软件公司 M2009 年 12 月笔试题]

（一个学生需要 60 分才能及格；80 分就可以得优；100 分就是满分了。下面的 4 个选项中哪一个边界测试是最好的，为什么？）

A．-1,0,59,60,79,80,99,100　　　　　　B．0,59,79,100

C．0,1,59,69,70,80,100　　　　　　　　D．60,80,100

解析：边界值测试，就是找到边界，然后在边界及其边界附近（这里应该包括边界两侧）选点。因此边界 0（隐含需求边界），60，80，100 要测试，边界另一侧的-1，59，79，99 也要测试。对于选项 B、D，只覆盖了边界的一侧，而选项 C 中的 69 和 70 跟边界无关，所以 A 相对最好。

答案：A

扩展知识：

除边界值测试外，面试前最好了解这几个相关概念。
- 健壮性测试：健壮性测试是边界值分析的一种简单扩展。除了变量的 5 个边界值分析之外，还要分析变量值比最高值高出一点和比最低值低一点的情况下会出现什么反应。
- 最坏情况测试：边界值分析时是在单缺陷的假设下进行的。如果不做此假设，那么就会出现同时有多个变量取边界值的情况。最坏情况测试的测试用例的获取，是对每个变量，先进行包含 5 个边界值元素集合的测试，然后对这些集合进行笛卡儿积计算，以生成测试用例。
- 特殊值测试：这种测试不需要使用任何测试方针，只使用最佳工程判断。因此，该方法与测试人员的能力密切相关。
- 随机测试：这种方法不是永远选取有界变量的最小值、略高于最小值、正常值、略低于最大值、最大值，而是使用随机数生成器生成测试用例值。这种测试用例的获取需要用程序来得出，而且还涉及测试覆盖率的问题。

面试例题 2：Function club is used to simulate guest in a club. With 0 guests initially and 50 as max occupancy, when guests beyond limitation, they need to wait outside;when some guests leave the waiting list will decrease. The function will print out number of guests in the club and waiting outside. The function declaration as follows:

```
void club(int x);
```

positive x stands for guests arrived, nagative x stands for guests left from within the club. (club 函数用来模拟一个俱乐部的顾客。初始化情况下是 0 个顾客，俱乐部最大规模只能有 50 个顾客，当用户超过了最大规模，他们必须等在外面。当一些顾客离开了等待队列将减少。这个 club 函数将打印在俱乐部里面的顾客人数，和外面的等待人数。函数声明如下：

```
void club(int x);
```

正数 x 代表客人来了，负数 x 代表客人离开了俱乐部。)

For example, club (40) prints 40,0; and then club (20) prints 50,10; and then club (-5) prints 50,5; and then club (-30) prints 25,0; and then club (-30) prints N/A; since it is impossible input. (举例而言，club (40)打印 40，0；接着 club (20)打印 50，10；接着 club (-5)打印 50，5；接着 club (-30)打印 25，0；接着 club (-30)打印 N/A；因为这是不可能实现的。)

To make sure this function works as defined, we have following set of data to pass into the function and check the result are correct. (为了确保函数工作正常，我们使用下列数据来测试函数是否正常，你认为该选哪个选项？)[美国著名软件公司 M2009 年 12 月笔试题]

```
a 60                          h 10 -10 10
b 20 50 -10
c 40 -30                      A a d e g
d 60 -5 -10 -10 10            B c d f g
e 10 -20                      C a c d h
f 30 10 10 10 -60             D b d g h
g 10 10 10                    E c d e f
```

解析：本题实际上是考边界条件的测试情况。看有没有覆盖所有的边界条件。设 A 为已在俱乐部的成员，B 为排队的人。

```
            A               B
Case1    <=0               0
Case2    <50(Up/Down)      0
Case3    50                >0(Up/Down)
```

对于 a-h 各种情况：

```
a 60                   适用 C3
b 20 50 -10            适用 C2\C3
c 40 -30               适用 C2
d 60 -5 -10 -10 10     适用 C3\C2
e 10 -20               适用 C1
f 30 10 10 10 -60      适用 C1\C2\C3
g 10 10 10             适用 C2
h 10 -10 10            适用 C2
```

看看条件，肯定要包含 e，因为只有这个 case 能测 N/A 的情况，排除了 B C D 三项；再看 A 和 E，差别在 a 和 c、g 和 f 的选取上，很显然，d 包含 a，f 包含 g，所以排除 A，最终确定 E。

答案：E

扩展知识：本题的测试代码（C++）如下：

```cpp
#include <iostream>
using namespace std;
#define MAX_IN_CUSTOM (50)
void club(int x)
{
    //这里必须使用静态变量
    // 初始情况下，内部客人为 0 个
    static int in_custom = 0;
    // 初始情况下，外部客人为 0 个
    static int out_custom = 0;
    if ( x > 0 ) // 来人的情况
    {
        // 需要将人留在外面
        if    (    x+in_custom    >    MAX_IN_CUSTOM )
        {
            // 多于的人留在外面
            out_custom += x+in_custom - MAX_IN_CUSTOM;
            in_custom = MAX_IN_CUSTOM;
        }
        else
        {
            out_custom = 0; in_custom += x;
        }
    }
    else if(x < 0) // 走人
    {
        x = -x; // 转正
        // 如果走的人比内部与外部之和的人还
```

```
                //要多,那么就出现错误了!                       else
                // 在下面就表示为 in_custom < 0             {
        // 外面人数更多(超过要走掉的人数)                          std::cout << in_custom << "," <<
                if ( out_custom > x )             out_custom << endl;
                {                                         }
                    out_custom -= x;                  }
                }                            int main()
                else                         {
                {                                club(40);
                    in_custom-=x-out_custom;     club(20);
out_custom = 0;                                  club(-5);
                }                                club(-30);
            } // 打印输出结果                       club(-30);
            if ( in_custom < 0 )                 return 0;
            {                                }
                std::cout << "N/A" << std::endl;
            }
```

面试例题 3：int FindMiddle(int a ,int b,int c)和 int CalMiddle(int a ,int b,int c)分别为两个 C 函数，他们都号称能返回三个输入 int 中中间大小的那个 int.。你无法看到他们的源代码，那么该如何判断哪个函数的质量好？[中国台湾著名杀毒软件公司 Q2009 年 5 月笔试题]

答案：从编程习惯上看，笔者认为 int FindMiddle(int a ,int b,int c)比较好，因为名字比较明确，就是找中间那一个数，让人一看就明白。

这道题是考软件测试的分析能力，比如一些特殊情况要特殊处理，例如：先测试 0 0 0 看他们的测试结果，再测 0 0 1，再随便输入一些不是数字的数，测一下他们的排错功能，如果他们的结果一样，那就该测他们的算法效率。比如可以计算 10000 个数测试用时：

```
System.out.println(new Date().toString());
for(int i=0; i < 10000; i++){
  for(int j=0; j < 10000; j++){
    for(int k=0; k < 10000; k++){
      FindMiddle(i, j, k);
    }
  }
}
System.out.println(newDate().toString())
System.out.println(newDate().toString());
for(int i=0; i < 10000; i++){
  for(int j=0; j < 10000; j++){
    for(int k=0; k < 10000; k++){
      CalMiddle(i, j, k);
    }
  }
}
System.out.println(newDate().toString())
```

面试例题 4：Write a function bool symmetry - judge(int m) to judge whether the input parameter m is a symmetry number (eg 3, 66, 121, 3883, 45254)Please describe your algorithm and write code. (写一个函数测试输入数是否为回文数，给出算法和代码) [中国台湾著名杀毒软件公司 Q2009 年 5

月笔试题]

解析：回文数问题 2006 年，2009 年都曾经考过。本题算法是建立数组，按位存储。比较首位和末位是否相同。如不同，则不是回文数。相同则继续比较，首位递增，末位递减直到首位不再小于末位。

答案：完整代码如下：

```cpp
#include <iostream>
using namespace std;

int main()
{
    int j=10,k=12321,p,a[10],ss,i=0,begin,end;
    cout << "please input" << endl;
    cin >> k;
    p=k;
    while(p)
    {
        ss=p%10;
        a[i]=ss;
        p=p/10;
        i++;
    }
    begin = 0;
    end = i-1;
    while(begin < end)
    {
        if(a[begin]!=a[end])
            break;
        else
        { begin++; end--;}
    }
    if(begin < end)
    {cout << "jiade" << endl; }
    else
    {cout << "zhende " << endl;}
    
    cout << "i " << i << endl;
    cout << k;
    
    return 0;
}
```

面试例题 5：Please write a test plan and test case the elevator functionalities（请写一个电梯功能的测试用例和测试方案。）[中国台湾著名杀毒软件公司 Q2009 年 5 月笔试题]

解析：电梯调度算法的基本原则就是如果在电梯运行方向上有人要使用电梯则继续往那个方向运动，如果电梯中的人还没有到达目的地则继续向原方向运动。此处将电梯一次从下到上视为一次运行（注意不一定是从底层到顶层），同理，电梯一次从上到下也视为一次运行（注意不一定是从顶层到底层）。

当电梯向上运行时：

1 位于当前层以下的向上请求都被忽略留到下次向上运行时处理
2 位于当前层以上的向上请求都被记录留到此次运行处理
3 无论何层的向下请求都被忽略留到下次向下运行时处理

当电梯向下运行时：

1 位于当前层以上的向下请求都被忽略留到下次向下运行时处理
2 位于当前层以下的向下请求都被记录留到此次运行处理
3 无论何层的向上请求都被忽略留到下次向上运行时处理

答案：如果只考虑单部电梯的实现情况是很简单的。电梯移动引发状态转换，电梯的主要状态有：

1 UpRun，电梯上行中

```
2 UpStopClose,电梯上行楼层暂停未开门
3 UpStopOpen,电梯上行楼层暂停已开门
4 DownRun,电梯下行中
5 DownStopClose,电梯下行楼层暂停未开门
6 DownStopOpen,电梯下行楼层暂停已开门
7 FullStopClose,电梯楼层停止未开门
8 FullStopOpen,电梯楼层停止未开门
```

电梯类,根据请求转换自身状态,请求分为:

```
1 梯内同向请求
2 前方楼层同向请求
3 前方楼层逆向请求
4 梯内逆向请求
5 后方楼层逆向请求
6 后方楼层同向请求
7 梯内关门请求
8 梯内开门请求
9 停止时同层同向请求
10 停止时同层逆向请求
```

多部电梯情况相对复杂,每部电梯是一个电梯类的实例,在电梯运行到楼层处时检查请求并进行状态转换,但这样的效果:

```
1 电梯只考虑局部状态没有全局观(只看一步),像苍蝇
2 时间一长电梯扎堆(抢任务),像蜜蜂
3 电梯经常空跑(任务被其他电梯完成),像蚂蚁
```

对多部电梯情况进行适当优化:

```
1 增加时间变量
2 增加相应配合(只派一部电梯)
3 电梯空闲时到重要地点(底层或顶层)
```

效果:

```
1 电梯行为过分依赖于梯内请求
2 电梯不适应突发性集中请求(层层停,没效果)
3 电梯上行的行为与下行不同(底层到各层,各层到底层,停层不是聚集点)
4 公平服务(先来先向服务)
5 反向快速响应(提前转向)
6 最长等待者的最小等待(后来者的跳跃型响应)
7 最少移动(资源最小调度)
```

更高级的算法是:

```
1 梯内人优先(判断梯内直达请求)
2 梯内人优先(减少无效开门,考虑超载直达)
3 不响应下行聚集型请求(减少无效开门,考虑超载直达)
```

甚至测试可以考虑电梯环境:

```
1 公寓型:只有底层(停车场)到各层或各层到底层,爆发型请求不多
2 写字楼型:有若干次爆发性请求(上下班,午休情况)需要测试,有邻层转移要求(同一公司租用)
3 酒店型:某些层(大堂,餐厅)有阶段持续请求
4 商场型:一般来说均匀调度
```

面试例题 6：Please design a test plan and test case to test a simplied mobile phone:（写一个测试用例和测试方案来测试手机）[中国台湾著名杀毒软件公司 Q2009 年 5 月笔试题]

```
including following function（包括如下功能）
Calling
SMS
Address book
```

答案：

对于 Calling：

1 是否有拨打电话这个功能，能否接通电话
2 拨打正常号码
3 拨打不正常号码，是否有相应提示

对于 SMS：

1 是否有发送、接收短信功能
2 输入正常号码发送短信
3 输入位数不对等不正常号码是否有提示
4 发送短信能否保存在发件箱，能否保存草稿，短信能否删除等

对于 Address book：

1 是否有电话本这个功能
2 新建一个联系人，联系人信息为空是否有提示
3 新建联系人与已有联系人姓名或电话号码等信息重复是否有提示
4 删除联系人是否成功，删除时是否有提示信息

15.4 白盒测试

面试例题 1：The following is a pseudocode fragment that has no redeeming feature except for the purpose of this question.（下面语句是一段伪代码。）[美国某软件公司 2010 年 7 月笔试题]

```
module nonsense[]
/*a[] and b[] are global variables */
begin
int i,x
i=1
read(x)
while(i <x)do begin
a[i]=b[i]*x
if a[i]>50 then
print("array a is over the limit")
else
print("ok")
i=i+1
end
print("end of nonsense")
end
```

Please list test cases to cover all branches in this fragment.（请设计一个测试用例涵盖该段代码各个分支。）

答案：白盒测试有几种测试方法：条件覆盖、路径覆盖、语句覆盖、分支覆盖。其中分支覆盖又称判定覆盖，使得程序中每个判断的取真分支和取假分支至少经历一次，即判断的真假均曾被满足。本题目的逻辑分支如下图所示。

第 15 章 设计模式与软件测试

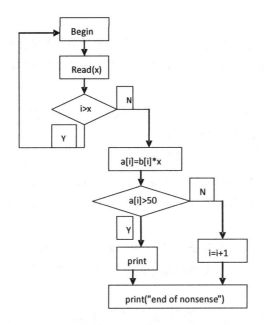

根据判定覆盖准则，测试用例涵盖该段代码各个分支如下：

```
1 i>x
2 i<x && a[i]>50
3 i<x && a[i]<50
4 i=x && a[i]>50
5 i=x && a[i]<50
```

面试例题 2：下面是一道求闰年的 C 程序，这里要求你用基本路径法设计出测试用例。证明程序每一条可执行语句在测试过程中至少执行一次。[中国某互联网公司 2010 年 6 月笔试题]

```
int IsLeap(int year)
{
    if(year%4==0)            //编号 1
    {                         //编号 2
        if(year%100==0)      //编号 3
        {                     //编号 4
            if(year%400==0)  //编号 5
                leap=1;       //编号 6
            else              //编号 7
                leap=0;       //编号 8
        }                     //编号 9
        Else                  //编号 10
            leap=1;           //编号 11
    }else                     //编号 12
        leap=0;               //编号 13
    return leap;              //编号 14
}
```

问题 1：该程序的控制流圆圈复杂度 V(G) 是多少，独立线性路径数是多少？

问题 2：假设输入取值范围 1000<year<2001，请使用基本路径测试法为 year 设计测试用例，满足基本路径覆盖要求。（画设计流图及设计路径时可以利用上面的编号）

解析：白盒测试的测试方法有代码检查法、静态结构分析法、静态质量度量法、逻辑覆盖法、基本路径测试法、域测试、符号测试、Z 路径覆盖等方法，其中运用最为广泛的是基本路径测试法。

基本路径测试法是在程序控制流图的基础上，通过分析控制构造的环路复杂性，导出基本可执行路径集合，从而设计测试用例的方法。设计出的测试用例要保证在测试中程序的每个可执行语句至少执行一次。

在程序控制流图的基础上，通过分析控制构造的环路复杂性，导出基本可执行路径集合，从而设计测试用例。包括以下 4 个步骤和一个工具方法。

（1）程序的控制流图：描述程序控制流的一种图示方法。

（2）程序圈复杂度：McCabe 复杂性度量。从程序的环路复杂性可导出程序基本路径集合中的独立路径条数，这是确定程序中每个可执行语句至少执行一次所必须的测试用例数目的上界。

（3）导出测试用例：根据圈复杂度和程序结构设计用例数据输入和预期结果。

（4）准备测试用例：确保基本路径集中的每一条路径的执行。

工具方法：

- 图形矩阵：是在基本路径测试中起辅助作用的软件工具，利用它可以实现自动地确定一个基本路径集。
- 程序的控制流图：描述程序控制流的一种图示方法。

圆圈称为控制流图的一个节点，表示一个或多个无分支的语句或源程序语句，如下图所示。

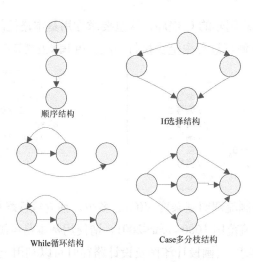

例如：

```
1 if A or B
```

```
2 X
3 else
4 Y
```

对应的逻辑如下图所示。

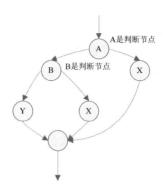

基本路径测试法的步骤：

第1步：画出控制流图

流程图用来描述程序控制结构。可将流程图映射到一个相应的流图（假设流程图的菱形决定框中不包含复合条件）。在流图中，每一个圆，称为流图的节点，代表一个或多个语句。一个处理方框序列和一个菱形决定框可被映射为一个节点，流图中的箭头，称为边或连接，代表控制流，类似于流程图中的箭头。一条边必须终止于一个节点，即使该节点并不代表任何语句（例如：if-else-then 结构）。由边和节点限定的范围称为区域。计算区域时应包括图外部的范围，如下图所示。

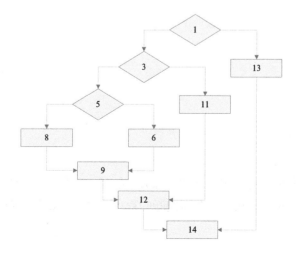

第 2 步：计算圈复杂度

圈复杂度是一种为程序逻辑复杂性提供定量测度的软件度量，将该度量用于计算程序的基本的独立路径数目，为确保所有语句至少执行一次的测试数量的下界。独立路径必须包含一条在定义之前不曾用到的边。

有以下 3 种方法计算圈复杂度。

- 流图中区域的数量对应于环型的复杂性。
- 给定流图 G 的圈复杂度 V(G)，定义为 V(G)=E-N+2，E 是流图中边的数量，N 是流图中节点的数量。
- 给定流图 G 的圈复杂度 V(G)，定义为 V(G)=P+1，P 是流图 G 中判定节点的数量。

对应本题图中的圈复杂度，如下图所示，计算如下：

a．流图中有 4 个区域。
b．V(G)=12 条边-10 节点+2=4。
c．V(G)=3 个判定节点+1=4。

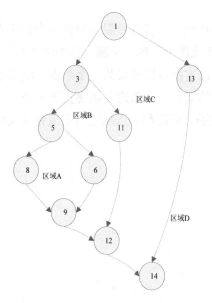

第 3 步：导出测试用例

根据上面的计算方法，可得出 4 个独立的路径((一条独立路径是指和其他的独立路径相比，至少引入一个新处理语句或一个新判断的程序通路。V(G)值正好等于该程序的独立路径的条数)。

路径 1：1-13-14

路径 2：1-3-11-12-14

路径 3：1-3-5-6-9-12-14

路径 4：1-3-5-8-9-12-14

根据上面的独立路径，设计输入数据，使程序分别执行到上面 4 条路径。[中国某互联网公司 2010 年 6 月笔试题]

答案：该程序的控制流圆圈复杂度 V(G) 是 4，独立线性路径数是 4。

为了确保基本路径集中的每一条路径的执行，根据判断节点给出的条件，选择适当的数据以保证某一条路径可以被测试到，满足上面例子基本路径集的测试用例如下：

路径 1：1-13-14
输入数据：1001
预期结果：leap=0;

路径 2：1-3-11-12-14
输入数据：1004
预期结果：leap=1;

路径 3：1-3-5-6-9-12-14
输入数据：1100
预期结果：leap=0;

路径 4：1-3-5-8-9-12-14
输入数据：1600
预期结果：leap=1;

第 4 部分

操作系统、数据库和网络

Operating system, database, network

本部分主要介绍求职面试过程中出现的第三个重要的板块——操作系统、数据库和网络知识。这些内容虽不是面试题目中的主流，但仍然具有重要的意义。

第 16 章

操 作 系 统

操作系统面试例题主要包括进程、线程、内存管理、垃圾回收,以及缓存等诸多方面。

16.1 进程

面试例题 1:试解释操作系统原理中的作业、进程、线程、管程各自的定义。[中国著名通讯公司 Z2009 年 10 月笔试题]

答案:作业:用户在一次解题或一个事务处理过程中要求计算机系统所做工作的集合。它包括用户程序、所需要的数据及控制命令等。作业是由一系列有序的步骤组成的。

进程:一个程序在一个数据集合上的一次运行过程。所以一个程序在不同数据集合上运行,乃至一个程序在同样数据集合上的多次运行都是不同的进程。

线程:线程是进程中的一个实体,是被系统独立调度和执行的基本单位。

管程:管程实际上是定义了一个数据结构和在该数据结构上的能为并发进程所执行的一组操作,这组操作能同步进程和改变管程中的数据。

面试例题 2:进程间的通信如何实现?[日本某著名家电/通信/IT 企业面试题]

答案:现在最常用的进程间通信的方式有信号、信号量、消息队列、共享内存。

所谓进程通信,就是不同进程之间进行一些"接触"。这种接触有简单,也有复杂。机制不同,复杂度也不一样。通信是一个广义上的意义,不仅仅指传递一些 message。它们的使用方法是基本相同的,所以只要掌握了一种使用方法,然后记住其他的使用方法就可以了。信号和信号量是不同的,它们虽然都可用来实现同步和互斥,但前者是使用信号处理器来进行的,后者是使用 P、V 操作来实现的。消息队列是比较高级的一种进程间通信方法,因为它真的可以在进程间传送 message，连传送一个"I seek you"都可以。

一个消息队列可以被多个进程所共享（IPC 就是在这个基础上进行的）；如果一个进程的消息太多，一个消息队列放不下，也可以用多于一个的消息队列（不过可能管理会比较复杂）。共享消息队列的进程所发送的消息中除了 message 本身外还有一个标志，这个标志可以指明该消息将由哪个进程或者是哪类进程接受。每一个共享消息队列的进程针对这个队列也有自己的标志，可以用来声明自己的身份。

面试例题 3：在 Windows 编程中互斥器（mutex）的作用和临界区（critical section）类似，请说一下二者间的主要区别。[中国台湾某著名杀毒软件公司 2005 年面试题]

解析：多线程编程问题。

答案：两者的区别是 mutex 可以用于进程之间互斥，critical section 是线程之间的互斥。

面试例题 4：At time 0, process A has arrived in the system, in that order; at time 30, both progress B and C have just arrived; at time 90, both progress D and E have also arrived.The quantum or timeslice is 10 units. （在 0 时刻，进程 A 进入系统，按照这个顺序，在 30 时刻，进程 B 和进程 C 也抵达；在 90 时刻，进程 D 和进程 E 也抵达。一个时间片是 10 个单元）

Process A requires 50 units of time in the CPU; Process B requires 40 units of time in the CPU; Process C requires 30 units of time in the CPU; Process D requires 20 units of time in the CPU; Process E requires 10 units of time in the CPU。

（进程 A 需要占用 CPU50 个单元；进程 B 需要占用 CPU40 个单元；进程 C 需要占用 CPU30 个单元；进程 D 需要占用 CPU20 个单元；进程 E 需要占用 CPU10 个单元。）

Which of the process will be the LAST to complete, if scheduling policy is preemptive SJF (Short Job First)? （如果按照短作业优先级的方法，哪个进程最后结束？）[美国著名软件公司 M2009 年 10 月笔试题]

解析：牢记"短作业优先"="最短剩余时间作业优先"。本题考的是可剥夺式处理机的调度问题。时间图如下所示。

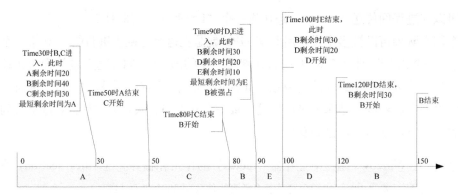

答案：如果按短作业优先级的方法，进程 B 最后结束。

扩展知识

读者试着扩展思维，想想如果本题是不可剥夺式处理机的调度方法，哪个进程最后结束。

面试例题 5：For a multiple-processing OS, the way to deal with dead-lock is whether to prevent it from happening, or break it happens. Which of the following approaches belong to the way to prevent dead-lock from happening?(M)（多选：在多重处理系统中，处理死锁的办法有两种：一是防止其发生；二是发生后进行处理。下面的办法中属于防止其发生的是哪一个？）[中国台湾著名杀毒软件公司 Q2009 年 1 月笔试题]

　　A．Destroy mutual condition（破坏互斥条件）

　　B．Destroy non-preemptive condition（破坏不可剥夺条件）

　　C．Destroy iterative waiting condition（破坏循环等待条件）

　　D．To kill one process which involves in dead-lock（杀死某个激活死锁的进程）

解析：所谓 deadlocks（死锁）是指两个或两个以上的进程在执行过程中，因争夺资源而造成的一种互相等待的现象，若无外力作用，它们都将无法推进下去。此时称系统处于死锁状态或系统产生了死锁。

产生死锁的 4 个必要条件如下。

- ....互斥条件：一个资源每次只能被一个进程使用。
- ....请求与保持条件：一个进程因请求资源而阻塞时，对已获得的资源保持不放。
- ....不剥夺条件：进程已获得的资源，在未使用完之前，不能强行剥夺。
- ....循环等待条件：若干进程之间形成一种头尾相接的循环等待资源关系。

这 4 个条件是死锁的必要条件，只要系统发生死锁，这些条件必然成立，而只要上述条件之一不满足，就不会发生死锁。

死锁的解除与预防方法如下：

理解了死锁的原因，尤其是产生死锁的 4 个必要条件，就可以最大可能地避免、预防和解除死锁。所以，在系统设计、进程调度等方面注意如何不让这 4 个必要条件成立，如何确定资源的合理分配算法，避免进程永久占据系统资源。此外，也要防止进程在处于等待状态的情况下占用资源，在系统运行过程中，对进程发出的每一个系统能够满足的资源申请进行动态检查，并根据检查结果决定是否分配资源，若分配后系统可能发生死锁，则不予分配，否则予以分配 。因此，对资源的分配要给予合理的规划。

根据产生死锁的 4 个必要条件，只要使其中之一不能成立，死锁就不会出现。为此，可以采取下列 3 种预防措施：

- ....采用资源静态分配策略，破坏"部分分配"条件。
- ....允许进程剥夺使用其他进程占有的资源，从而破坏"不可剥夺"条件。
- ....采用资源有序分配法，破坏"环路"条件。

这里注意一点：互斥条件无法被破坏。

死锁的避免不严格地限制死锁的必要条件的存在，而是系统在系统运行过程中小心地避免死锁的最终发生。避免死锁算法中最有代表性的算法是 Dijkstra E.W 于 1968 年提出的银行家算法，该算法需要检查申请者对资源的最大需求量，如果系统现存的各类资源可以满足申请者的请求，就满足申请者的请求。这样申请者就可很快完成其计算，然后释放它占用的资源，从而保证了系统中的所有进程都能完成，所以可避免死锁的发生。

在本题中选项 A 破坏互斥条件是无法做到的，B、C 正确，D 选项属于死锁事后处理操作，与题意不符。

答案：B，C。

面试例题 6：在 Linux 平台下运行 C 程序。如果 fork()函数不失败，下面哪个描述是正确的

```
#include <stdio.h>
#include <unistd.h>
int main(void)
{
  int i = 1;
  if(!fork()) i++;
  printf("%d\n", i);
  if(!fork()) i++;
  printf("%d\n", i);
  return 0;
}
```

A. The output will include number "1" exactly two times;

B. The output will include number "2" exactly two times;

C. Number "3" will always be last outputted;

D. It is possible that no number "3" in output, because "i++" is not an atomic operation.

解析：fork 英文是叉的意思。在这里的意思是进程从这里开始分叉，分成了两个进程：一个是父进程，一个子进程。子进程复制了父进程的绝大部分：栈、缓冲区等等。系统为子进程创建一个新的进程表项，其中进程 id 与父进程是不相同的，这也就是说父子进程是两个独立的进程，虽然父子进程共享代码空间，但是在涉及写数据时子进程有自己的数据空间，在有数据修改时，系统会为子进程申请新的页面。

在本题中，由于 if(!fork()) i++;所以只有子进程才会执行 i++。执行顺序如下：

```
A-+---1-+---1                    2.2 进程B输出2
  |     |-C-2
  |                              3. 第二次fork
  |-B-2-+---2                    3.1 A fork 产生子进程C
        |-D-3                    3.2 B fork 产生子进程D

0. 假设开始是进程为A,               4. 第二个printf("%d\n", i);
1. 第一次fork                     4.1 进程A输出1
1.1 A fork 后产生子进程B            4.2 进程B输出2
                                 4.3 进程C输出2
2. 第一个printf("%d\n", i);       4.4 进程D输出3
2.1 进程A输出1
```

选项 B 不正确，2 会输出 3 次；选项 C 不一定，因为父子进程谁先运行不一定；选项 D 也不对，3 会出现。

答案：A

扩展知识：想一下，如下代码的输出结果是什么？

```c
#include <stdio.h>
#include <sys/types.h>
#include <unistd.h>
int main(void)
{
  int i;
  for(i=0; i<2; i++){
    fork();

    printf("ppid=%d, pid=%d, i=%d \n", getppid(), getpid(), i);
  }
  sleep(10);
  return 0;
}
```

面试例题 7：请描述进程的三种基本状态。[中国某互联网软件公司 T2013 年面试题]

答案：进程在运行中不断地改变其运行状态。通常，一个运行进程必须具有以下三种基本状态。1> 就绪（Ready）状态：当进程已分配到除 CPU 以外的所有必要的资源，只要获得处理机便可立即执行，这时的进程状态称为就绪状态。2> 执行（Running）状态：当进程已获得处理机，其程序正在处理机上执行，此时的进程状态称为执行状态。 3> 阻塞(Blocked)状态：正在执行的进程，由于等待某个事件发生而无法执行时，便放弃处理机而处于阻塞状态。引起进程阻塞的事件可以有多种，例如，等待 I/O 完成、申请缓冲区不能满足、等待信件(信号)等。

面试例题 8：若系统中有五台绘图仪，有多个进程均需要使用两台，规定每个进程一次仅允许申请一台，则至多允许（　　）个进程参于竞争，而不会发生死锁。[中国台湾某 IT 公司 C2013 年 2 月笔试题]

    A．2　　　　　　B．3　　　　　　C．4　　　　　　D．5

解析：哲学家就餐问题：资源（餐叉）按照某种规则编号为 1 至 5，每一个工作单元（哲学家）总是先拿起左右两边编号较低的餐叉，再拿编号较高的。用完餐叉后，他总是先放下编号较高的餐叉，再放下编号较低的。在这种情况下，当 4 位哲学家同时拿起他们手边编号较低的餐叉时，只有编号最高的餐叉留在桌上，从而第 5 位哲学家就不能使用任何一只餐叉了。

    答案：C

16.2　线程

面试例题 1：请描述进程和线程的差别。[美国某著名软件公司 2005 年面试题]

    答案：进程是程序的一次执行。线程可以理解为进程中执行的一段程序片段。在一个多任务环境中下面的概念可以帮助我们理解两者间的差别。

    进程间是独立的，这表现在内存空间、上下文环境上；线程运行在进程空间内。 一般来讲（不使用特殊技术），进程无法突破进程边界存取其他进程内的存储空间；而线程由于处于进程空间内，所以同一进程所产生的线程共享同一内存空间。

    同一进程中的两段代码不能够同时执行，除非引入线程。

    线程是属于进程的，当进程退出时该进程所产生的线程都会被强制退出并清除。线程占用的资源要少于进程所占用的资源。进程和线程都可以有优先级。

    进程间可以通过 IPC 通信，但线程不可以。

面试例题 2：下面哪个选项不是 PE 文件？

    A．EXE　　　　　B．DLL　　　　　C．COM　　　　　D．DOC

解析：PE 文件被称为可移植的执行体是 Portable Execute 的全称，常见的 EXE、DLL、

OCX、SYS、COM 都是 PE 文件，PE 文件是微软 Windows 操作系统上的程序文件（可能是间接被执行，如 DLL）

答案：D

面试例题 3：Windows 将遵循下面的哪种搜索来定位 DLL？

1 进程的当前工作目录

2 包含 EXE 文件的目录

3 列在 Path 环境变量中的一系列目录

4 Windows 系统目录

5 Windows 目录

    A．12453   B．12543   C．21453   D．21345

解析：Windows 平台的大多数程序都使用各种动态链接库（DLL）来避免重复实现功能。操作系统为每个程序加载若干个 DLL，具体由程序的类型决定。当程序不指定 DLL 的绝对位置时，将使用默认的搜索顺序来找到它。默认情况下，操作系统所使用的搜索顺序为：

（1）内存；（2）KnownDLLs；（3）清单与 .local；（4）应用程序目录；（5）当前工作目录；（6）系统目录；（7）路径变量。

答案：C

面试例题 4：In user mode application development, sometimes we choose to use dynamic linked library instead of static linked library. That is because（动态链接库相对静态连接库的优点主要是）

A. The dynamic link library can be upgraded without requiring applications to be re-linked or re-compiled.

B. Runtime loading dynamic library will be faster than static library.

C. Calling functions in dynamic library will be faster than static library.

D. Dynamic library enable lots of memory sharing when mutiple apps are using the same libraries at the same time. This is also true for saving disk space.

E. Dynamic link library can be explicitly loaded/unloaded at runtime, this helps application provide optional features.

解析：目前以 lib 为后缀的库有两种，一种为静态链接库(Static Libary)，另一种为动态链接库(DLL)的导入库（Import Libary，以下简称"导入库"）。虽然静态链接库和动态库的导入库都是.lib 文件，但是区别很大，它们实质是不一样的东西。静态库本身就包含了实际执行代码、地址符号表等等，而对于导入库而言，其实际的执行代码位于动态库中，导入库只包含了地址符号表等，确保程序找到对应函数的一些基本地址信息。

静态链接库是一个或者多个 obj 文件的打包，所以有人干脆把从 obj 文件生成 lib 的过程称为 Archive，即合并到一起。比如你链接一个静态库，如果其中有错，它会准确地找到是哪个 obj 有错，即静态 lib 只是壳子。当我们的应用工程在使用静态链接库的时候，静态链接库要参与编译，在生成执行文件之前的链接过程中，将静态链接库的全部指令直接链接入可执行文件中，故而，在可执行文件生成以后，静态链接库.lib 文件即可以弃之不用。

动态链接库（dll）是作为共享函数库的可执行文件。动态链接提供了一种方法，使进程可以调用不属于其可执行代码的函数。函数的可执行代码位于一个.dll 文件中，该 dll 包含一个或多个已被编译、链接并与使用它们的进程分开存储的函数。dll 还有助于共享数据和资源。多个应用程序可同时访问内存中单个 dll 副本的内容。 使用动态链接代替静态链接有若干优点。dll 节省内存，减少交换操作，节省磁盘空间，更易于升级(不需要重链接和重编译)，提供售后支持，提供扩展 MFC 库类的机制，支持多语言程序。

静态链接库与动态链接库都是共享代码的方式，如果采用静态链接库，lib 中的指令都全部被直接包含在最终生成的 exe 文件中了。但是若使用 dll（即动态链接库），该 dll 不必被包含在最终 exe 文件中，exe 文件执行时可以"动态"地引用和卸载这个与 exe 独立的 dll 文件。静态链接库和动态链接库的另外一个区别在于静态链接库中不能再包含其他的动态链接库或者静态库，而在动态链接库中还可以再包含其他的动态或静态链接库。动态链接库与静态链接库的使用不同之处在于它允许可执行模块（.dll 文件或.exe 文件）仅包含在运行时定位 dll 函数的可执行代码所需的信息。在静态链接库的使用中，链接器从静态链接库获取所有被引用的函数，并将库同代码一起放到可执行文件中。

选项 B 和 C 不正确，静态链接库可能比动态链接库更快。

答案：A，D，E。

面试例题 5：假定我们有三个程序，每个程序花费 80%的时间进行 I/O，20%的时间使用 CPU，每个程序的启动时间和其需要使用 CPU 进行计算机的分钟数如表所示。请问在多线程/进程环境下，系统总响应时间为多少？[中国某著名即时通讯软件公司 T2013 年面试题]

程序编号	启动时间	需要CPU时间(分钟)
1	00:00（零点零分）	3.5
2	00:10	2
3	00:15	1.5

A. 22.5　　　　B. 23.5　　　　C. 24.5　　　　D. 25.5

解析：0~10 分钟，10*0.8=8 10*0.2=2　A 还剩下 3.5-2=1.5 分钟 CPU 需要跑。

10~15分钟，有两个进程，CPU利用率为1-0.8*0.8=0.36。 所以(15-10)*0.36=1.8分钟；1.8/2=0.9（两个进程均分CPU时间）这样A剩下1.5-0.9=0.6分钟，B剩下2-0.9=1.1分钟。

15分钟开始时，有三个进程 CPU 利用率为 1-0.8*0.8*0.8=0.488，所以 A 在 0.6*3/0.488=3.69后也就是15+3.69=18.69分完成，之后CPU利用率又为0.36，此时B剩下 1.1-0.6=0.5分钟，C剩下1.5-0.6=0.9分钟之后，B在0.5*2/0.36=2.78也就是2.78+18.69=21.46分钟的时候B进程结束，之后C开始单跑 0.9-0.5=0.4分钟； 0.4/0.2=2分钟，即2分钟之后C结束，也就是21.46+2=23.46≈23.5分钟之后，CPU跑完三个程序。

答案：A

面试例题6：创建两个线程模拟火车站两个窗口售票程序，窗口售票时间为1秒，两个窗口不能同时售票。[美国某著名软件公司I2013年面试题]

解析：进程是由两个部分构成的，一个是进程内核对象，另一个是地址空间。同样，线程也是由两个部分组成的：一个是线程的内核对象，操作系统用它来对线程实施管理。内核对象也是系统用来存放线程统计信息的地方。另一个是线程堆栈，它用于维护线程在执行代码时需要的所有函数参数和局部变量。

进程是不活泼的。进程从来不执行任何东西，它只是线程的容器。线程总是在某个进程环境中创建的，而且它的整个寿命期都在该进程中。这意味着线程在它的进程地址空间中执行代码，并且在进程的地址空间中对数据进行操作。因此，如果在单进程环境中，你有两个或多个线程正在运行，那么这两个线程将共享单个地址空间。这些线程能够执行相同的代码，对相同的数据进行操作。这些线程还能共享内核对象句柄，因为句柄表依赖于每个进程而不是每个线程的存在。

进程使用的系统资源比线程多得多，原因是它需要更多的地址空间。为进程创建一个虚拟地址空间需要许多系统资源。系统中要保留大量的记录，这要占用大量的内存。由于线程需要的开销比进程少，因此一般用增加线程来解决编程问题，而要避免创建新的进程。

每当进程被初始化时，系统就要创建一个主线程。该线程与C/C++运行期库的启动代码一道开始运行，启动代码则调用进入点函数，并且继续运行直到进入点函数返回并且C/C++运行期库的启动代码调用退出为止。对于许多应用程序来说，这个主线程是应用程序需要的唯一线程。不过，进程能够创建更多的线程来帮助执行它们的操作。

每个线程必须拥有一个进入点函数，线程从这个进入点开始运行。即main、wmain、WinMain或wWin Main。如果想要在你的进程中创建一个辅助线程，它必定也是一个进入点函数，类似下面的样子：

```
DWORD WINAPI ThreadFunc(PVOID pvParam)
```

```
{
    DWORD dwResult = 0;
    ...
    return(dwResult);
}
```

线程函数可以执行你想要它做的任何任务。最终，线程函数到达它的结尾处并且返回。这时，线程终止运行，该堆栈的内存被释放，同时，线程的内核对象的使用计数被递减。如果使用计数降为 0，线程的内核对象就被撤销。与进程内核对象的情况相同，线程内核对象的寿命至少可以达到它们相关联的线程那样长，不过，该对象的寿命可以远远超过线程本身的寿命。

答案：

```
#include <windows.h>
#include <iostream>
using namespace std;
//这是 2 个线程模拟卖火车票的小程序
DWORD WINAPI Fun1Proc(LPVOID lpParameter);//thread data
DWORD WINAPI Fun2Proc(LPVOID lpParameter);//thread data

int index=0;
int tickets=10;
HANDLE hMutex;
int main()
{
    HANDLE hThread1;
    HANDLE hThread2;
    //创建线程

    hThread1=CreateThread(NULL,0,Fun1Proc,NULL,0,NULL);
    hThread2=CreateThread(NULL,0,Fun2Proc,NULL,0,NULL);
    CloseHandle(hThread1);
    CloseHandle(hThread2);

    //创建互斥对象
    hMutex=CreateMutex(NULL,TRUE,"tickets");
    if (hMutex)
    {
        if (ERROR_ALREADY_EXISTS==GetLastError())
        {
            cout<<"only one instance can run!"<<endl;
            return 0
        ;
        }
    }
    WaitForSingleObject(hMutex,INFINITE);
    ReleaseMutex(hMutex);
    ReleaseMutex(hMutex);

    Sleep(4000);
    return 0;
}
```

```
//线程1的入口函数
DWORD WINAPI Fun1Proc(LPVOID lpParameter)//thread data
{
    while (true)
    {
        ReleaseMutex(hMutex);
        WaitForSingleObject(hMutex,INFINITE);
        if (tickets>0)
        {
            Sleep(1);
            cout<<"thread1 sell ticket :"<<tickets--<<endl;
        }
        else
            break;
        ReleaseMutex(hMutex);
    }
    return 0;
}
//线程2的入口函数
DWORD WINAPI Fun2Proc(LPVOID lpParameter)//thread data
{
    while (true)
    {
        ReleaseMutex(hMutex);
        WaitForSingleObject(hMutex,INFINITE);
        if (tickets>0)
        {
            Sleep(1);
            cout<<"thread2 sell ticket :"<<tickets--<<endl;
        }
        else
            break;
        ReleaseMutex(hMutex);
    }
    return 0;
}
```

16.3 内存管理

面试例题 1：简述 Windows 内存管理的几种方式和优缺点。[中国某著名互联网公司 B 面试题]

答案：Windows 内存管理方式主要分为：页式管理、段式管理、段页式管理。

页式管理的基本原理是将各进程的虚拟空间划分成若干个长度相等的页(page)；页式管理把内存空间按页的大小划分成片或者页面，然后把页式虚拟地址与内存地址建立一一对应的页表；并用相应的硬件地址变换机构来解决离散地址变换问题。页式管理采用请求调页或预调页技术来实现内外存存储器的统一管理。 其优点是没有外碎片，每个内碎片不超过页的大小。缺点：程序全部装入内存，要求有相应的硬件支持。例如地址变换机构缺页中断的产生和选择淘汰页面等都要求有相应的硬件支持。这增加了机器成本，增加了系统开销。

段式管理的基本思想就是把程序按内容或过程函数关系分成段，每段有自己的名字。一个用户作业或进程所包含的段对应一个二维线形虚拟空间，也就是一个二维虚拟存储器。段式管理程序以段为单位分配内存，然后通过地址影射机构把段式虚拟地址转换为实际内存物理地址。其优点是可以分别编写和编译，可以针对不同类型的段采取不同的保护，可以按段为单位来进行共享，包括通过动态链接进行代码共享。缺点是会产生碎片。

段页式管理：为了实现段页式管理，系统必须为每个作业或进程建立一张段表以管理内存分配与释放、缺段处理等。另外由于一个段又被划分成了若干页。每个段又必须建立一张页表以把段中的虚页变换成内存中的实际页面。显然与页式管理时相同，页表中也要有相应的实现缺页中断处理和页面保护等功能的表项。段页式管理是段式管理与页式管理方案结合而成的，所以具有它们两者的优点。但反过来说，由于管理软件的增加，复杂性和开销也就随之增加了。另外需要的硬件以及占用的内存也有所增加。使得执行速度下降。

面试例题 2：X64 和 X86 有何区别？

答案：Intel 曾用 8086、80286、80386 等作为其 PC 用 CPU 的型号表示法，x86 指 Intel 制造的普通 CPU（提出 x86 这个表示法时，个人电脑上以 32 位 Intel 的 CPU 为主），x64 是 x86_64 的缩写，指 x86 基础上的改进版（加入 64 位地址扩展等性能），而纯 64 位计算机架构用 IA64 表示，32 位兼容的 64 位架构用 amd64 表示（AMD 是这一架构的主要生产商）。由于 Intel 起步较早，影响较大，有时也把 amd64 架构的 CPU 称为 x86_64 架构。

面试例题 3：Belady's Anomaly 出现在哪？

    A．内存管理算法   B．内存换页算法

    C．预防死锁算法   D．磁盘调度算法

解析：所谓 Belady 现象是指：采用 FIFO 算法时，如果对一个进程未分配它所要求的全部页面，有时就会出现分配的页面数增多但缺页率反而提高的异常现象。 Belady 现象的原因是 FIFO 算法的置换特征与进程访问内存的动态特征是矛盾的，即被置换的页面并不是进程不会访问的。这些页在 FIFO 算法下被反复调入和调出，并且有 Belady 现象。

答案：B

面试例题 4：什么是 Thrashing？

    A．非常频繁的换页活动   B．非常高的 CPU 执行活动

    C．一个极长的执行过程   D．一个极大的虚拟内存法

解析：内存抖动(Thrashing)一般是内存分配算法不好，内存太小或者程序的算法不佳引起的页面频繁地从内存调入/调出的行为。

答案：A

面试例题 5：避免死锁的一个著名算法是？

    A．先入先出发　　　　　　B．银行家算法

    C．优先级算法　　　　　　D．资源有序分配法

解析：银行家算法是用来避免死锁的，该方法将系统的状态分为安全状态和不安全状态，只要使系统处于安全状态，便可避免死锁的发生。

答案：B

面试例题 6：某主机安装了 2GB 内存，在其上运行的某支持 MMU 的 32 位 Linux 发行版中，一共运行了 X，Y，Z 三个进程，下面关于三个内存使用程序的方式，哪个是可行的？

    A．X，Y，Z 的虚拟地址空间都映射到 0～4G 虚拟地址上

    B．X 在堆上分配总大小为 1GB 的空间，Y 在堆上分配 200MB，Z 在堆上分配 500MB，并且内存映射访问一个 1GB 的磁盘文件。

    C．X 在堆上分配 1GB，Y 在堆上分配 800MB，Z 在堆上分配 400MB

    D．以上的访问方式都是可行的

解析：虚拟存储器的基本思想是程序、数据、堆栈的总的大小可以超过物理存储器的大小，操作系统把当前使用的部分保留在内存中，而把其他未被使用的部分保存在磁盘上。

答案：D

面试例题 7：某虚拟内存系统采用页式内存管理，使用 LRU 页面管理算法。考虑下面的页面访问地址流（每次访问在一个时间单位内完成）中一共有几次页面失败：

    1, 8, 1, 7, 8, 2, 7, 2, 1, 8, 3, 8, 2, 1, 3, 1, 7, 1, 3, 7?

    A．4　　　　　　B．5　　　　　　C．6　　　　　　D．7

解析：LRU 算法的提出，是基于这样一个事实：在前面几条指令中使用频繁的页面，很可能在后面的几条指令中频繁使用。反过来说，已经很久没有使用的页面，很可能在未来较长的一段时间内不会被用到。算法如下。

```
1, 8, 1, 7, 8, 2, 7, 2, 1, 8, 3, 8, 2, 1, 3, 1, 7, 1, 3, 7
1, 不在内存中, 1次页面失效 内存中的页面为 1
8, 不在内存中, 1次页面失效 内存中的页面为 1 8
1, 在内存中
7, 不在内存中, 1次页面失效 内存中的页面为 1 8 7
8, 在内存中
```

2,不在内存中,1次页面失效 内存中的页面为 1 8 7 2
7,在内存中
2,在内存中
1,在内存中
8,在内存中
3,不在内存中,1次页面失效 内存中的页面为 1 8 3 2 根据LRU页面管理算法页面7最久未使用,将它换出
8,在内存中
2,在内存中
1,在内存中
3,在内存中
1,在内存中
7,不在内存中,1次页面失效 内存中的页面为 1 7 3 2 根据LRU页面管理算法页面8最久未使用,将它换出
1,在内存中
3,在内存中
7,在内存中
一共6次页面失效

答案:C

第 17 章

数据库与 SQL 语言

数据库面试题主要包括范式、事物、存储过程、SQL 语言,以及索引等诸方面。

17.1 数据库理论

面试例题 1:设有关系 R(S,D,M),其函数依赖集 F={S→D,D→M}。则关系 R 至多满足_____。
[美国某著名搜索引擎公司面试题]

  A．1NF   B．2NF   C．3NF   D．BCNF

解析:数据库模式的 4 个范式问题。

1NF:第一范式。如果关系模式 R 的所有属性的值域中每一个值都是不可再分解的值,则称 R 属于第一范式模式。如果某个数据库模式都是第一范式的,则称该数据库模式属于第一范式的数据库模式。

第一范式的模式要求属性值不可再分裂成更小部分,即属性项不能是属性组合或由组属性组成。

2NF:第二范式。如果关系模式 R 为第一范式,并且 R 中每一个非主属性完全函数依赖于 R 的某个候选键,则称 R 为第二范式模式。如果某个数据库模式中每个关系模式都是第二范式的,则称该数据库模式属于第二范式的数据库模式。(注:如果 A 是关系模式 R 的候选键的一个属性,则称 A 是 R 的主属性,否则称 A 是 R 的非主属性。)

3NF:第三范式。如果关系模式 R 是第二范式,且每个非主属性都不传递依赖于 R 的候选键,则称 R 是第三范式的模式。如果某个数据库模式中的每个关系模式都是第三范式,则称 R 为 3NF 的数据库模式。

BCNF：BC 范式。如果关系模式 R 是第一范式，且每个属性都不传递依赖于 R 的候选键，那么称 R 为 BCNF 的模式。

4NF：第四范式。设 R 是一个关系模式，D 是 R 上的多值依赖集合。如果 D 中成立非平凡多值依赖 X→→Y 时，X 必是 R 的超键，那么称 R 是第四范式的模式。

上题属于传递依赖，所以至多满足第二范式。

答案：B

面试例题 2：存储过程和函数的区别是什么？[美国某著名搜索引擎公司面试题]

答案：存储过程是用户定义的一系列 SQL 语句的集合，涉及特定表或其他对象的任务，用户可以调用存储过程。而函数通常是数据库已定义的方法，它接收参数并返回某种类型的值，并且不涉及特定用户表。

面试例题 3：What is database transaction?（什么是数据库事务？）

答案：数据库事务是指作为单个逻辑工作单元执行的一系列操作，这些操作要么全做要么全不做，是一个不可分割的工作单位。

事务的开始与结束可以由用户显式控制。如果用户没有显式地定义事务，则由 DBMS 按默认规定自动划分事务。事务具有原子性、一致性、独立性及持久性等特点。

- 事务的原子性是指一个事务要么全部执行，要么不执行。也就是说一个事务不可能只执行了一半就停止了。比如你从银行取钱，这个事务可以分成两个步骤（1）存折减款，（2）拿到现金。不可能存折钱少了，而钱却没拿出来。这两步必须同时完成，要么就都不完成。
- 事务的一致性是指事务的运行并不改变数据库中数据的一致性。例如，完整性约束了 a+b=10，一个事务改变了 a，那么 b 也应该随之改变。
- 事务的独立性是指两个以上的事务不会出现交错执行的状态。因为这样可能会导致数据不一致。
- 事务的持久性是指事务运行成功以后，就系统的更新是永久的。不会无缘无故的回滚。

面试例题 4：游标的作用是什么，如何知道游标已经到了最后？[中国某著名计算机金融软件公司面试题]

答案：游标用于定位结果集的行。通过判断全局变量@@FETCH_ STATUS 可以判断其是否到了最后。通常此变量不等于 0 表示出错或到了最后。

面试例题 5：触发器分为事前触发和事后触发，这两种触发有何区别？语句级触发和行级触发有何区别？[美国某著名计算机软件公司面试题]

答案：事前触发器运行于触发事件发生之前，而事后触发器运行于触发事件发生之后。语句级触发器可以在语句执行前或后执行，而行级触发在触发器所影响的每一行触发一次。

面试例题 6：什么叫做 SQL 注入式攻击，如何防范？[中国台湾某著名杀毒软件公司面试题]

答案：所谓 SQL 注入式攻击，就是攻击者把 SQL 命令插入到 Web 表单的输入域或页面请求的查询字符串中，欺骗服务器执行恶意的 SQL 命令。在某些表单中，用户输入的内容直接用来构造（或者影响）动态 SQL 命令，或作为存储过程的输入参数，这类表单特别容易受到 SQL 注入式攻击。

防范 SQL 注入式攻击闯入并不是一件特别困难的事情，只要在利用表单输入的内容构造 SQL 命令之前，把所有输入内容过滤一番就可以了。过滤输入内容可以按多种方式进行。

- 替换单引号，即把所有单独出现的单引号改成两个单引号，防止攻击者修改 SQL 命令的含义。
- 删除用户输入内容中的所有连字符，防止攻击者顺利获得访问权限。
- 对于用来执行查询的数据库账户，限制其权限。用不同的用户账户执行查询、插入、更新、删除操作。由于隔离了不同账户可执行的操作，因而也就防止了原本用于执行 SELECT 命令的地方却被用于执行 INSERT、UPDATE 或 DELETE 命令。
- 用存储过程来执行所有的查询。SQL 参数的传递方式将防止攻击者利用单引号和连字符实施攻击。此外，它还使得数据库权限可以被限制到只允许特定的存储过程执行，所有的用户输入必须遵从被调用的存储过程的安全上下文，这样就很难再发生注入式攻击了。
- 检查用户输入的合法性，确信输入的内容只包含合法的数据。数据检查应当在客户端和服务器端都执行。之所以要执行服务器端验证，是为了弥补客户端验证机制脆弱的安全性。在客户端，攻击者完全有可能获得网页的源代码，修改验证合法性的脚本（或者直接删除脚本），然后将非法内容通过修改后的表单提交给服务器。因此，要保证验证操作确实已经执行，唯一的办法就是在服务器端也执行验证。
- 将用户登录名称、密码等数据加密保存。加密用户输入的数据，然后再将它与数据库中保存的数据比较，这相当于对用户输入的数据进行了"消毒"处理。用户输入的数据不再对数据库有任何特殊的意义，从而也就防止了攻击者注入 SQL 命令。
- 检查提取数据的查询所返回的记录数量。如果程序只要求返回一个记录，但实际返回的记录却超过一行，那就当作出错处理。

面试例题 7：Explain the difference between clustered and non-clustered indexes. How does index affect the query?（解释聚集索引和非聚集索引之间的区别）

答案：经典教科书对聚集索引的解释是：聚集索引的顺序就是数据的物理存储顺序，而对非聚集索引的解释是索引顺序与数据物理排列顺序无关。正是因为如此，所以一个表最多只能有一个聚集索引。

在 SQL Server 中，索引是通过二叉树的数据结构来描述的，我们可以这么理解聚集索引：索引的叶节点就是数据节点。而非聚集索引的叶节点仍然是索引节点，只不过有一个指针指向对应的数据块。

聚集索引确定表中数据的物理顺序。聚集索引类似于电话簿（电话簿按照字母簿排序），后者按姓氏排列数据。由于聚集索引规定数据在表中的物理存储顺序，因此一个表只能包含一个聚集索引。但该索引可以包含多个列（组合索引），就像电话簿按姓氏和名字进行组织一样。

聚集索引对于那些经常要搜索范围值的列特别有效。使用聚集索引找到包含第一个值的行后，便可以确保包含后续索引值的行在物理相邻。例如，如果应用程序执行的一个查询经常检索某一日期范围内的记录，则使用聚集索引可以迅速找到包含开始日期的行，然后检索表中所有相邻的行，直到到达结束日期。这样有助于提高此类查询的性能。同样，如果对从表中检索的数据进行排序时经常要用到某一列，则可以将该表在该列上聚集（物理排序），避免每次查询该列时都进行排序，从而节省成本。

使用非聚集索引，非聚集索引与课本中的索引类似。数据存储在一个地方，索引存储在另一个地方，索引带有指针指向数据的存储位置。索引中的项目按索引键值的顺序存储，而表中的信息按另一种顺序存储（这可以由聚集索引规定）。如果在表中未创建聚集索引，则无法保证这些行具有任何特定的顺序。

有索引就一定检索得快吗？答案是否定的。有些时候用索引还不如不用索引快。比如说我们要检索表中的所有 8000 条记录，如果不用索引，需要访问 8000 条×1000 字节/8K 字节=1000 个页面，如果使用索引的话，首先检索索引，访问 8000 条×10 字节/8K 字节=10 个页面得到索引检索结果，再根据索引检索结果去对应数据页面，由于是检索所有数据，所以需要再访问 8000 条×1000 字节/8K 字节=1000 个页面将全部数据读取出来，一共访问了 1010 个页面，这显然不如不用索引快。

17.2 SQL 语言

面试例题 1：找出表 ppp 里面 num 最小的数，不能使用 min 函数。[中国某著名软件外包企业 2004 年面试题]

答案：
```
select * from ppp where num <=all(select num from ppp)
```
或者：
```
select top 1 num from ppp order by num
```

面试例题 2：找出表 ppp 里面最小的数，可以使用 min 函数。[中国某著名软件外包企业 2004 年面试题]

答案：
```
select * from ppp where num =(select Min(num) from ppp)
```

面试例题 3：选择表 ppp2 中 num 重复的记录。[中国某著名软件外包企业 2004 年面试题]

答案：
```
select * from ppp2
where num in(select num from ppp2 group by num having(count(num)>1))
```

面试例题 4：写出复制表、复制表和四表联查的 SQL 语句。[中国某著名软件外包企业 2004 年面试题]

答案：

复制表（只复制结构，源表名：A，新表名：B）：
```
select * into B from A where 1=0
```

复制表（复制数据，源表名：A，新表名：B）：
```
select * into B from A
```

四表联查：
```
select * from A,B,C,D where 关联条件
```

面试例题 5：在 SQL Server 中如何用 SQL 语句建立一张临时表？[中国某著名软件外包企业 2004 年面试题]

答案：
```
create table #Temp(字段1 类型,字段2 类型.....)
```

注意，临时表要在表名前面加"#"。

面试例题 6：有数据表 A，有一个字段 LASTUPDATETIME，是最后更新的时间，如果要查最新更新过的记录，如何写 SQL 语句？[中国某著名软件外包企业 2008 年面试题]

答案：

```sql
SQL codeselect *
from [数据表A]
where LASTUPDATETIME = (select max(LASTUPDATETIME) from [数据表A])
```

面试例题 7：Let's say we have a database with 1 one-column table. It contains 1000 same records. Could you please give at least 1 solution to help get records between line 5 and 7. No line number, row id or index etc.（有一个数据库，只有一个表，包含着 1000 个记录，你能想出一种解决方案来把第 5 到第 7 行的记录取出来么？不要使用航标和索引。）[德国某著名软件咨询企业 2005 年面试题]

答案：

建立数据库：

```
declare @i int
set @i=1
create table #T(userid int)
while (@i<=10)
begin
insert into #T
select @i
set @i=@i+1
end
select userid from
(
  select top 3 userid from (select top 7 userid from #T order by
    userid)Ta order by userid desc
) TB order by userid
```

删除数据库：

```
drop table #T
```

提取数据：

```
select top 3 userid from T where userid not in (select top 4 userid from
  T order by userid) order by userid
```

或者：

```
select top 7 userid from T where userid > ANY (select top 4 userid from
  T order by userid) order by userid
```

或者：

```
select top 7 userid from T where userid > ALL (select top 4 userid from
   T order by userid) order by userid
```

面试例题 8：要查数据表中第 30 到 40 条记录，有字段 ID，但是 ID 并不连续。如何写 SQL 语句？[德国某著名软件咨询企业 2007 年面试题]

答案：

SQL 语句如下：

```
SQL codeselect * from tb a
where exists (select 1 from (
   select top 10 id from (select top 40 id from tb order by id desc) as c
) as b where b.id=a.id)
```

面试例题 9：请问下列语句是否可以正确运行，为什么？[德国某著名软件咨询企业 2007 年面试题]

```
update  table1
set  name=(select  name  from  table2    t1  inner  join  table1
   t2  on  t1.id=t2.id)  where  name  is  null
```

答案：不能。

```
select  name  from  table2    t1  inner  join  table1    t2  on
   t1.id =t2.id)
```

这一句返回的是一个表结果集，而 update 语句少了条件值。返回的是结果集，更新的结果并没有指定，会出现非一对一情况。

17.3 SQL 语言客观题

面试例题 1：Which statement shows the maximum salary paid in each job category of each department?（下面哪个 SQL 语句描述了每一个部门的每个工种的工资最大值？）[中国某著名计算机金融软件公司 2005 年面试题]

  A．select dept_id, job_cat,max(salary) from employees where salary > max (salary);

  B．select dept_id, job_cat,max(salary) from employees group by dept_id, job_cat;

  C．select dept_id, job_cat,max(salary) from employees;

  D．select dept_id, job_cat,max(salary) from employees group by dept_id;

  E．select dept_id, job_cat,max(salary) from employees group by dept_id, job_cat,salary;

  答案：B

面试例题 2：Description of the students table（以下是学生表的字段描述）：

    sid_id   number

    start_date   date

    end_date   date

which two function are valid on the start_date column?（关于对 start_date 字段的使用，以下哪两个函数是合法的？）[中国某著名计算机金融软件公司 2005 年面试题]

    A．sum(start_date)   B．avg(start_date)   C．count(start_date)

    D．avg(start_date,end_date)   E．min(start_date)   F．maximum(start_date)

    答案：C，E。

面试例题 3：For which two constraints does the Oracle server implicitly create a unique index?（以下哪两种约束的情况下，Oracle 数据库会隐性创建一个唯一索引？）[中国某著名计算机金融软件公司 2005 年面试题]

    A．not null   B．primary   C．foreign key

    D．check   E．unique

    答案：B，E。

面试例题 4：In a select statement that includes a where clause, where is the group by clause placed in the select statement?（在 select 语句中包括一个 where 关键词，请问 group by 关键词一般在 select 语句中什么位置？）[中国某著名计算机金融软件公司 2005 年面试题]

    A．immediately after the select clause（紧跟 select 关键词之后）

    B．before the where clause（在 where 关键词之前）

    C．before the from clause（在 from 关键词之前）

    D．after the order by clause（在 order by 关键词之后）

    E．after the where clause（在 where 关键词之后）

    答案：E。

面试例题 5：In a select statement that includes a where clause, where is the order by clause placed in the select statement?（在 select 语句中包括一个 where 关键词，请问 order by 关键词一般在 select 语句中什么位置？）[中国某著名计算机金融软件公司 2005 年面试题]

    A．immediately after the select clause（紧跟 select 关键词之后）

    B．before the where clause（在 where 关键词之前）

    C．after all clause（在所有关键词之后）

D．after the where clause（在 where 关键词之后）

E．before the from clause（在 from 关键词之前）

答案：C

面试例题 6：Evaluate there two SQL statements.（对比下面两个 SQL 语句。）[中国某著名计算机金融软件公司 2005 年面试题]

Select last_name,salary from employees order by salary;

Select last_name,salary from employees order by 2 asc;

A．the same result（相同的结果）

B．different result（不同的结果）

C．the second statement returns a syntax error（第二个结果会显示错误）

答案：A

面试例题 7：You would like to display the system date in the format "20051110 14：44：17"。Which select statement should you use?（如果你想把时间显示成像 "20051110 14：44：17" 这样的格式，下面哪个 select 语句应该被使用？）[中国某著名计算机金融软件公司 2005 年面试题]

A．select to_date(sydate,'yearmmdd hh:mm:ss')from dual;

B．select to_char(sydate,'yearmonthday hh:mi:ss')from dual;

C．select to_date(sydate,'yyyymmdd hh24:mi:ss')from dual;

D．select to_char(sydate,'yyyymmdd hh24:mi:ss')from dual;

E．select to_char(sydate,'yy-mm-dd hh24:mi:ss')from dual;

答案：D

面试例题 8：Which select statement will the result 'ello world' from the string 'Hello world'?（如果要从字符串 "Hello world" 中提取出 "ello world" 这样的结果，下面的哪条 SQL 语句适合？）[中国某著名计算机金融软件公司 2005 年面试题]

A．select substr('Hello World',1)from dual;

B．select substr(trim('Hello World',1,1))from dual;

C．select lower(substr('Hello World',1))from dual;

D．select lower(trim('H'from'Hello World'))from dual;

答案：D

面试例题 9：which are DML statements(choose all that apply)?（下面哪一个是 DML（Data

Manipulation Language，数据操纵语言）的执行状态？）[中国某著名计算机金融软件公司 2005 年面试题]

  A．commit   B．merge   C．update
  D．delete   E．creat   F．drop

答案：C，D。

面试例题 10：Select 语句中用来连接字符串的符号是_____。[中国某著名计算机金融软件公司 2005 年面试题]

  A．+   B．&   C．|| D．|

答案：A

面试例题 11：Given the following CREATE TABLE statement（如下列表）：

```
CREATE TABLE department
 (deptid INTEGER,
  deptname CHAR(25),
  budget NUMERIC(12,2))
```

Which of the following statement prevents two departments from being assigned the same DEPTID, but allows null values?（下列哪个选项防止两个部门（相同名称）被分配在 DEPTID 字段，但允许 NULL 值？）

  A．ALTER TABLE department ADD CONSTRAINT dpt_cst PRIMARY KEY(改变 department 表，增加主键约束)

  B．CREATE INDEX dpt_idx ON department(deptid)（创建 department 索引）

  C．ALTER TABLE department ADD CONSTRAINT dpt_cst UNIQUE（创建唯一约束）

  D．CREATE UNIQUE INDEX dpt_idx ON department(deptid) --（在 department 唯一索引）

解析：A 选项有主键，肯定不允许为 NULL。B、D 选项也显然不对。

unique 约束能够约束一列保证该列值唯一，但允许该列有空值。故选 C。

答案：C

17.4   SQL 语言主观题

面试例题 1：Use the ERD to help you answer the following two questions（使用 ERD 图，回答以下两个问题）[美国某数据库公司 2009 年 8 月笔试题]

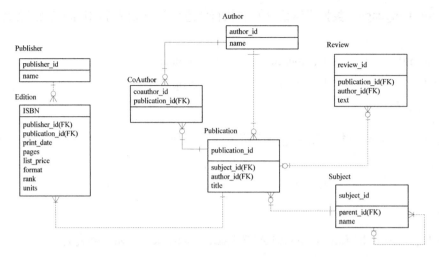

问题 1: Find all ISBN values in the EDITION table, for all FORMAT='Hardcover' books. (在 EDITION 表中找到所有 ISBN 表，其 FORMAT 值为 Hardcover 的书。)

问题 2: Find the sum of all LIST_PRICE values in the EDITION table, for each publisher. (在 EDITION 表中找出 LIST_PRICE 值的总和，和每个 publisher 值。)

答案：上面两题的 SQL 语言表达分别是：

```
--1)
select ISBN from EDITION where FORMAT='Hardcover'
--2)
select publisher_id,sum(LIST_PRICE) from EDITION group by publisher_id
```

面试例题 2：一个表(表 a)，里面有 10 条数据，这 10 条数据都是相同的，现要删除其中 9 条。请问怎么写 SQL 语句？[中国著名杀毒软件公司 J 2008 年面试题]

解析：SQL 语言问题。本题十分简单，面试者可以写出多种答案来显示自己的水平。

答案：

可以实现的命令如下：

```
select top 1 * into # from a
   go
   truncate table a
   go
   insert a select * from #
```

或者：

```
select distinct * into tb_tmp from a
   go
   drop table a
   go
```

```
    exec   sp_rename   'tb_tmp ', 'a '
```

或者利用循环：

```
declare   @i   int
set   @i=1
while(@i <9)
begin
    delete   from   dbo.表   where   id=@i
    set   @i=@i+1
end
```

面试例题 3：一个表，表名为 table，里面有 n 条数据。例如下表：

```
id      name      data
1       a         123
2       b         123
...
...
23      a         234
...
32      b         345
...
...
```

name 为 a 的数据共有 n 条，name 为 b 的数据共有 m 条，请问怎么写 SQL 语句，使查询 a 时能够统计 a 的数量？结果类似于：

```
name    count
a       n
```

[中国著名杀毒软件公司 J 2005 年面试题]

解析：本题考查的是 count 语句的用法分析。

答案：

```
select   name,count(*)   as   [count]
from     表a
where    name='a'
group    by   name
```

面试例题 4：

存表格式如下：

```
data 表
id         revtime(数据返回时间)         channel(通道号)   val(值)
1          2007-5-1               1                79
1          2007-5-1               2                46
1          2007-5-1               3                265
1          2007-5-2               1                80
1          2007-5-2               2                40
1          2007-5-2               3                266
channel 表
id         channel
1          1
1          2
```

| 1 | 3 |

请用 SQL 操作,最终显示为:

id	revtime	channel1data	channel2data	channel3data
1	2007-5-1	79	46	265
1	2007-5-2	80	40	266

//根据 channel 里相同 id 对应的通道数显示出对应通道的数据
//例如:id 为 1 有 1\2\3 共 3 个通道
//故应该显示 channel1\channel2\channel3 这 3 列,依此类推

[中国著名杀毒软件公司 J 2008 年面试题]

解析:Max 和 Sum 函数的用法。

答案:

```
select  id,revtime,
max(case  channel  when  1  then  val  end)  as  channel1data,
max(case  channel  when  2  then  val  end)  as  channel2data,
max(case  channel  when  3  then  val  end)  as  channel3data
from  [data]
group  by  id,revtime
```

或者使用 Sum 来实现:

```
select  id,revtime  ,
sum(case  when  channel=1  then  val  end)as  data1,
sum(case  when  channel=2  then  val  end)as  data2,
sum(case  when  channel=3  then  val  end)as  data3
from  t
group  by  id,revtime
```

面试例题 5:SQL Server 只能实现在本地备份,怎么才能方便地实施异地备份?试用 SQL 语言描述。[新加坡著名 ERP 公司 2008 年面试题]

答案:写成存储过程,建立作业定时备份。

代码如下:

```
--在 SQL 中做映射
exec  master..xp_cmdshell  'net  use  z:  \\yizhi\D$  "密码"
   /user:yizhi\administrator '
/*--说明:
exec  master..xp_cmdshell  'net  use  z:  \\xz\c$  "密码"
   /user:xz\administrator '
z:是映射网络路径对应本机的盘符,与下面的备份对应
\\xz\c$是要映射的网络路径
xz\administrator
xz 是远程的计算机名
administrator 是登录的用户名
密码——指定的 administrator 用户的密码
--*/
--备份:with init 覆盖|noinit 添加
backup  database  库名  to  disk= 'E:\H_BACKUP.bak '  with  init
```

```
--COPY
exec master..xp_cmdshell  'copy  E:\H_BACKUP.bak  z: '
--删除
--exec  master..xp_cmdshell   'del   E:\H_BACKUP.bak '
--完成后删除映射
exec master..xp_cmdshell  'net  use  z:  /delete '
```

面试例题 6：我想把当前正在运行着的 MS SQL Server 中的一个数据库改名，请问应执行什么命令？（不能删除数据库）[新加坡著名 ERP 公司 2008 年面试题]

解析：

sp_renamedb 命令可以更改数据库的名称。

语法如下：

```
sp_renamedb [@dbname=]     'old_name ' ,
            [@newname=]    'new_name '
```

参数：

[@dbname=]'old_name '

是数据库的当前名称。old_name 为 sysname 类型，无默认值。

[@newname=]'new_name '

是数据库的新名称。new_name 必须遵循标识符规则。new_name 为 sysname 类型，无默认值。

返回代码值：0（成功）或非零数字（失败）

权限：

只有 sysadmin 和 dbcreator 固定服务器角色的成员才能执行 sp_renamedb。

答案：sp_renamedb 命令。

面试例题 7：两个表结构如下。

Customer（客户）的表结构：

```
CustomerID    nchar(5)      NOT   NULL   primary  key,
CustomerName  nvarchar(50)  NOT   NULL  ,
CompanyName   nvarchar(40)  NOT   NULL  ,
ContactName   nvarchar(30)  NULL,
ContactTitle  nvarchar(30)  NULL,
Address       nvarchar(60)  NULL
```

Orders（订单）的表结构：

```
OrderID      nvarchar(20)  NOT   NULL,
CustomerID   nchar(5)      NOT   NULL  ,
OrderDate    datetime      NULL,
RequiredDate datetime      NULL,
ShippenDate  datetime      NULL,
```

```
           primary  key(OrderID,CustomerID)
```

Customer 与 Orders 的关系如下：

```
1                      0..n
Customer------------>  Orders
```

写一个 SQL 语句，用 CustPrice 中的 Price 更新 Stock 的 Price。[新加坡著名 ERP 公司 2008 年面试题]

答案：

SQL 命令如下：

```
select  *  from  Customer
where  not  exists(select  1  from  Orders  where
    CustomerID=tmp.CustomerID)
```

面试例题 9：两个表结构如下。

Study 的表结构：

```
StudentID  varchar(10)  not  null  foreign  key  references
    Student(StudentID)
CouseID  varchar(4)  not  null    --课程代号
```

Student 的表结构：

```
StudentID  varchar(10)  not  null,
StudentName  varchar(20)  not  null
```

写一个 SQL 语句，找出修 2~3 门的学生的名字。

[新加坡著名 ERP 公司 2008 年面试题]

答案：SQL 命令如下：

```
select  *  from  Student  as  tmp
where  (select  count(*)  from  Study  where  StudentID=
    tmp.StudentID)  between  2  and  3
```

第 18 章

计算机网络及分布式系统

网络面试例题主要包括局域网、广域网、IP 管理等诸方面。

18.1 网络结构

面试例题 1：在 OSI 参考模型中，物理层的作用是 (1) 。对等实体在一次交互作用中传送的信息单位称为 (2) ，它包括 (3) 两部分。上下层实体之间的接口称为服务访问点（SAP），网络层的服务访问点也称为 (4) ，通常分为 (5) 两部分。[中国某著名综合软件公司 2005 年面试题]

(1) A．建立和释放连接　　　　　　B．透明的传输比特流
　　C．在物理实体间传送数据帧　　D．发送和接收用户数据
(2) A．接口数据单元　　　　　　　B．服务数据单元
　　C．协议数据单元　　　　　　　D．交互数据单元
(3) A．控制信息和用户数据　　　　B．接口信息和用户数据
　　C．接口信息和控制信息　　　　D．控制信息和校验信息
(4) A．用户地址　　　　　　　　　B．网络地址
　　C．端口地址　　　　　　　　　D．网卡地址
(5) A．网络号和端口号　　　　　　B．网络号和主机地址
　　C．超网号和子网号　　　　　　D．超网号和端口地址

解析：网络问题。

OSI 参考模型有 7 层，其分层原则如下：

- 根据不同层次的抽象分层。

- 每层应当有一个定义明确的功能。
- 每层功能的选择应该有助于制定网络协议的国际标准。
- 各层边界的选择应尽量节省跨过接口的通信量。
- 层数应足够多,以避免不同的功能混杂在同一层中,但也不能太多,否则体系结构会过于庞大。

根据以上标准,OSI 参考模型分为物理层、数据链路层、网络层、传输层、会话层、表示层、应用层。

物理层涉及在信道上传输的原始比特流。

数据链路层的主要任务是加强物理层传输原始比特流的功能,使之对应的网络层显现为一条无错线路。发送包把输入数据封装在数据帧,按顺序传送出去并处理接收方回送的确认帧。

网络层关系到子网的运行控制,其中一个关键问题是确认从源端到目的端如何选择路由。

传输层的基本功能是从会话层接收数据而且把其分成较小的单元传递给网络层。

会话层允许不同机器上的用户建立会话关系。

表示层用来完成某些特定的功能。

应用层包含着大量人们普遍需要的协议。

答案:B,C,A,B,B。

面试例题 2:TCP 和 UDP 有什么区别? [中国著名金融软件公司 S 2005 年面试题]

解析:举例说明两者间的区别。

TCP 连接就像打电话,两者之间必须有一条不间断的通路,数据不到达对方,对方就一直在等待,除非对方直接挂电话。先说的话先到,后说的话后到,有顺序。

UDP 就像寄一封信,发信者只管发,不管到。但是你的信封上必须写明对方的地址。发信者和收信者之间没有通路,靠邮电局联系。信发到时可能已经过了很久,也可能根本没有发到。先发的信未必先到,后发的也未必后到。

答案:TCP 是传输控制协议,提供的是面向连接、可靠的字节流服务。当客户和服务器彼此交换数据前,必须先在双方之间建立一个 TCP 连接,之后才能传输数据。TCP 提供超时重发、丢弃重复数据、检验数据、流量控制等功能,保证数据能从一端传到另一端。

UDP 是用户数据报协议,是一个简单的面向数据报的运输层协议。UDP 不提供可靠性,它只是把应用程序传给 IP 层的数据报发送出去,但是并不保证它们能到达目的地。由于 UDP 在传输数据报前不用在客户和服务器之间建立一个连接,且没有超时重发等机制,故而传输速度很快。

18.2 网络协议问题

面试例题 1：If we divide the network 40.15.0.0 into two subnets, and the first one is 40.15.0.0/17, then the second subnet will be ____. （如果把一个网络 40.15.0.0 分为两个子网，第一个子网是 40.15.0.0/17，那么第二个子网将会是_____。）[中国台湾某著名杀毒软件公司 2005 年 10 月面试题]

    A．40.15.1.0/17   B．40.15.2.0/16

    C．40.15.100.0/17   D．40.15.128.0/17

    解析：让主网分成两个网段，子网掩码分别是 0xff 0xff 0x80 0x00 和 0xff 0xff 0x00 0x00。

    答案：D

面试例题 2：If a worm scans the hosts in Class A IP address space on a home PC, it is quite probably that the host will received a lot of ____. （如果一个蠕虫病毒攻击了一个家用 PC 的 A 类地址主机的话，这个地址最有可能接收很多_____。）[中国台湾某著名杀毒软件公司 2005 年 10 月面试题]

    A．HTTP response packet（HTTP 回应包）

    B．DNS response packet（DNS 回应包）

    C．ICMP destination unreachable packet（ICMP 目的无法抵达包）

    D．ARP response（ARP 回应）

    解析：大量发出 IP 请求，肯定很多不可达，返回不可达错误。

    答案：C

面试例题 3：Before an IP datagram arrived at the destination, it ____. （在一个 IP 数据包到达目的地址之前，它____。）[中国台湾某著名杀毒软件公司 2005 年 10 月面试题]

    A．may be fragmented but never reassembled（可能成为碎片，而且不会重组）

    B．may be fragmented or reassembled（可能成为碎片，或者重组）

    C．can't be fragmented or reassembled（不能成为碎片，或者重组）

    D．can't be fragmented but may be reassembled（不能成为碎片，但是可能会重组）

    解析：网络问题，包未达到终点不可能重组，但可以分散成碎片。

    答案：A

面试例题 4：In TCP/IP protocol stack, which of following is taken as an indication of congestion?

（在 TCP/IP 协议栈里，如果出现阻塞情况，下面哪种情况最有可能发生？）[中国台湾某著名杀毒软件公司 2005 年 10 月面试题]

    A．Link failure（连接错误） B．Free buffer（释放缓存）
    C．Packet loss（丢包）   D．Packet error（包错误）

    解析：网络阻塞问题。拥塞导致丢包。

    答案：C

面试例题 5：If the TCP based server program crashed before the client data arrived on the connection that established earlier, the TCP/IP stack may return a ____.（如果 TCP 服务器在客户端发出数据报之前已经崩溃了，TCP/IP 栈可能返回一个_____。）[中国台湾某著名杀毒软件公司 2005 年 10 月面试题]

    A．RST B．FIN C．SYN D．ACK

    解析：SYN 包是 TCP 连接的第一个包，是非常小的一种数据包。SYN 攻击包括大量此类的包。由于这些包看上去来自实际不存在的站点，因此无法有效地进行处理。SYN 攻击就是利用 TCP 连接的 3 次握手机制，但发起攻击端只来一两次握手，而被攻击端一直在试图完成 TCP 连接，因此造成资源不足。

    答案：C

面试例题 6：如何编写 Socket 套接字？[中国著名通信企业 H 公司 2008 年面试题]

    解析：Socket 相当于进行网络通信两端的插座，只要对方的 Socket 和自己的 Socket 有通信联接，双方就可以发送和接收数据了。其定义类似于文件句柄的定义。如果你要编写的是一个服务程序，那么先调用 socket()创建一个套接字，调用 bind()绑定 IP 地址和端口，然后启动一个死循环，循环中调用 accept()接受连接。对于每个接受的连接，可以启动多线程方式进行处理，在线程中调用 send()、recv()发送和接收数据。

    如果你要编写的是一个客户端程序，那么就简单多了。先调用 socket()创建一个套接字，然后调用 connect()连接服务器，之后就是调用 send()、recv()发送和接收数据了。

    答案：服务器端程序编写：

    （1）调用 ServerSocket(int port)创建一个服务器端套接字，并绑定到指定端口上。

    （2）调用 accept()，监听连接请求，则接收连接，返回通信套接字。

    （3）调用 Socket 类的 getOutStream()和 getInputStream 获取输出流和输入流，开始网络数据的发送和接收。

    （4）关闭通信套接字.Socket.close()。

客户端程序编写：

（1）调用 Socket()创建一个流套接字，并连接到服务器端。

（2）调用 Socket 类的 getOutputStream()和 fetInputStream 获取输出流和输入流，开始网络数据的发送和接收。

（3）关闭通信套接字.Socket.close()。

面试例题 7：与 10.110.12.29 Mask 255.255.255.224 属于同一网段的主机 IP 地址是哪个？[中国台湾某著名软件公司 2012 年 10 月面试题]

A．10.110.12.0　　　　　　　B．10.110.12.30

C．10.110.12.31　　　　　　　D．10.110.12.32

解析：10.110.12.0-10.110.12.31。网络号是 0，广播地址是 31，可用地址 1～30。

答案：B

18.3　网络安全问题

面试例题 1：入侵检测与防火墙有何不同，各有什么优缺点？[中国著名通信企业 H 公司 2008 年面试题]

答案：

防火墙的优点：它能增强机构内部网络的安全性，用于加强网络间的访问控制，防止外部用户非法使用内部网的资源，保护内部网络的设备不被破坏，防止内部网络的敏感数据被窃取。防火墙系统决定了哪些内部服务可以被外界访问；外界的哪些人可以访问内部的哪些服务，以及哪些外部服务可以被内部人员访问。

防火墙的缺点：对于发生在内网的攻击无能为力；对于部分攻击，可以绕过防火墙，防火墙发现不了；防火墙的策略是静态的，不能实施动态防御；等等。

入侵检测的优势：入侵监测系统扫描当前网络的活动，监视和记录网络的流量，根据定义好的规则来过滤从主机网卡到网线上的流量，提供实时报警。大多数的入侵监测系统可以提供关于网络流量非常详尽的分析。它们可以监视任何定义好的流量。很多系统对 FTP、HTTP 和 Telnet 流量都有默认的设置，还有其他的流量，如 NetBus、本地和远程登录失败，等等。也可以自己定制策略。如果定义了策略和规则，便可以获得 FTP、SMTP、Telnet 和任何其他的流量。这种规则有助于追查该连接和确定网络上发生过什么，以及现在正在发生什么。这些程序在需要确定网络中策略实施的一致性情况时是非常有效的工具。

入侵检测的缺点：目前入侵检测技术的方法主要停留在异常检测统计方法和误用检测方法上，这两种方法都还存在这样或那样的问题。网络入侵技术在不断地发展，入侵的行为表现出不确定性、多样性等特点。网络应用的发展又带来新的安全问题。如高速网络技术出现流量大的特点，那么基于网络的入侵检测系统如何适应这种情况？基于主机审计数据怎样做到既减少数据量，又能有效地检测到入侵？入侵检测研究领域急需其他学科知识提供新的入侵检测解决方法。入侵检测只是仅仅试图发现计算机网络中的安全问题，要解决网络安全的问题还需要其他的网络安全技术。另外，入侵检测系统本身还存在安全问题。入侵检测系统也可能会受到攻击。

终上所述，其实防火墙和入侵检测各有优劣。打个比方，防火墙就相当于一栋大楼外的门卫系统，而入侵检测就相当于大楼内的监控系统，两者缺一不可。应该将入侵检测系统与防火墙联动起来，当入侵检测系统发现到有入侵行为时，应及时报告防火墙，以阻断入侵。

面试例题 2：25 端口是做什么用的，有什么漏洞么？[中美合资通信企业 HS 公司 2008 年面试题]

答案：25 端口为 SMTP（Simple Mail Transfer Protocol，简单邮件传输协议）服务器所开放，主要用于发送邮件，如今绝大多数邮件服务器都使用该协议。比如在使用电子邮件客户端程序的时候，在创建账户时会要求输入 SMTP 服务器地址，该服务器地址默认情况下使用的就是 25 端口。

端口漏洞：利用 25 端口，黑客可以寻找 SMTP 服务器，用来转发垃圾邮件。25 端口被很多木马程序开放，比如 Ajan、Antigen、Email Password Sender、ProMail、Trojan、Tapiras、Terminator、WinPC、WinSpy，等等。拿 WinSpy 来说，通过开放 25 端口，可以监视计算机正在运行的所有窗口和模块。

扩展知识（端口概念）

在网络技术中，端口（Port）大致有两种意思：一是物理意义上的端口，比如，ADSL MODEM、集线器、交换机、路由器用于连接其他网络设备的接口，如 RJ-45 端口、SC 端口，等等；二是逻辑意义上的端口，一般是指 TCP/IP 协议中的端口，端口号的范围为 0～65 535，比如用于浏览网页服务的 80 端口，用于 FTP 服务的 21 端口，等等。我们这里将要介绍的就是逻辑意义上的端口。

逻辑意义上的端口有多种分类标准，下面将介绍两种常见的分类。

1）按端口号分布划分

① 知名端口（Well-Known Ports）

知名端口即众所周知的端口号，范围为 0～1023，这些端口号一般固定分配给一些服务。比如 21 端口分配给 FTP 服务，25 端口分配给 SMTP（简单邮件传输协议）服务，80 端口分配给 HTTP 服务，135 端口分配给 RPC（远程过程调用）服务，等等。

② 动态端口（Dynamic Ports）

动态端口的范围为 1024～65535，这些端口号一般不固定分配给某个服务，也就是说许多服务都可以使用这些端口。只要运行的程序向系统提出访问网络的申请，那么系统就可以从这些端口号中分配一个供该程序使用。比如 1024 端口就是分配给第一个向系统发出申请的程序。在关闭程序进程后，就会释放所占用的端口号。

不过，动态端口也常常被病毒木马程序所利用，如冰河默认连接端口是 7626，WAY 2.4 是 8011，Netspy 3.0 是 7306，YAI 病毒是 1024，等等。

2）按协议类型划分

按协议类型划分，可以分为 TCP、UDP、IP 和 ICMP（Internet 控制消息协议）等端口。下面主要介绍 TCP 和 UDP 端口。

① TCP 端口

TCP 端口，即传输控制协议端口，需要在客户端和服务器之间建立连接，这样可以提供可靠的数据传输。常见的包括 FTP 服务的 21 端口，Telnet 服务的 23 端口，SMTP 服务的 25 端口，以及 HTTP 服务的 80 端口，等等。

② UDP 端口

UDP 端口，即用户数据包协议端口，无须在客户端和服务器之间建立连接，安全性得不到保障。常见的有 DNS 服务的 53 端口，SNMP（简单网络管理协议）服务的 161 端口，QQ 使用的 8000 和 4000 端口，等等。

对于常见网络端口如端口 0 、1、7 、21、22、23、53、67、68、69、79、80、99 等，读者要有一定理解。请查阅相关网络书籍，这里不再赘述。

18.4 网络其他问题

面试例题 1：如果把传输速率定义为单位时间内传送的信息量（以字节计算）多少。关于以下几种典型的数据传输速率：[中美合资某著名通信企业面试题]

1. 使用 USB2.0 闪存盘，往 USB 闪存盘上复制文件的数据传输速率
2. 使用 100M 以太网，在局域网内复制大文件时网络上的数据传输速率
3. 使用一辆卡车拉 1000 块单块 1TB 装满数据的硬盘，以 100km/h 的速度从北京到天津（100km）一趟所等价的数据传输宽带
4. 使用电脑播放 MP3，电脑的 pci 总线到声卡的数据传输速率

在通常情况下，关于这几个传输速率的排序正确的是：

A．4<1<2<3　　B．1<4<2<3　　C．4<1<3<2　　D．1<4<3<2

解析：普通 U 盘写数据约 6MB/s，即 48Mbps；100M 以太网的速率就是 100Mbps；卡车拉硬盘，1000x1000x8/3600=2222Mbps；MP3 在 256kbps 码率下也平均只有 1 分钟 2MB，所以约 0.3Mbps。。

答案：A

面试例题 2：网络中常见的 ping 命令是什么协议？[中美合资通信企业 HS 公司面试题]

解析：ICMP 是"Internet Control Message Protocol"（Internet 控制消息协议）的缩写。它是 TCP/IP 协议族的一个子协议，用于在 IP 主机、路由器之间传递控制消息。控制消息是指网络通不通、主机是否可达、路由是否可用等网络本身的消息。这些控制消息虽然并不传输用户数据，但是对于用户数据的传递起着重要的作用。

在网络中经常会使用到 ICMP 协议，只不过觉察不到而已。比如经常使用的用于检查网络通不通的 ping 命令，这个"ping"的过程实际上就是 ICMP 协议工作的过程。还有其他的网络命令，如跟踪路由的 Tracert 命令也是基于 ICMP 协议的。

ICMP 协议对于网络安全具有极其重要的意义。ICMP 协议本身的特点决定了它非常容易被用于攻击网络上的路由器和主机。例如，在 1999 年 8 月某公司"悬赏"50 万元测试防火墙的过程中，其防火墙遭受到的 ICMP 攻击达 334 050 次之多，占整个攻击总数的 90%以上。可见，ICMP 的重要性绝不可以忽视。

比如，可以利用操作系统规定的 ICMP 数据包最大尺寸不超过 64KB 这一规定，向主机发起"Ping of Death"（死亡之 Ping）攻击。"Ping of Death"攻击的原理是：如果 ICMP 数据包的尺寸超过 64KB 上限时，主机就会出现内存分配错误，导致 TCP/IP 堆栈崩溃，致使主机死机。

此外，向目标主机长时间、连续、大量地发送 ICMP 数据包，也会最终使系统瘫痪。大量的 ICMP 数据包会形成"ICMP 风暴"，使得目标主机耗费大量的 CPU 资源处理，疲于奔命。

答案：

ping.exe 的原理是，向指定的 IP 地址发送一定长度的数据包，按照约定，若指定 IP 地址存在的话，会返回同样大小的数据包，当然，若在特定的时间内没有返回，就是"超时"，就认为指定的 IP 地址不存在。由于 ping 使用的是 ICMP 协议，有些防火墙软件会屏蔽 ICMP 协议，所以有时候 ping 的结果只能作为参考，ping 不通并不一定说明对方 IP 不存在。

ping 命令是一个非常有用的网络命令，大家常用它来测试网络连通情况。但同时它也是一把"双刃剑",别人使用 ping 命令能探测到你计算机上的很多敏感信息,造成不安全。为了安全,防止 ping 的方法也有很多,比如防火墙,又比如创建一个禁止所有计算机 ping 本机 IP 地址的安全策略。

由于 ping 使用的是 ICMP 协议,有些防火墙软件会屏蔽掉 ICMP 协议。IPSec 安全策略是如何"防 ping"的?其原理是通过新建一个 IPSec 策略过滤本机所有的 ICMP 数据包。这样确实可以有效地"防 ping",但同时也会留下后遗症。因为 ping 命令和 ICMP 协议有着密切的关系。在 ICMP 协议的应用中包含有 11 种报文格式,其中 ping 命令就是利用 ICMP 协议中的"Echo Request"报文进行工作的。但 IPSec 安全策略防 ping 时采用格杀勿论的方法,把所有的 ICMP 报文全部过滤了,特别是很多有用的其他格式的报文也同时被过滤了。因此在某些有特殊应用的局域网环境中,容易出现数据包丢失的现象,影响用户正常办公。因此建议使用防火墙。

扩展知识(常见网络协议)

请读者对参考计算机网络书籍对以下协议作一定的了解:
1. 动态主机配置协议
2. 边界网关协议
3. VoIP 协议
4. P2P 协议
5. ARP 协议
6. IPX/SPX 协议
7. SNMP 协议
8. TCP
9. IP 协议
10. Layer 2 Tunneling Protocol
11. NetBIOS Extend User Interface

面试例题 3:说一下 TCP 的 3 次握手 4 次挥手全过程是什么样的? [中美合资某通信企业 HS 公司面试题]

答案:在 TCP/IP 协议中,TCP 协议提供可靠的连接服务,采用 3 次握手建立一个连接。

第 1 次握手:建立连接时,客户端发送 SYN 包(syn=j)到服务器,并进入 SYN_SEND 状态,等待服务器确认。

第 2 次握手：服务器收到 SYN 包，必须确认客户的 SYN（ack=j+1），同时自己也发送一个 SYN 包（syn=k），即 SYN+ACK 包，此时服务器进入 SYN_RECV 状态。

第 3 次握手：客户端收到服务器的 SYN + ACK 包，向服务器发送确认包 ACK(ack=k+1)，此包发送完毕，客户端和服务器进入 ESTABLISHED 状态，完成 3 次握手。

完成 3 次握手，客户端与服务器开始传送数据。在上述过程中，还有一些重要的概念。

未连接队列：在 3 次握手协议中，服务器维护一个未连接队列，该队列为每个客户端的 SYN 包（syn=j）开设一个条目，该条目表明服务器已收到 SYN 包，并向客户发出确认，正在等待客户的确认包。这些条目所标识的连接在服务器处于 Syn_RECV 状态，当服务器收到客户的确认包时，删除该条目，服务器进入 ESTABLISHED 状态。

Backlog 参数：表示未连接队列的最大容纳数目。

SYN-ACK 重传次数：服务器发送完 SYN-ACK 包，如果未收到客户确认包，服务器进行首次重传，等待一段时间仍未收到客户确认包，进行第二次重传，如果重传次数超过系统规定的最大重传次数，系统将该连接信息从半连接队列中删除。注意，每次重传等待的时间不一定相同。

半连接存活时间：是指半连接队列的条目存活的最长时间，即服务从收到 SYN 包到确认这个报文无效的最长时间，该时间值是所有重传请求包的最长等待时间总和。有时我们也称半连接存活时间为 Timeout 时间、SYN_RECV 存活时间。

第 5 部分

综合面试题

Compositive interview questions

本部分主要介绍求职面试过程中出现的第四个重要的板块——英语面试、电话面试和智力测试。这里的英语面试不同于普通的英语面试。就一个程序员而言，最好能够用英文流利地介绍自己的求职经历，这是进外企非常重要的一步。此外还必须对几个常用的问题有相关的解答，比如你最大的缺点是什么。有些问题即便是中文你都很难回答，更何况是用英文去回答。但是求职过程本身就是一个准备的过程，精心地准备等待机会——机会总是垂青于那些精心准备的人。

第 *19* 章
英 语 面 试

如果你是一个具有战略眼光，期待进入国际性跨国大企业的求职者，本章值得你仔细研读。

英语面试主要考察两个部分：英语口语能力和你做人的特质。外企会有专门的人力资源经理和你聊天，会问你关于人生、经历、团队合作、成功收获、失败教训等一系列问题。这里和一般的技术类面试不同，不是考验你的技术能力，而是考验你的语言能力及情商。所以事先要预测一下面试官可能提出的问题。本章取材于实际英语面试中关于工作问题、个人特质、未来企划等知识点，并给出了详细的参考答案。请读者结合个人经历修改这些答案以应对可能出现的英语面试。

19.1 面试过程和技巧

现在，不管是国企还是外企，在招聘时都非常看重应聘者的英语交际能力，公司往往通过英语面试，对应聘者的英语交际能力进行考查。我们对参加英语面试的应聘者提出 4 个建议。

建议一：精心设计一个自然的开场白。例如：

C（应聘者）：May I come in?（我能进来吗？）

I（考官）：Yes, please. Oh, you are Jin Li, aren't you?（请进。哦，你是李劲吧？）

C：Yes, I am.（对，我是。）

I：Please sit here, on the sofa.（请坐在沙发上。）

C：Thank you.（谢谢。）

采用"Excuse me. Is this personnel department?"（请问，这里是人力资源部吗？）或

"Excuse me for interrupting you. I'm here for an interview as requested."（不好意思打扰了，我是依约来应聘的。）类似的问法都比较合适。在确定了面试场所和面试官之后，简洁地用"Good morning / afternoon"向面试官打招呼，也能令在场的人提升对你的印象。

建议二：不要害怕外表冷冰冰的考官。

一些用人单位与面试者的最初交流是比较冷冰冰的。例如：

I：Your number and name, please.（请告知你的号码和名字。）

C：My number is sixteen and my name is Zhixin Zhang.（我是16号，我叫张志新。）

这时，面试者不要觉得有压力，面试官的态度冷漠并不是针对你个人，你只需要照实简洁地回答即可。在某些情况下，面试官会问一些看起来比较普通和随意的问题，但实际上是暗藏深意的，例如：

How did you come? A very heavy traffic?（你怎么来的？路上很堵吧？）

你的回答可以是这样："Yes, it was heavy but since I came here yesterday as a rehearsal, I figured out a direct bus line from my school to your company, and of course, I left my school very early so it doesn't matter to me."（是的，很堵。但我昨天已经预先来过一次并且找到了一条从我们学校直达贵公司的公交路线，并且在今天提早从学校出发。因此，路上的拥堵并没有影响到我。）这样的回答就点出了你的计划性及细心程度。

建议三：抓住考官问题的关键点回答。

如果应聘者突然听不懂面试官的话，或者问题太复杂，该如何回答？下面是一名学生参加一知名化妆品公司英文面试中的一段：

I：You are talking shop. How will you carry out marketing campaign if we hire you?（你很内行。如果我们雇用你的话，你打算如何开始你的市场工作？）

C：Sorry, sir. I beg your pardon.（对不起，能重复一下吗？）

I：I mean that how will you design your work if we hire you?（我的意思是如果我们决定录用你，你打算如何开展市场工作？）

C：Thank you, sir. I'll organize trade fair and symposium, prepare all marketing materials, and arrange appointments for our company with its business partners.（谢谢。我将组织贸易展销会和研讨会，准备所有营销材料，为公司及其商业伙伴安排见面会。）

I：Do you know anything about this company?（你对本公司的情况了解吗？）

C：Yes, a little. As you mentioned just now, yours is an America-invested company. As far as I know, ××Company is a world-famous company which produces cosmetics and skincare products. Your cosmetics and skincare products are very popular with women in all parts of the world.（是的，了解一点点。正如你刚才所提到的那样，贵公司是一家美资公司。据我所知，贵公司是一家世界闻名的生产美容护肤品的公司。你们的美容护肤品深受世界各地妇女的欢迎。）

在没听清对方问题的情况下，可以要求对方重复，除了"I beg your pardon."还可以用"Would you please rephrase your sentence？"的表达方式。

建议四：巧用过渡语，表明自己用心听问题。

面试者在面试时可以用一些类似"As you mentioned"（正如您所说的）或者"As far as I know"（据我所知）之类的句子，表示你一直在认真听对方的谈话。此外，你还可以选择"As it is shown in my resume"（正如我的简历所提到的）或"As my previous experience shows"（如我之前的工作经验所示）之类的表达法。

另外，在面试之前，面试者对应聘公司应有所了解。比如公司的规模、业务、未来发展等，这些往往被面试者忽略了。对公司文化理解是否深刻，是你超出其他应聘者的一个亮点。但如果实在不了解，就应根据所知诚实回答。

19.2 关于工作（About Job）

面试例题 1：Can you sell yourself in two minutes？Go for it.（你能在两分钟内自我推荐吗？大胆试试吧！）

A：With my qualifications and experience, I feel I am hardworking, responsible and diligent in any project I undertake. Your organization could benefit from my analytical and interpersonal skills.（依我的资格和经验，我觉得我对所从事的每一个项目都很努力、负责、勤勉。我的分析能力和与人相处的技巧，对贵单位必有价值。）

面试例题 2：Tell us about your project experiences？（告诉我你的项目经验是什么？）

A：Northwest University Personnel Managing System is a system of auto-manage the persons' information. it is designed by PowerDesign. The project is a C/S architecture system. It is based on a Microsoft SQL database, and the UI is developed by Delphi 7. In this project, I designed the schema of database, programmed database connectivity using Delphi 7 and ADO.（西北大学人事管理系统是一个自动的人事信息管理系统，它是用 PowerDesign 设计的。整个项目是 C/S 系统架构。它的后台基于微软的 SQL 数据库，前台设计由 Borland 公司的软件 Delphi 7 完成。在这个项目中我负责系统的架构及数据库的连接。）

A：Base on ASP.NET+SQL 2000 We finished Northwest University Network Course-selected System. Everybody in this school can select, cancel, query course in network. The project is a B/S architecture system; the code is developed by Visual C#, and run on the .NET plat. In this project, I used the ADO interface which is provided by the Database program and after that, I joined the testing of whole system. （基于 ASP.NET+SQL 2000 的平台，我们实现了西北大学网络选课系统。学校内的任何人都能够在网上选择、取消、查询课程。整个项目是 B/S 的系统架构。项目基于.NET 平台，前段代码是用 C#完成的。在项目中我们使用 ADO 接口实现数据库的支持。整个系统架设结束后，我参加了系统的测试工作。）

面试例题 3： Give me a summary of your current job description. （对你目前的工作，能否做个概括的说明。）

A：I have been working as a computer programmer for five years. To be specific, I do system analysis, trouble shooting and provide software support. （我干了 5 年的电脑程序员。具体地说，我做系统分析、解决问题及软件供应方面的支持。）

面试例题 4： Why did you leave your last job? （你为什么离职呢？）

A：Well, I am hoping to get an offer of a better position. If opportunity knocks, I will take it. （我希望能获得一份更好的工作。如果机会来临，我会抓住。）

A：I feel I have reached the "glass ceiling" in my current job. I feel there is no opportunity for advancement. （我觉得目前的工作已经达到顶峰，即没有升迁的机会。）

面试例题 5： How do you rate yourself as a professional? （作为一位专业人员，你如何评估自己呢？）

A：With my strong academic background, I am capable and competent. （凭借我良好的学术背景，我可以胜任自己的工作，而且我认为自己很有竞争力。）

A：With my teaching experience, I am confident that I can relate to students very well. （依我的教学经验，我相信能与学生相处得很好。）

A：My background has been focused on preparing me for the IT field, so I can exhibit my ability right away. I already have obtained the educational technology and skills I am confident of my ability to learn quickly in any assignment which I'm not familiar for the moment. （我的背景使我非常适合 IT 领域，我会在此展现我的能力。我已经获得了教育方面的能力和技巧，我确信我的能力能够迅速地学习那些我暂时不了解的任务。）

A：I realize that there are many other college students who have the ability to do this job. I also have that ability. But I also bring an additional quality that makes me the very best person for the job -- my attitude for excellence. I am a multi-tasked individual who work well under pressure. My ability to be trained in any area would definitely be a good reason to hire me to work for this firm.（我知道有很多大学生有能力去做这个工作。我也有这个能力。但是相对于这些人而言，我的积极态度决定了我是做这件工作的最佳人选。我是一个可以承担多种任务压力的人。我可以胜任公司的各个领域并为公司努力工作。）

面试例题 6：What contribution did you make to your current (previous) organization? （你对目前/从前的工作单位有何贡献？）

A：I have finished three new projects, and I am sure I can apply my experience to this position. （我已经完成了3个新项目，我相信我能将我的经验用在这份工作上。）

面试例题 7：What do you think you are worth to us? （你如何知道你对我们有价值呢？）

A：I feel I can make some positive contributions to your company in the future. （我觉得我对贵公司能做些积极的贡献。）

面试例题 8：What make you think you would be a success in this position? （你如何知道你能胜任这份工作？）

A：My graduate school training combined with my internship should qualify me for this particular job. I am sure I will be successful. （我在研究所的训练，加上实习工作，使我适合这份工作。我相信我能成功。）

面试例题 9：Are you a multi-tasked individual? （你是一位可以同时承担数项工作的人吗？） Do you work well under stress or pressure? （你能承受工作上的压力吗?）

A：Yes, I think so. The trait is needed in my current(or previous) position and I know I can handle it well. （这种特点就是我目前（先前）工作所需要的，我知道我能应付自如。）

面试例题 10：What will it take to attain your goals, and what steps have you taken toward attaining them? （你将通过什么手段达到你的成功？你将采取哪些步骤？）

A：I have finished writing a book recently. And currently I am learning a lot of network certification. I obtained my first certification through self-study, so I am learning and keeping up with the latest technology trends. To be successful in this career, one should have to be a excellent problem solver, critical thinker, and team oriented. （我刚刚写完一本书。目前我在做一个网络认证，是完全通过自学完成的第一个认证，所以我一直学习，与最新的技术同步。为了在职场

取得成功，我们必须成为一个优秀的问题解决专家，一个具有批判性的思考者，并以团队利益为主导。）

面试例题 11：What steps do you follow to study a problem before making a decision? （在对一项问题进行研究并给出答案之前，你会遵循什么样的步骤？）

A：Following standard models for problem-solving and decision-making can be very helpful. Here are the steps and how I solve a problem with a group project:

（1）Define the problem to be solved and decision to be made.

（2）Have a plan. To solve a problem, you must establish a plan of attack which leads to a specific goal.

（3）Solve the problem.

（遵循标准的解决问题和做决策的模式会有很大帮助。以下就是我解决问题的步骤：

（1）给要解决的问题和要做的决定做一个限定。

（2）为要解决的问题拟一个计划，应该为具体的目标制定一个进攻计划。

（3）解决问题。

19.3 关于个人（About Person）

面试例题 1：What is your strongest trait(s)? （你个性上最大的特点是什么？）

A：Helpfulness and caring. （乐于助人和关心他人。）

A：Adaptability and sense of humor. （适应能力和幽默感。）

A：Cheerfulness and friendliness. （乐观和友爱。）

面试例题 2：How would your friends or colleagues describe you? （你的朋友或同事怎样形容你？）

A：(Pause a few seconds) （稍等几秒钟再答，表示慎重考虑。）

They say Mr. Chen is an honest, hardworking and responsible man who deeply cares for his family and friends. （他们说陈先生是位诚实、工作努力、负责任的人，他对家庭和朋友都很关心。）

A：They say Mr. Chen is a friendly, sensitive, caring and determined person. （他们说陈先生是位很友好、敏感、关心他人和有决心的人。）

A：They say I am an active, innovative man, a good team-worker, with rich IT knowledge and developing experience. （他们说我是一个积极、革新的人，是一个很好的同事，并且具备丰

富的 IT 知识和研发经验。）

面试例题 3：What personality traits do you admire? （你欣赏哪种性格的人？）

A：(I admire a person who is) honest, flexible and easy-going. （诚实、不死板而且容易相处的人。）

A：(I like) people who possess the "can do" spirit. （有"实际行动"的人。）

面试例题 4：What leadership qualities did you develop as an administrative personnel? （作为行政人员，你有什么样的领导才能？）

A：I feel that learning how to motivate people and to work together as a team will be the major goal of my leadership. （我觉得学习如何把人们的积极性调动起来，以及如何配合协同的团队精神，是我行政工作的主要目标。）

A：I have refined my management style by using an open-door policy. （我以开放式的政策改进我的行政管理方式。）

面试例题 5：How do you normally handle criticism? （你通常如何处理别人的批评？）

A：Silence is golden. Just don't say anything; otherwise the situation could become worse. I do, however, accept constructive criticism. （沉默是金。不必说什么，否则情况更糟。不过我会接受建设性的批评。）

A：When we cool off, we will discuss it later. （我会等大家冷静下来再讨论。）

面试例题 6：What do you find frustrating in a work situation? （在工作中，什么事令你不高兴？）

A：Sometimes, the narrow-minded people make me frustrated. （胸襟狭窄的人有时使我泄气。）

A：Minds that are not receptive to new ideas. （不能接受新思想的那些人。）

面试例题 7：How do you handle your conflict with your colleagues in your work? （你如何处理与同事在工作中的意见不和？）

A：I will try to present my ideas in a more clear and civilized manner in order to get my points across. （我要以更清楚和文明的方式提出我的看法，使对方了解我的观点。）

面试例题 8：How do you handle your failure? （你怎样对待自己的失败？）

A：None of us was born "perfect". I am sure I will be given a second chance to correct my mistake. （我们大家生来都不是十全十美的，我相信我有机会改正我的错误。）

面试例题 9：Are you more energized by working with data or by collaborating with other individuals?（你能使组里气氛活跃，并且易于沟通吗？）

A：The best thing about working in a group or a team is combining the great minds from different facets. Compared with when you're working alone, communication can generate vitality in the project you're working on. No matter how much wisdom you've got together, without communication, you can't go very far. The perfect situation would be a combination of communication and people, and I'm confident of my abilities in both areas.（在一个团队或一个组里工作，你最重要的一件事就是集思广益，化腐朽为神奇，云集大家的智慧，而不要只是一个人闷头单干。与此同时，沟通是很重要的，它可以产生活力。无论你汇集了多高的智慧，如果没有沟通，你将不会成功。完美的境地是把人和沟通有机地组合。我确信我能在这两方面都做得很好。）

面试例题 10：What provide you with a sense of accomplishment?（什么会让你有成就感？）

A：Doing my best job for your company.（为贵公司竭力效劳。）

A：Finishing a project to the best of my ability.（尽我所能完成一个项目。）

面试例题 11：If you had a lot of money to donate, where would you donate it to? Why?（假如你有很多钱可以捐赠，你会捐给什么单位？为什么？）

A：I would donate it to the medical research because I want to do something to help others.（我会捐给医药研究方面，因为我要为他人做点事。）

A：I prefer to donate it to educational institutions.（我乐意捐给教育机构。）

19.4 关于未来（About Future）

面试例题 1：What is most important in your life right now?（眼下你生活中最重要的是什么？）

A：To get a job in my field is most important to me.（对我来说，能在这个领域找到工作是最重要的。）

A：To secure employment hopefully with your company.（能在贵公司任职对我来说最重要。）

面试例题 2：What current issues concern you the most?（目前什么事是你最关心的？）

A：The general state of our economy and the impact of China' entry to WTO on our industry.（目前中国经济的总体情况及中国入世对我们行业的影响。）

面试例题3：How long would you like to stay with this company?（你会在本公司服务多久呢？）

A：I will stay as long as I can continue to learn and to grow in my field.（只要我能在我的行业里继续学习和成长，我就会留在这里。）

面试例题4：Could you project what you would like to be doing five years from now?（你能预料5年后你会做什么吗？）

A：As I have some administrative experience in my last job, I may use my organizational and planning skills in the future.（我在上一个工作中积累了一些行政经验，我将来也许要运用我组织和计划上的经验和技巧。）

A：I hope to demonstrate my ability and talents in my field adequately.（我希望能充分展示我在这个行业的能力和智慧。）

A：Perhaps, an opportunity at a management position would be exciting.（也许有机会，我将会从事管理工作。）

如果不愿正面回答，也可以说：

It would be premature for me to predict this.（现在对此问题的预测，尚嫌过早。）

面试例题5：What range of pay-scale are you interested in?（你喜欢哪一种薪水标准？）

A：Money is important, but the responsibility that goes along with this job is what interests me the most.（薪水固然重要，但伴随工作而来的责任更吸引我。）

假如你有家眷，可以说：To be frank and open with you, I like this job, but I have a family to support.（坦白地说，我喜欢这份工作，不过我必须要负担我的家庭。）

面试例题6：What specific goals, including those related to your occupation, have you established for your life (career)?（您为您的职业生涯制定了什么样的具体目标？）

A：My specific goals related to my occupation is to work for a company where I can apply my technical and business skills I obtained from college and my past experience. To take advantage of the continuous learning process that goes along with the many technological advances.（我的职业的具体目标是为一个可以让我施展我在大学及过往经验中积累的技术与商业技巧的公司工作。通过技术上的不断学习推进技术创新。）

第20章 电话面试

求职时，经常会遭遇电话面试，戏称"触电"。我曾经在开会、洗澡、吃饭、坐车时都接到过电话。问的问题也是五花八门，千奇百怪。

不要轻视电话面试，通常打电话的人也是具有否决权的。俗话说"阎王好见，小鬼难缠"，这里的"阎王"是最终录用你的 HR，而"小鬼"可能是企业授权进行电话面试的外包公司。"小鬼"虽不具备最终录用你的权力，但仍然可以否决你（我就在通过笔试后，倒在 SAP 公司的电话面试上，当时电面我的是一家外包公司）。

电面前，要调整好电话，保证通话质量清晰，不要关机、欠费或超出服务区。如果是越洋电面（我曾经参加过 Motorola 公司和 Sybase 公司的越洋电面），要选择座机，以保证通话质量。电面通常用英文，所以平时一定要注意英语口语的练习。

20.1 电话面试之前的准备工作

一般来说，正规外企在电话面试之前会发邮件来确认你是否有空，并且确认你的电话号码是多少。通常的格式如下：

To help us schedule your interview, please respond with the following information:

When are you available to speak with us?

We generally schedule phone appointments at least three days in advance.

Please suggest several one-hour time slots when you will be available, keeping in mind that we need at least three days of lead time to schedule your interview. Please provide your time zone for the appointment as well.

What phone number should we call?

Confirm the phone number where you can be reached for the phone interview.
（为了帮助我们确认你的面试时间，请回答下面的问题：

你什么时候有时间接受我们的电话面试？

通常在 3 天内我们可以与你做一个电话的交流。

请提出一个你的空闲时间段，大概一个小时左右。我们需要 3 天的时间来为你的面试做一个时间表。

我们应拨打哪个电话号码？

确认电话号码以助于你能准确地接到此电话。）

20.2　电话面试交流常见的问题

电话面试往往是非常突然的。投递简历后就会接到这样的电话，它可能在你洗澡时、开会时、吃饭时打来。电话面试的组织方有可能是第三方中介，因此，面试问题多半是格式化的、单调的问题。电话开始时，考官会问你有没有空，如果你想准备一下，不妨告诉他没有空，让他 10 分钟后再打过来，以便做一些相应的准备。

面试例题 1：Introduce yourself, please.（介绍一下你自己。）

对于上面这个问题你可以选择重点来回答。对于你什么时候上的小学，什么时候初中毕业就不用讲了。你可以这么说：

A：I was admitted by Northwest University with excellent student record, which was quite satisfied by the teaching staff.（我是从西北大学毕业的，我的成绩非常优异。来自西北大学不要说 I come from Northwest University，最好说 I was admitted by Northwest University。）

My field of study is Software and Theory, which is a famous one in China.（我的研究方向是计算机软件与理论，这个专业是在中国很著名的。你说专业的时候可以不说 major，你可以说 field of study，研究方向。）

My undergraduate study gave me a wide range of vision. I fulfilled the courses like English, Network and Programming. I have a deep understanding in Programming.（我的本科教育给了我宽广的视野，我涉猎的课程有英语、网络和程序设计。我对编程方面有很深的见解。）

I developed several professional interests, like History and Micro Economics at my spare time.（我有很多个性爱好，空闲的时间我研究历史和微观经济学。）

The several years working experience give me full play to my creativity, diligence and intelligence. I believe I can do my job well. (这几年的工作经历使我充满创造力，勤勉，有智慧。我相信我能把工作做好。)

面试例题 2：What is your greatest weakness? （你最大的弱点是什么？）

  你不应该说你没有任何弱点，以此来回避这个问题。每个人都有弱点，最佳策略是承认你的弱点，但同时表明你在予以改进，并有克服弱点的计划。可能的话，你可说出一项可能会给公司带来好处的弱点，如可说："I'm such a perfectionist that I won't stop until a job is well done."（"我是一个完美主义者。工作做得不漂亮，我是不会撒手的。"）或者对于一个学生而言，缺乏工作经验不是很大的缺点，你可以直言不讳。

  A：I'm lacking of working experience. But I'm taking a course. （我缺乏工作经验，但我正在学习。）

  A：I'm lacking of supervision. But I'm reading a book. （我缺乏远见。但我会用阅读来弥补。）

  A：I'm just graduation. （我只是刚毕业。）

面试例题 3：Do you know anything about this company? （你对本公司的情况了解吗？）

  A：Yes，a little. As you mentioned just now， yours is an America-invested company. As far as I know，××Company is a world-famous company which produces database and applications software products. Your products like PowerBuilder and 美国某著名数据库公司 database products are very popular with company in all parts of the world. （是的，了解一点点。正如你刚才所提到的那样，贵公司是一家美资公司。据我所知，××公司是一家世界闻名的生产数据库产品和应用软件的公司。你们的产品 PowerBuilder 和美国某著名数据库公司数据库深受世界各地公司的欢迎。）

面试例题 4：What kind of programming do you study in your project? What have you learned in this process? （在你的项目中你用到了哪种程序？在此过程中你学到了什么？）

  A：Base on ASP.NET+SQL 2000 we finished Northwest Network Course-selected System. Everybody in this school can select, cancel, query course in network. The project is a B/S architecture system; the code is developed by Visual C#, and run on the .NET plat. In this project, I used the ADO interface which is provided by the Database program. And after that, I joined the testing of whole system. （基于 ASP.NET 和 SQL 2000 平台基础，我们完成了西北大学网络选课系统。学校中的每一个人都可以在网上选择、取消、查询课程。这个项目是一个 B/S 结构系统；代码是用 C#编写的，在.NET 平台上运行。在项目中，我使用 ADO 接口来支持数据

库程序。在此之后，我参加了对整个系统的测试。）

In order to achieve the function of background database, I have designed the database including: primary key, foreign key, database connection, data view and so on. I use the SQL language to search delete update data. In this process I encountered a lot of difficulties. But I conquered them as best I could and finally I promoted and enriched myself. （为了实现后台数据库，我进行了数据库的设计，包括主键、外键的设计、连接、视图及其他，并运用 SQL 语句实现数据的查找、删除和修改。其中我遇到了大量的困难，但我尽我所能去克服它们，最终获得了提升和自我的丰富。）

面试例题 5：In this progress what are your most challenge?（在这个过程中你遇到的最大挑战是什么？你是怎么解决的？）

A：In the network course select system, I once met a intractable problem that the server response the client too slowly, especially when lots and lots of people upload their message at the same time. I have to find out what cause that situation? It was very urgent for me at that time, because there were about 20 thousands students in the school waiting for selecting courses, so I was undertaking great pressure. But after I checked the web log very carefully I finally found that the sticking point was on the submission button .the button has appended too many futile functions and received too much data which caused data redundancy. I suggested it is challenge for me to overcome.（在网络选课系统中，我遇到了一个非常棘手的问题。即服务器响应客户端的数据非常缓慢，特别是人比较多的时候。我不得不去寻找是什么造成了这样的结果。而那时对我来说是非常紧急的，大约两万多学生正等着选课呢。我承担着很大的压力。我检查了网络日志，最后发现症结出现在提交按钮上。一个提交按钮附加了太多的功能，读取数据量过大，导致了数据冗余。解决这样一个问题对我来讲是一个挑战。）

A：First I try to disassemble a complicate function into several simple functions. Second, some operations are handle in database instead of web, for example set up a trigger or store procedure. We also can read web log to see how many thread success. If too many thread can not carry out, that imply reading data need to be optimized.（我的解决办法是把功能分解，放到不同的按钮上面。我们可以设置触发器或者存储过程来解决这些问题。通过日志主要看在同一时刻有多少并发线程，执行成功的线程有多少。如果很大一部分并发线程没有成功，这说明数据的读取操作没有优化。）

面试例题 6：What were your main social worker or volunteers duties during the four years of college life?（大学四年期间你做过哪些社工或者志愿者活动？）

What was your greatest contribution during this period?（在此期间你最大的贡献是什么？）

What key skills have you developed?（通过这件事情你收获了什么技能？）

A：Coordinated with Operations Director to organise maths exhibitions for students at schools, museums and discovery centres. Instructed and guided the students at exhibitions.（在学校主管的配合下，完成学校、博物馆和科学发现中心的数学展示。）

I and two other colleagues organised a 3-days maths exhibition for around 180 pupils in Xian 74 School. The exhibition was very successful such that the school was willing to pay for much for our visit on a regular basis.（和两个同事在西安 74 中，为 180 名学生组织一次为期 3 天的数学展示，展览非常成功，学校为我们的优秀付出高额的报酬。）

I have learnt to plan in detail and in advance. Effective communication between the school, and I would ensure the success of the event. In addition, giving presentations for pupils developed my presentation skills. （我学习了如何在细节上预先设计计划，与学校之间的有效沟通，我能确保事件的成功，此外我给学生提供演示报告提升了我的表演才能。）

A：Internship in International Business Division of YNN bank？Teamwork in drafting the tender for the project to develop a "Supply Chain Management (SCM)" software？Negotiated the joint risk investment between KK Computer Co., Ltd. and Monash International Ltd. (India)？Contact with officials from KK Computer Co Science and Technology Bureau.（在 YNN 银行国际商务部实习，协助起草了"供应链软件管理"投资计划，在 KK 电脑公司和 Monash 互联网股份有限公司之间斡旋共同风险投资谈判，与 KK 电脑公司科技办事处联系。）

During the negotiation between Monash and KK, I successfully helped KK to persuade Monash to agree to set up the major research and manufacturing base in China instead of in India. I also successfully assisted to persuade Monash to invest more capital in the joint venture.（在 Monash 和 KK 谈判期间，我成功的帮助 KK 说服了 Monash 在中国建立研发和生产中心而不是在印度，此外我成功的说服了 Monash 在合资中增加了投资比例。）

I have learnt negotiation skills from other colleagues. Sometimes I needed to work on weekends and had meeting till midnight, but it was understandable as commitment is essential to the business.（我从其他同事那里学来了谈判技巧，有时候我需要周末加班甚至开会到深夜，但是出于对工作的忠诚，我认为这都是可以接受的）

A：Customer service representative and the store key holder. Ensured financial performance of the store, accuracy of the cash flow？Resolved customer queries and handled problems under emergency.（我在一家商店做客户服务代表并掌管钥匙，确保商店正常的资金链和现金流的稳定，处理客户要求并在压力下处理问题。）

The store system once didn't automatically adjust goods price when it is postproduction . It resulted in wrong prices charged to customers. I immediately reported this to the area manager, and meanwhile handwrote down all transactions. It prevented the complaints from customers and also a loss to the store.（这个商店的系统某一次不能自动调整处理商品的价格，就导致卖给客户商品错误的价钱。发现问题后我立即报告给区域经理同时手动处理所有交易。这样即时阻止了客户的抱怨和商店的损失。）

Persuading customer to rent or buy movies based on my good product knowledge made me more diplomatic. Customer-focus is critical to achieve store's commercial goal. I also learnt to handle problems under emergency. （我基于丰富的商业知识，成功的劝说用户租或买电影光盘，我的商业手段在此期间更加圆滑，并成功地达到了各种商业目的。我也培养了如何在紧急情况下处理难题的能力。）

注：有的把 experience（表述）美化一下，可以很 impressive（吸引人），譬如你的职位是 prime time part time job，说白了就是收银员。但可以说成 Customer service representative，这样可以表现你的商业意识。

A：Internship in Panda Communications Company Ltd. Research & Development Centre. I Studied the detailed service path of the mobile systems. Analysed Base Station Controller platform. Tested upgrading patches for Mobile Switching Centre.（在熊猫通讯软件公司实习期间，我学习手机系统集成线路的各种知识理论，分析各种控制平台系统。测试手机评测中心的各种升级补丁包。）

Working with different teams in the R&D centre as HQ wanted to integrate a few operating systems of defferent division together.（在研发中心和不同团队工作，集成不同部门的一系列不同的操作系统。）

I appreciated more the importance of the coordination and teamwork. In this case, delay of one team affected the whole process. I also learnt to understand the complexity of project management.（我认识到团队协作和共同进步的重要性，在用例中，一个人的迟误会导致整个进程的拖延。此外，我也开始学习理解项目管理的复杂度。）

面试例题 7：How do you realize the job you apply, what is your blue print in future?（你如何理解你所应聘的职位？你未来几年的规划是什么？）

A：I apply for a QA job, (QA means query assurance.)I think I'll communicate with R&D,

respect their thoughts. And listen to their idea, I'll get to know the schema of the project deeply, Collaborate with my colleagues well and: I hope I'll reveal my ability and talents in my field adequately.

QA is a profession requires much patience, sometimes you cannot get the conclusion you want although you have tested it time and time again, and it will waste your time and you maybe feel frustrated. I think if you wish to be a automatic thorough repeatable independent professional QA, these is a long road from you to go, a lot of troubles for you to overcome, but I'm sure I can success.

（我应聘的是 QA 职位，QA 意味着质量保证。我们应该很好地与研发部门交流。我计划对项目的结构做深刻的理解，与我的同事们很好地合作。我希望能充分展示我在这个行业的能力和智慧。

QA 是一个需要耐心的职位，有时即便测试千回也不能得到你想要的结果，有时候使用不当会浪费很多的时间，自己也会觉得很无聊。我想，做一个自动化的、彻底的、独立的、专业的测试人员肯定会有些坎坷，但我坚信我能成功。）

A：Perhaps, an opportunity at a management position would be exciting. As I have some administrative experience in my job, I may use my organizational and planning skills in the future. （也许有机会，我将会从事管理工作。我在上一个工作中积累了一些行政经验，我将来也许要运用我组织和计划上的经验和技巧。）

面试例题 8：What is the largest-scale company you have worked for, and the smallest one? what have you done for them?（你所工作的最大的组织是什么？最小的是什么？都做些什么工作？）

A：In this three years I worked for my tutor, To be specific, I do system analysis, trouble shooting and provide software support. （在 3 年研究生的阶段中我为我的导师工作。具体地说，我做系统分析、解决问题及软件供应方面的支持。）

面试例题 9：What is a Project Manager in your eyes?（在你眼中的项目管理者是什么样的？）

A：The person or firm responsible for the planning, coordination and controlling of a project from inception to completion, meeting the project's requirements and ensuring completion on time, within cost and to required quality standards. A systems analyst with a diverse set of skills–management, leadership, technical, conflict management, and customer relationship–who is responsible for initiating, planning, executing, and closing down a project. （项目管理者是那种负责项目从概念到实施整个过程的计划、协调、控制的人或公司，他（们）能够满足项目的需

求,并确保项目在有限成本内按时完成,达到要求的质量标准。要启动、计划、执行并完成一个项目,系统分析师需要具备一些不同的技能,如管理能力、领导能力、技术、冲突管理及客户关系。他必须为项目的起始、计划、执行,以及项目的完成或中断负责。)

A:The Project Manager defines, plans, schedules, and controls the project. The project plan must include tasks, deliverables and resources – the people who will perform the tasks. The manager will monitor and coordinate the activities of the team, and will review their deliverables. (项目管理者定义、计划、制定、控制整个项目。一个项目计划必须包含目标、可行性、资源及可以执行此项目的人选。管理者应该可以监控和调整整个项目的行动,并时时回顾项目的可行性。)

A:PM is coordinator, assistant and best friend of team members, planner, monitor, reporter of the project or progress. (项目管理者是一个协调者,一个很好的助理,是研发人员最好的朋友,是一个策划者、领导者,是项目流程的报告者。)

面试例题 10:What is your favorite working atmosphere?(你理想的工作环境是什么?)

A:I'd like to work in a harmonious surrounding. Everybody pay great effort to do his job for the company. Accomplish every project with the best of my ability. What provide me with a sense of accomplishment, your effort would won approbation. Working as a team member allows me to gain from others within the group. It also gives the individual to focus their strengths. (我喜欢工作在一个和谐的环境里。每个人能尽其最大的努力为公司做事,尽其最大的努力完成每一个项目。完成一份工作,我们会得到满足和成就感,你的努力能够得到公司的嘉许。在这个组里作为一员我能从他人身上受益,我也会令他人受益。)

A:My ideal job is one that allows me to combine my technical attributes, business skills, and critical thinking skills in an attempt to help solve problems and create solutions. (我的理想的工作是允许我把技术品质和事业技巧结合在一起,尝试帮助解决问题和寻求解决方案。)

A:I will try my best to arrange my time, I think I will find balance point between work and relax. (我将尽我所能去安排时间,我相信我会在工作和休闲之间寻找平衡。)

面试例题 11:Do you have the qualifications and personal characteristics necessary for success in your chosen career?(你拥有在你所选择的职业里获得成功的资质和必备的个性特点吗?)

A:I believe I have a combination of qualities to be successful in this career. First, I have a strong interest, backed by a solid, well-rounded, state-of-the-art education, especially in a career that is technically oriented. This basic ingredient, backed by love of learning, problem-solving skills, well-rounded interests, determination to succeed and excel, strong communication skills, and the ability to work hard, are the most important qualities that will help me succeed in this career. To succeed, you also need a natural curiosity about how systems work -- the kind of curiosity I demonstrated when I upgraded my two computers recently. Technology is constantly changing, so you must a fast learner just to keep up or you will be overwhelmed. All of these traits combine to create a solid team member in the ever-changing field of information systems. I am convinced that I possess these characteristics and am ready to be a successful team member for your firm. (我相信我具备在这一职业中取得成功的一系列资质。首先，我有极强的爱好，以扎实、广泛、艺术性的教育为背景，特别是在一个以技术为主导的职业领域中。这些基本条件，加上对学习的热爱、解决问题的能力、广泛的兴趣、成功与求胜的决心、很强的沟通技巧、努力工作的能力，都是能够帮助我在职业生涯中取得成功的重要品质。为了成功，我们需要有一种对系统如何运行的出自本能的好奇心，这种好奇心是最近我在升级我的两个计算机的时候发现的。新技术不断取代旧的技术，所以我们必须成为能跟上步伐的快速学习者，否则你将被他人打倒。所有的这些优点联合起来，塑造成一个能在不断变换的信息社会中生存的坚实的团队中的一员。我确信我拥有这些品质，我有信心成为贵公司成功团队中的一员。)

面试例题 12：Any question?（你有什么要问我的吗？）

A：No sir.（没有，先生。）

A：Since I can go to work in May. I'd like to know when the HR will sent me the offer. （既然我可以在五月份入职，我想知道什么时候人力资源部会给我发录用通知。）

面试例题 13：How do you estimate our interview?（你如何评价我们的面试过程？）

A：I've already passed interview for the second turn and also the calling interview from the states, but the HR notified me to go there for work in July, and the interviews between teams are different. So I've to review the interview procedure.

It was really astonished when I was told to take the interview for the second time, but I thought that there would be sorts of spasmodic problems and disaster in a programmer's career. What can I do is only face it peaceful. So it doesn't matter at all.

（我已经通过了两轮的面试及从美国来的电话面试，但是 HR 通知我 7 月入职，并说不同 Team 的面试是不一样的，所以要求我把面试流程重新走一遍。

我得到重新面试的消息非常惊讶。但我想，作为一个测试人员，会遇到很多突发的问题和灾难，只要平和面对就是了。所以我想这也算不了什么。）

第 21 章

数字类题目分析

21.1 数字规律类题目

数字规律题是笔试中一直保有的固定题型。如果给予足够的时间,数字推理并不难;但由于整体上题量大、时间短,很少有人能在规定的考试时间内做完,解答这类题目要看准趋势:首先,从整体上看数列的走向是上升还是下降,通过某个或某组数字的变化,找到问题的突破口;其次,还要熟悉题目的常见规律。数字规律题目一般包含以下 10 种情况:

(1) 等差关系类;　　　(2) 等比关系类;　　(3) 前项求和/差关系类;
(4) 前项求积/商关系类;(5) 隔项规律类;　　(6) 分组规律类;
(7) 平方规律类;　　　(8) 质数规律;　　　(9) 整数+小数类;
(10) 组合类。

下面的例题针对以上 10 种情况加以解析。

面试题 1:23,28,32,35,? 问号里面应该是____。[德国某著名硬件公司 X 2012 年 11 月面试题]
A. 37　　　　　　B. 32　　　　　　C. 38　　　　　　D. 35

解析:本题规律是一个典型的等差关系类,规律如下:

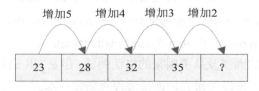

在本题中,数列差呈现 5、4、3、2 的递减规律。
答案:A

面试题 2：24，44，68，96，128，？问号里面应该是____。[德国某著名硬件公司 X 2012 年 11 月面试题]

A．148 B．156 C．164 D．174

解析：本题规律是等差关系类的一个变形。问号处应为 164，规律如下：

44−24=20=4×5； 68−44=24=4×6； 96−68=28=4×7； 128−96=32=4×8； 164−128=36=4×9

在本题中，数列差呈现 4 乘以 5、6、7、8、9 的递增规律。

答案：C

面试题 3：9，16，37，？，289 问号里面应该是____。[德国某著名硬件公司 X 2012 年 11 月面试题]

A．30 B．216 C．46 D．100

解析：本题规律是一个等比关系类的一个变形。问号处应为 100，规律如下：

16−9=7=7×1=7×3^0； 37−16=21=7×3=7×3^1

100−37=63=7×9=7×3^2； 289−100=189=7×27=7×3^3

在本题中，数列差为 7、21、63、189，为一个等比队列（比值为 3）。

答案：D

面试题 4：0，1，1，2，4，7，13，？问号里面应该是____。[德国某著名硬件公司 X 2012 年 11 月面试题]

A．22 B．23 C．24 D．25

解析：本题规律是一个典型的前项求和关系类（某项的值等于前项值之和），规律如下：

0+1+1=2； 1+1+2=4； 1+2+4=7； 2+4+7=13； 4+7+13=24

在本题中，问号处应为前 3 项之和。

答案：C

面试题 5：3，4，6，12，36，？问号里面应该是____。[德国某著名硬件公司 X 2012 年 11 月面试题]

A．372 B．216 C．156 D．212

解析：本题规律是一个前项求积关系类的变形，规律如下：

3×4÷2=6； 4×6÷2=12； 6×12÷2=36； 12×36÷2=216

在本题中，问号处应为前 2 项之积再除以 2。

答案：B

面试题 6：34，36，35，35，36，34，37，？问号里面应该是____。[英国著名银行 Z 2009 年 5

月面试题]

A．32 B．33 C．34 D．35

解析：本题规律是一个隔项规律类。规律如下：

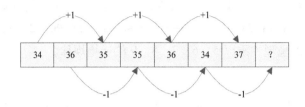

答案：B

面试题7：65，35，17，3，？问号里面应该是____。[英国著名银行Z 2009年5月面试题]

A．0 B．1 C．2 D．4

解析：本题规律是一个平方规律类。当我们看到65，35，17这样类型的数字时，我们要联想起64，36，16这样类似的数字来。64是8的平方，36是6的平方，16是4的平方。而65，35，17，3分别是：

65=8^2+1； 35=6^2−1； 17=4^2+1； 3=2^2−1； 1=0^2+1

所以问号处该为1。

答案：B

面试题8：6，10，14，22，？问号里面应该是____。[英国著名银行Z 2009年5月面试题]

A．26 B．28 C．30 D．32

解析：本题规律是一个质数规律类。只有1和它本身这两个因数的自然数叫作质数。如2，3，5，7，11，13，…而6，10，14，22分别是：

6=3×2； 10=5×2； 14=7×2； 22=11×2； 26=13×2

所以问号处该为26。

答案：A

面试题9：1.01，3.02，9.03，27.05，81.08，？问号里面应该是____。[中国著名投资银行ZJ 2009年5月面试题]

解析：本题规律是一个整数+小数类。这种情况一般需要把整数和小数分开考虑。对于本题，整数部分是等比队列（比值为3），小数部分是前项求和队列：

0.01+0.02=0.03； 0.02+0.03=0.05； 0.03+0.05=0.08； 0.05+0.08=0.13

所以问号处应为243.13。

答案：243.13

面试题 10：0，6，24，60，120，？问号里面应该是____。[中国著名投资银行 ZJ 2009 年 5 月面试题]

    A．186   B．210   C．220   D．226

解析：本题规律是一个组合类。这种情况一般相当复杂，解决此类问题，必须要在熟练掌握各种简单运算关系的基础上，多做练习，对各种常见数字形成一种敏感反应。至于本题，属于等差关系与立方关系的组合：

$0=1^3-1$；$6=2^3-2$；$24=3^3-3$；$60=4^3-4$；$120=5^3-5$；$210=6^3-6$

答案：B

21.2 数字填充类题目

面试题 1：下面图中问号处该填____。[美国著名投资银行 G 2009 年 9 月面试题]

解析：数字填充类题目是近几年出现的新题型，是通过各个象限所在数字的和差积商关系求中心值。

本题规律如下：第 1 象限+第 2 象限+第 4 象限−第 3 象限=中心值

答案：9+36+10−16=39

面试题 2：如下图：

？处应该是____。[美国著名投资银行 G 2009 年 9 月面试题]

    A．12   B．15   C．20   D．22

解析：注意规律，对角线之差为 12，则 8+12=20。

答案：C

面试题 3：如下图：

0 1 2 3 4 5 6 7 8 9
_ _ _ _ _ _ _ _ _ _

在横线上填写数字，使之符合要求。

要求如下：对应的数字下填入的数，代表上面的数在下面出现的次数，比如 3 下面是 1，代表 3 要在下面出现一次。

解析：本题的情况如下：

0 1 2 3 4 5 6 7 8 9
T0 T1 T2 T3 T4 T5 T6 T7 T8 T9

若为上面的对应关系，则

① 第 2 排数字之和为 10。$T0+T1+\cdots+T9 = 10$；

② 两排数字上下相乘之和也是 10。$0*T1+1*T1+\cdots+9*T9 = 10$。

从 0 入手的，0 下若填 9，9 下面就必须是 1，只剩 8 个位填 0；0 下若填 8，8 下面要填 1，1 要至少填 2，只剩下 7 填 0；……依此类推，下面填 6 的时候就得到答案了。

答案：6 2 1 0 0 0 1 0 0 0

21.3 数字运算类题目

关于数学运算请注意以下几点：

1．首先要明确出题者的本意不是让面试者来花费大量时间计算，题目多数情况是一种判断和验证过程，而不是用普通方法的计算和讨论过程，因此，往往都有简便的解题方法。

2．认真审题，快速准确地理解题意，并充分注意题中的一些关键信息；通过练习，总结各种信息的准确含义，并能够迅速反应，不用进行二次思维。

3．努力寻找解题捷径。大多数计算题都有捷径可走，盲目计算可以得出答案，但时间浪费过多。直接计算不是出题者的本意。平时训练一定要找到最佳办法。考试时，根据时间情况，个别题可以考虑使用一般方法进行计算。但平时一定要找到最佳方法。

4．通过训练和细心总结，尽量掌握一些数学运算的技巧、方法和规则，熟悉常用的基本数学知识；学会用排除法来提高命中率。

数学运算主要包括以下几类题型：

1．尾数排除法； 2．分解计算法； 3．凑整法； 4．基准数法。

下面的例题针对以上 4 种情况加以解析。

面试题 1：425+683+544+828 的值是____。

    A．2488　　　　　　B．2486　　　　　　C．2484　　　　　　D．2480

    解析：如果几个数的数值较大，又似乎没有什么规律可循，可以先考察几个答案项尾数是否都是唯一的，如果是，那么可以先利用个位数进行运算得到尾数，再从中找出唯一的对应项。如上题，各项的个位数相加=5+3+4+8=20，尾数为 0，所以很快可以选出正确答案为 D。

    答案：D

面试题 2：2012! 末尾有几个 0？

    解析：乘积会产生 0 的，就是 2 的倍数与 5 的倍数相乘产生的。

2012/5=402；402/5=80 ；80/5=16 ；16/5=3。所以 5 的因子共有：402+80+16+3=501，末尾 0 的个数是：501 个。

    答案：501

面试题 3：125×437×32×25=（ ）。

    A．43700000　　　B．87400000　　　C．87455000　　　D．43755000

    解析：本题不需要直接计算，只须分解一下即可：

125×437×32×25=125×32×25×437=125×8×4×25×437=1000×100×437=43700000

    答案：A

面试题 4：36542×42312=(?)

    A．1309623104　　B．1409623104　　C．1809623104　　D．没有正确答案

    解析：解题思路是以两个乘积因子头两位数相乘(36×42)，其积应为 1512，各选项中头两位数没有"15"的，所以，就没有正确答案。

    答案：D

21.4　应用数学类题目

应用数学类题目包括如下几类：1．比例问题，2．路程问题，3．工程问题，4．植树问题，5．解方程问题，6．排列组合问题，7．利润问题，8．概率问题。

面试题 1：Find the sum of all the three-digit numbers divisible by 7____. [英国著名银行 B 2009 年 10 月面试题]

  A．10 048   B．70 336   C．10 153   D．71 071

  解析：题目是说三位数中能被 7 整除的数之和是多少？实际是个比例问题。

  实际上考的是等差数列之和。三位数中最小能被 7 整除的数是 105，最大能被 7 整除的数是 994。

  根据等差数列公式：

$$S_n = n(a_1 + a_n) \div 2 \times a_1 = 105$$
$$a_n = 994$$
$$n = (a_n - a_1) \div 7 + 1 = 128$$
$$S_n = 70336$$

  答案：B

面试题 2：从 A 地到 B 地，甲电车需 10 小时，乙电车需要 15 小时，但如果两车同时行进，则甲电车速度要降下 1/3，乙电车速度要降下 1/10。现在两车分别处于 A、B 两地，要在 8 小时后相遇且两车同时行进的时间要尽可能少，那么甲出发____小时后，乙车就必须出发。[美国著名保险公司 Y 2009 年 12 月面试题]

  A．0.5 小时   B．1 小时   C．1.5 小时   D．2 小时

  解析：这是路程问题。设 A B 两地总路程为 1，那么甲每小时行进速度为 1/10，乙为 1/15，设甲行驶 x 小时后，乙开始行进，那么可列方程为：

$$(1 \div 10)x + (8-x) \times (1 \div 10) \times (2 \div 3) + (8-x) \times (1 \div 15) \times (9 \div 10) = 1$$
$$x = 0.5$$

  答案：A

面试题 3：A battalion of 1100 people has provision for 8 weeks at 2.25kg per day per man. How many men must leave, so that the same provisions last 12 weeks at 1.65 kg per day per man____. [英国著名银行 B 2009 年 10 月面试题]

  A．50   B．100   C．150   D．200

  题目：一营士兵共 1100 人，如果要进行 8 周的供给，是每人每天 2.25 千克资源。如果供给量不变但要延长为 12 周，每人每天 1.65 千克资源，至少要裁减多少人？

  解析：这是工程问题。总资源量为 8×7×2.25×1 100=138 600（千克）。138 600÷12÷7÷1.65= 1 000（人）。最多够 1 000 人每人每天 1.65 千克资源，12 周的供给量。1 100–1 000=100（人）。

因此要裁减 100 人。

答案：B

面试题 4：黄波一次考试成绩在班里顺数排名 15，倒数也是第 15 名。那么黄波班里一共有____学生。[中国著名投资银行 ZJ 2009 年 5 月面试题]

    A．31   B．29   C．30   D．32

解析：这是植树问题，顺数排名 15 意味着 14 个人在黄波前面。倒数排名 15 意味着 14 个人在黄波后面，所以班里学生一共 14+1+14=29（人）。

答案：B

面试题 5：Five years' ago. Mrs. Shy was 5 times older than her daughter. Today she is 3 times as old as her daughter. How old Mrs Shy will be 5 years from now____. [英国著名银行 B 2009 年 10 月面试题]

    A．35   B．40   C．45   D．50

题目：5 年前 Shy 的年龄是她女儿年龄 5 倍，现在她是她女儿年龄 3 倍。请问 5 年后 Shy 多少岁？

解析：这是方程问题，设 Shy 的年龄为 X，女儿年龄为 Y。根据题意列方程组：

$X=3Y$

$X-5=5(Y-5)$

解得 $X=30$，$Y=10$

所以 5 年后也就是 $X+5=35$

答案：A

面试题 6：林辉在自助餐店就餐，他准备挑选 3 种肉类中的 1 种肉类，4 种蔬菜中的 2 种不同蔬菜，以及 4 种点心中的 1 种点心。若不考虑食物的挑选次序，则他可以有____种不同选择方法。[中国著名证券公司 G 2009 年 3 月面试题]

    A．4   B．24   C．72   D．144

解析：本题考的是组合

$$C_3^1 C_4^2 C_4^1 = 72$$

答案：C

面试题 7：某个体商贩在一次买卖中，同时卖出两件上衣，每件都以 135 元出售，若按成本计算，其中一件赢利 25%，另一件亏损 25%，则它在这次买卖中是____。[中国著名证券公司 G

2009年3月面试题]

  A．不赚不赔   B．赚9元   C．赔18元   D．赚18元

解析：利润问题，先求成本：

135÷(1+0.25)=108（元）；135÷(1−0.25)=180（元）；180+108=288（元）

再求一共卖了多少钱：

135+135=270（元）

成本是288元，但只卖了270元，所以是赔了18元（288−270）。

答案：C

面试题8：甲乙2人相约12点至13点见面，并约定"第1人到达后可以等第2人15分钟，15分钟后第2人若不来，第1人可离去。"假设他们都以各自设想的时间来到见面地点，则他们2人能见上面的几率是____。[中国著名股份制商业银行ZS 2009年9月面试题]

  A．1/16   B．1/4   C．3/8   D．以上都不对

解析：我们可以将概率问题转换为计算图形面积问题。x, y坐标表示甲乙2人等待的时间时刻。我们把一个单位看作15分钟。

设想一下，如果甲乙都在0~15分钟抵达，显然他们可以相遇。如果甲在第5分钟到达，那么乙在第20分钟到达两者也可相遇。第20分钟后则不能相遇。同理适用于乙先到的情况。如下图所示：

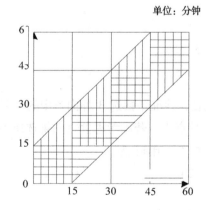

那么整个面积就是4×4=16个单位。其中相交的部分就是中间斜着的部分，面积为7。

答案：D

面试题9：64个小球放到18个盒子里，问如果要想满足以下两种情况：

  1．每个盒子里面最多放6个，最少放1个；

2．18个盒子中小球数量相等这种情况的盒子越少越好。

那么18个盒子中，最多____个盒子里的小球数目相等。[美国著名保险公司Y 2009年12月面试题]

A．2　　　　　　　B．3　　　　　　　C．4　　　　　　　D．5

解析：概率问题，每个盒子最多放6个。那么这6个盒子里面的数量可以是1~6个。18个盒子里小球的数量从1个放到6个，然后再从第一个盒子放到第六个盒子。这样18个盒子一共能容纳63个小球。余下的1个球不管放到哪个盒子里面都可以出现4个盒子中有相同数目的球。

答案：C

面试题10：100个灯泡排成一排，第1轮将所有灯泡打开；第2轮每隔1个灯泡反转1个，即排在偶数的灯泡被关掉；第3轮每隔2个灯泡反转一次，将开着的灯泡关掉，关掉的灯泡打开。依此类推，第100轮结束的时候，还有几盏灯泡亮着。[中国著名互联网公司B 2012年12月面试题]

解析：本题显然不是期待面试者用循环套循环的傻办法来解答，找一下规律，不妨用10个灯先做一下模拟（1为亮0为灭），如下：

```
灯号                1 2 3 4 5 6 7 8 9 10
第1轮 初始化        1 1 1 1 1 1 1 1 1 1
第2轮 每隔1个反转   1 0 1 0 1 0 1 0 1 0
第3轮 每隔2个反转   1 0 0 0 1 1 1 0 0 0
第4轮 每隔3个反转   1 0 0 1 1 1 1 1 0 0
第5轮 每隔4个反转   1 0 0 1 0 1 1 1 0 1
第6轮 每隔5个反转   1 0 0 1 0 0 1 1 0 1
第7轮 每隔6个反转   1 0 0 1 0 0 0 1 0 1
第8轮 每隔7个反转   1 0 0 1 0 0 0 0 0 1
第9轮 每隔8个反转   1 0 0 1 0 0 0 0 1 1
第10轮 每隔9个反转  1 0 0 1 0 0 0 0 1 0
```

规律如下：当灯号的约数为奇数（即完全平方数1，4，9…）时，灯亮；反之，灯灭。所以现在问题转化为寻找100以内完全平方数个数的问题了。代码如下：

```c
#include <stdio.h>
#include <math.h>

#define N 100  //灯的总数

int main(void)
{
    int i,sum = 0;//用来累计亮灯个数
```

```
    for(i = 1; i <= N;i++)
    {
        if((int)(sqrt(i)) * (int)(sqrt(i)) == i)
        //如果该灯的编号为完全平方数,则有奇数个约数,处于亮状态
        {
            sum++;
        }
    }
    printf("还剩下%d 个灯亮着\n",sum);
    return 0;
}
```

答案：10

面试题 11：1001 个员工羽毛球比赛，单打单淘汰制，求比几场能比出冠军？

答案：1001 个员工，要淘汰 1000 人才能出现冠军。单淘汰制代表每次淘汰 1 个，所以要比 1000 场才能比出冠军。

面试题 12：双败淘汰赛和淘汰赛相仿，也是负者出局，但负一场后并未被淘汰，只是跌入负者组，在负者组再负者（即总共已负两场）才被淘汰。现在有 10 个人参加双败淘汰赛，假设我们取消最后的胜者组冠军 VS 负者组冠军的比赛，那么一共需要举行多少场比赛？

答案：10 个人 5 场比赛就分为负者组 5 人和胜者组 5 人，胜者组 5 人需进行 4 场即可确定胜者组冠军，负者组 9 个人需进行 8 场可确定负者组冠军，这样总共要举行 17 场比赛。

面试题 13：对于方程 x1+x2+x3+x4=30,有多少满足 x1≥2,x2≥0,x3≥-5,x4≥8 的整数解？

答案：稍加调整改写原方程如下：(x1-1)+(x2+1)+(x3+6)+(x4-7)=29。相当于 29 个 1 分成 4 组（28 个空挑 3 个），有 C_{28}^3 =28*27*26/(1*2*3)=3276 组解。

面试题 14：在区间[-2, 2]里任取两个实数，它们的和>1 的概率是：

A．3/8　　　　B．3/16　　　　C．9/32　　　　D．9/64

解析：概率问题。斜线以上部分的面积为>1 的概率

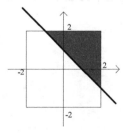

答案：C

面试题 15：小组赛，每个小组有 5 支队伍，互相之间打单循环赛，胜一场 3 分，平一场 1 分，输一场不得分，小组前 3 名出线，平分抽签。问一个队最少拿几分就有理论上的出线希望。

答案：(1) 假设这个队只得 1 分并出线，说明它平 1 输 3；肯定有 3 支队伍赢了（>3 分必出线），假设不成立。

(2) 假设这个队只得 2 分并出线，说明它平 2 输 2；肯定有 2 支队伍赢了（>3 分必出线），剩下的 2 支球队如果也是 2 分，仍然有通过抽签出线的可能（如 10，10，2，2，2）。

面试题 16：从 6 双不同颜色的鞋中任取 4 只，其中恰好有一双同色的取法有_____种。

答案：C(6,1) 代表从 6 双不同颜色的鞋中任取一双同色的的方法数。

剩余 10 只中任取 2 只是 C(10,2)，在这个过程中会出现这 2 只是一双同色的情况 C(5,1) 种。所以减去后就确保了这 2 只不会出现是一双同色的情况。

C(6,1)*(C(10,2)-5) = 240 种。

面试题 17：到商店里买 200 的商品返还 100 优惠券（可以在本商店代替现金）。请问实际上折扣是多少？

答案：只有花了 200 现金，可以买到 300 的物品。那么折扣就是 200 / 300 = 2/3，大概 66 折。

第 22 章

图表类题目分析

22.1 图形变换类题目

22.1.1 图形形状变化

面试题 1：根据第一行图形的变化规律，下面选项中的 4 个图形中的哪一个适合填入第 2 行末尾的问号处____。[深圳著名软件公司 S2013 年 3 月面试题]

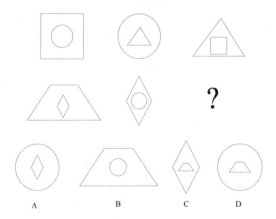

解析：直接看图形的变化可能不容易发现规律，不妨给他们编上号。
第 1 行：1 代表方框，2 代表圆，3 代表三角。
第 2 行：1 代表梯形，2 代表菱形，3 代表圆。
规律如下所示：

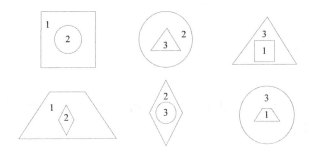

答案：D

面试题 2：根据第一行图形的变化规律，下面选项中的 4 个图形中的哪一个适合填入第 2 行末尾的问号处____。[深圳著名软件公司 S 2013 年 3 月面试题]

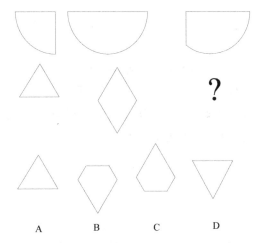

解析：本题规律是形状之差：同一行第 2 个图形−第 1 个图形=第 3 个图形。

答案：B

面试题 3：根据第一行图形的变化规律，下面选项中的 4 个图形中的哪一个适合填入第 2 行末尾的问号处____。[深圳著名软件公司 S 2013 年 3 月面试题]。

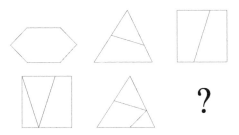

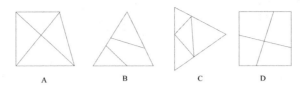

解析：本题解决方式如下：把内分割线，分割出来的两个图形分别算出其笔画再组成这个图形总的笔画。（重合的线段算为 2 画）

根据这个规律：第一套图的笔画是：6，7，8；第二套图的笔画是：9，10，11。

答案：B

面试题 4：查看下面字母的规律

T V X

Z H A

M E ?

请问问号处该填什么____。[上海著名股份制商业银行 P 2009 年 3 月面试题]

A．K　　　　　　B．Y　　　　　　C．B　　　　　　D．W

解析：第一行的字母全是 2 条线组成；第二行的字母全是 3 条线组成；可以推出规律：第三行字母全是 4 条线组成，所以应该选择 W。

答案：D

22.1.2　图形数量变化

面试题 1：下面 6 个图形中的哪一个适合填入右下角空中的方框中____。[某商业银行笔试题]

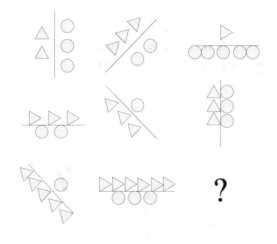

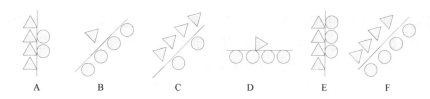

解析：本题规律在于图形的数量变化（三角和圆的数量）。

每一行的第 3 个图的圆的数量是同行中第 1 图和第 2 图圆数量之和：

第 1 行第 1 图圆数为 3，第 2 图圆数为 2，所以第 3 图圆数为 3+2=5；

第 2 行第 1 图圆数为 2，第 2 图圆数为 1，所以第 3 图圆数为 1+2=3；

根据这个规律，第 3 行第 1 图圆数为 1，第 2 图圆数为 3，所以第 3 图圆数应为 1+3=4。

每一列的第 3 个图的三角的数量是同列中第 1 图和第 2 图三角数量之和：

第 1 列第 1 图三角数为 2，第 2 图三角数为 3，所以第 3 图三角数为 2+3=5；

第 2 列第 1 图三角数为 3，第 2 图三角数为 3，所以第 3 图三角数为 3+3=6；

根据这个规律，第 3 列第 1 图三角数为 1，第 2 图三角数为 3，所以第 3 图三角数为 1+3=4。

根据这个规律可以得出问号处圆数量为 4，三角数量为 4。

答案：F

面试题 2：下面 6 个图形中的哪一个适合填入右下角空中的方框中＿＿＿＿。[英国某数据软件公司 B 面试题]

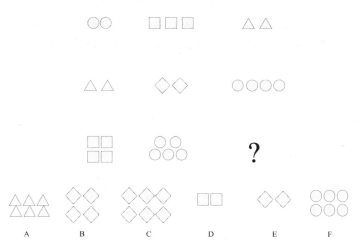

解析：本题的规律是个组合规律，是形状规律和数量规律的组合。查看规律，这些图形各不相同，分别表现如下。

（1）形状不同：圆，正方形，三角，菱形；同一行（列）形状各不相同。排除 A，D，F。

（2）数量不同：这里的规律是每一列的第 3 个图的图形数量是同列中第 1 个图和第 2 个图图形数量之和 [如第 2 列第 1 图图形数为 3，第 2 图图形数为 2，所以第 3 图图形数为 5(3+2)]。

根据以上分析：只有 6 个菱形符合上述条件。

答案：C

22.1.3 图形旋转变化

面试题 1：根据第一行图形的前 4 个图形变化规律，推测问号处该是下列四个选项中____。
[英国某数据软件公司 B 面试题]

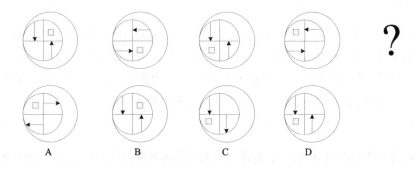

解析：本题的规律涉及图形转动，分析一下图形的规律。

看方块的位置：第 1 个图方块在第 1 象限；第 2 个图方块在第 2 象限；第 3 个图方块在第 3 象限；第 4 个图方块在第 4 象限。方块的顺序呈现顺时针转动的趋势，所以推测问号处方块应该在第 1 象限。确定选项 B。

答案：B

面试题 2：下面 6 个图形中的____适合填入右下角空中的方框中。[英国某数据软件公司 B 面试题]

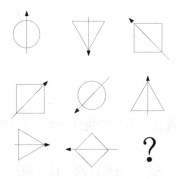

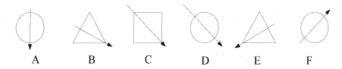

解析：本题的规律涉及图形转动，分析一下图形的规律。

本题从形状上很难看出什么规律，规律在于箭头方向，每 1 列的箭头以顺时针方向旋转 45°，所以问号处的箭头应该指向右上。

答案：F

面试题 3：下面 6 个图形中的____个适合填入右下角空中的方框中。[英国某数据软件公司 B 面试题]

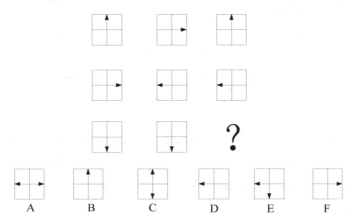

解析：本题规律在于图形的箭头，没有哪个图形有双箭头，排除 A，C，E。

每一行的箭头都有 2 个方向相同的，每一列的箭头都没有方向相同的，排除 B，D。

答案：F

面试题 4：下面各图都是正方体展开面，若将它们折成正方体，完全一样的是哪两个？[芬兰某移动公司 N 面试题]

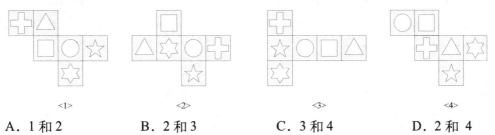

A．1 和 2　　　　B．2 和 3　　　　C．3 和 4　　　　D．2 和 4

解析：正方体有前后左右上下 6 面，以某图形为基点(如都以圆形为前)，分析图形如下：

	前	后	左	右	上	下
<1>	圆	十字	正方	五星	三角	六星
<2>	圆	三角	六星	十字	正方	五星
<3>	圆	三角	五星	正方	十字	六星
<4>	圆	三角	六星	十字	正方	五星

不难看出 2 和 4 相同。

答案：D

22.2 表格分析类题目

面试题 1：数理分析表格问题。[中国香港著名商业银行 H 2008 年 11 月面试题]

	Column 1	Column 2	Column 3	Column 4	Column 5
行 1	2	T	T	H	1
行 2	H	3	T	2	H
行 3	T	1	3	H	T
行 4	1	T	2	2	H
行 5	T	T	H	3	H

(1) Beginning with the first character in Row1, go across Row 1, then go back Row 5, then go across Row 2, and back Row 4, and finally across Row 3. What is the character to the left of the fifth T you come to____.

A．T B．2 C．3 D．H

解析：题目是说如果从第 1 行第 1 个字符开始，走过第 1 行，再走回第 5 行，然后走第 2 行，再走回第 4 行，最后走第 3 行，问遇到的第 5 个 T 左边的字符是什么？第 5 个 T 是第 2 行第 3 列的 T，它的左边字符是 3。

答案：C

(2) If the numbers in Row 2 add up to 5, replace every H in the pattern with the number 6. If the numbers in Row 5 add up to 4, replace every T in the pattern with the number 6. What is the sum of the numbers in Column 5____.

A．1 B．19 C．3 D．7

解析：题目是说如果从第 2 行的所有数字之和为 5（确实如此），把表中所有 H 替换成 6。

	Column 1	Column 2	Column 3	Column 4	Column 5
行 1	2	T	T	6	1

	Column 1	Column 2	Column 3	Column 4	Column 5
行 2	6	3	T	2	6
行 3	T	1	3	6	T
行 4	1	T	2	2	6
行 5	T	T	6	3	6

如果第 5 行的数字之和为 4（并非如此），把表中所有 T 替换成 6；则第五列数字之和为 19。

答案：B

（3）If the first, third, and fifth character in Rows 2 and 4 are replaced by the number 4, in which column would the sum of the numbers be greatest____

A．Column 4　　　　B．Column 5　　　　C．Column 1　　　　D．Column 3

解析：题目是说如果第 2 行和第 4 行中的第 1、3、5 字符被替换成 4。

	Column 1	Column 2	Column 3	Column 4	Column 5
行 1	2	T	T	H	1
行 2	4	3	4	2	4
行 3	T	1	3	H	T
行 4	4	T	4	2	4
行 5	T	T	H	3	H

哪一列的数字之和最大？

第 1 列数字之和为 2+4+4=10；第 2 列数字之和为 3+1=4；第 3 列数字之和为 4+3+4=11；第 4 列数字之和为 2+2+3=7；第 5 列数字之和为 1+4+4=9。

答案：D

（4）Reading from left to right, what character is immediately to the left of the character under the fourth character in Row 4____.

A．2　　　　　　　B．3　　　　　　　C．H　　　　　　　D．T

解析：题目是说第 4 行第 4 个字符（即 2）正下方的字符（即 3）左边的字符是哪个？
由题目（3）中的表格可知是字符 H。

答案：C

第 23 章

智力类题目分析

23.1 推理类题目

面试题 1：屋里 4 盏灯，屋外 4 个开关，一个开关仅控制一盏灯，屋外看不到屋里。怎样只进屋一次，就知道哪个开关控制哪盏灯？[中国著名国营综合性银行 ZX 2009 年 1 月面试题]

  答案：四个开关 ABCD。开 A 和 B，过 5 分钟，关上 A，B 保持开着，然后开 C，进去。又亮又热的，是已经开了一会儿的 B，又亮又不热的是刚开的 C，又不亮又热的是刚关了的 A，又不亮又不热的是没有动过的 D。

面试题 2：一所监狱，关着 N 个人。每人都被关在单独的房间里，房门外面标着从 1 开始的号码，表示犯人的号码。突然有一天，国家发生了战争。监狱长想我是应该释放这些犯人呢？还是应该放弃他们离开这里呢？如果是一群无知的犯人，释放他们反而会给居民们带来更大的危险。如果是一群有脑子的犯人，说不定还能对抗敌人，为国家做点贡献。最后，监狱长决定用一个智力题考验监狱里的所有犯人。

  问：给每个犯人的房间门外侧涂上颜色，颜色要么是"白色"，要么是"黑色"。从 1 号犯人开始，一次只能一个人，出来看一下其他犯人的门是什么颜色。但是看不见自己的门，因为自己的门当时是翻开的，背面靠墙了。然后犯人要猜测自己的门是什么颜色的，并告诉监狱长，然后再回到自己的房间。监狱长把每个人的答案记下来，并且统计有多少人猜对了。

  如果有一半的人猜对了，就把监狱里的所有人全部释放。如果猜对的人不到一半，监狱长就放弃这些犯人，让他们饿死。

  1 号犯人是被关的时间最长的犯人，也是这个监狱犯人里的带头大哥。监狱长给 1 号犯人一个机会，让他出门后看完其他犯人的门后，可以使用监狱广播 1 分钟，把他的"逃命方案"告诉所有犯人，然后再回房间。

假设你是这个 1 号犯人，你会如何设计你的"逃命方案"呢？[中国著名投资银行 ZJ 2009 年 12 月面试题]

答案：设黑色门为 X，白色门为 Y，则总数为 $X+Y$。1 号犯人出来之后，他只会遇到三种状况。

X 为 1 号犯人所见的数量为多数的颜色门数，Y 为另一颜色门数，下式中左侧 1 表示 1 号犯人自己的门数，$X+Y+1$=总数。

$||X-Y|-1| \geq 2$ 此状况最简单，开门犯人自己的门颜色不影响大局，可直接要求所有犯人猜自己的门是处于多数的颜色（$X>Y$ 即猜 X，$Y>X$ 即猜 Y），即可保证半数以上的人猜对，然后过关。

$||X-Y|-1| = 1$ 此状况比较复杂，此时可能是 $X=Y$，也可能是 $X=Y+2$，但若 1 号犯人要求其他所有犯人猜自己的门是处于多数的颜色（$X>Y$ 即猜 X，$Y>X$ 即猜 Y），同时猜自己的门为处于少数的颜色，可以保证[$(X+Y)÷2+1$]的犯人猜对，然后过关。

（假若 $X=Y$，即 1 号犯人的门属于其所见多数门的反色，猜对，同时 X 个犯人猜对，结果 $X+1$ 猜对，$X=Y$，即多于总数半数；假若 $X=Y+2$，即 1 号犯人的门属于其所见多数门的颜色，猜错，同时另外 X 个犯人猜对，Y 个犯人猜错，即对了 X 个，错 $Y+1$ 个，但是 $X=Y+2$，即 $X>Y+1$，多于总数半数）。

$||X-Y|-1| = 0$ 这种情况，此时可能是是 $X=Y+1$，也可能是 $X=Y-1$，但是很明显 1 号犯人的房门颜色是处于多数的那一方，因此可以要求其他犯人假如发现除自己外，所有房门颜色相加黑白数目相等的话，就猜自己的房门颜色为 1 号房门的颜色，而若发现所有房门颜色相加黑白数目不等，就猜自己房门为少数数目颜色，这样可以保证 $(X+1)÷2X$ 的正确率，然后过关。

面试题 3：1000 瓶药水，其中至多有 1 瓶剧毒，现在给你 10 只狗在 24 小时内通过狗试药的方式找出哪瓶药有毒或者全部无毒（狗服完药 X 小时后才会毒发，19<X<23）。[中国著名软件咨询公司 X2009 年 12 月面试题]

答案：按十进制方式给狗编号分别是 1～10。按二进制方式给药水编号。按照药水第几位数字为 1，给相应的狗服药。如下：

```
第1瓶    0000000001  第1位数字为1，给1号狗服药。
第2瓶    0000000010  第2位数字为1，给2号狗服药。
第3瓶    0000000011  第1、2位数字为1，给1、2号狗服药。
第4瓶    0000000100  第3位数字为1，给3号狗服药。
……
第99瓶   0001100011  第1、2、6、7位数字为1，给1、2、6、7号狗服药。
```

第455瓶 0111000111 第1、2、3、7、8、9位数字为1，给1、2、3、7、8、9号狗服药。
......
第1000瓶 1111101000 第4、6、7、8、9、10位数字为1，给4、6、7、8、9、10号狗服药。

最后看哪只狗毒发，则通过狗的编号得出药瓶号码。比如1、2、3、7、8、9号狗毒发，则第455瓶（编号0111000111）为毒药。

23.2 博弈论

面试题1：史密斯先生的遗产2 000元，要分给他的2个孩子。遗嘱规定如下：
（1）由哥哥先提出分钱的方式，如果弟弟同意，那就这么分；
（2）如果弟弟不同意，1 000元会捐给地震灾区，由弟弟提出剩下1 000元的分钱方式；
（3）如果哥哥同意弟弟的方式，就分掉这剩下的1 000元；
（4）如果哥哥不同意，遗嘱规定剩下的1 000元中的800元捐给灾区，然后分别只给他们每人100元。

问：哥哥会提出什么样的分钱方式使其利益最大化？（分配最小单位元）
附带条件：两人都极聪明且唯利是图。[中国著名投资银行ZJ 2009年12月面试题]
　A．1900　100　　　B．1899　101　　　C．1000　1000　　　D．1101　899

解析：这是一道风险评估题，属于博弈论的范畴：
如果两次都没有通过，那么两人最少获得100元，所以100元是无风险的。
第二次弟弟分配，只要给哥哥101元，弟弟获得899元。因为100元是无风险的，若少于或等于100元，哥哥"完全可以"不同意，然后获得100元。

若给哥哥的大于100元，给得越多，哥哥不同意的可能性越小。所以第二次分配的时候，弟弟可能获得的最大利益是899元，不可能再多，但是可能会更少。

回头再考虑哥哥第一次分配的情况，最低风险同样是100，给弟弟的越多弟弟同意的可能性越大。因为弟弟在第二次分配的时候可能最大获利899元，所以只要这个数目越小弟弟不同意的可能就会越大，因为可以冒险获得更大的利益。

但是只要等于899元，弟弟就没必要冒险，因为不可能获得比899元更多，况且哥哥也有不同意的可能。

所以哥哥分配的方案应该是：
哥哥：1 101元。
弟弟：899元。

答案：D

扩展知识

就这道面试题来说，我们只是就题论题，考虑是两人都极其聪明理智且唯利是图。但是如果真的在实际生活中出现了这样的博弈，考虑的东西就会更多些，因为有人的地方就有变数，人的情感，性格不是机械的数字所能左右的。这些变数都会影响到实际博弈的结果。

比如说现实生活中某些人总希望别人得到的比自己少，而不管自己得到多少。于是哥哥提出1899和101的方案，如果弟弟不同意，那么弟弟提出的方案哥哥也不同意。那最后双方都得到100。对于两个人来说都是双亏的抉择，当然这是一种极端的情况。

所以我们现实考虑问题的时候，要考虑最通常的情况：即每个人都希望拿得尽量多，如果万一拿得比对方少，也不要差距太大（古人云不患寡患不均）；所以实际生活中的情况可能是这样的：

1. 假如进入第二轮分配，弟弟会冒险地提出899、101的分配方案吗？显然不会，这个风险太大了，他完全没有胜算。因为哥哥可能宁可不要多的一块钱，也要和弟弟差距不大。他必须拿出一定的钱来换取哥哥至少有50%以上的可能性来同意他的分配方案，只要在保证分配方案得到对方点头的情况下，利益最大才能得到体现，因此要博弈就不该仅仅考虑自己的利益，这放在商业上也是这样的；

2. 弟弟的方案，最保险的是每人500，但既然要考虑利益最大，那就不可能是公平地进行分配，那弟弟的分配方案应该是让哥哥得到100到500的中间值，也就是300，自己得到700；

3. 那么，如果哥哥考虑到弟弟可能提出的这种方案的话，也就是让弟弟得到700，自己得到1 300。这种分配方案，弟弟同意的可能性过半，所谓博弈就在于此，不能一味去追求极端。

这道题出得非常好，它告诉了我们好伙伴之间怎样合理分配利益，这是两者能长久合作的基础之一。大家都是做企业的，获取最大利润无可争议；既然我们是兄弟般的合作者，分配的方法应该让双方心服口服；不要以为只有自己是智者，也不要压人，总之要有理有节达到共赢的局面。

面试题2：有一栋10层的楼，在每个电梯门口放上一颗钻石，这些钻石的大小不同，一人坐电梯从1楼到10楼，电梯每到一层楼都开一次门，请问怎么样能拿到最大的钻石。只有一

次机会（就是出了电梯门就进不来了）。[中国著名综合保险公司 RB 2009 年 1 月面试题]

解析：本题考的是管理学中最优决策与满意决策的问题。

采用最优决策，决策者必须在给定约束条件下选出一个能产生最优秀后果（如利润最大、成本最小或其他目标最好）的行动方案，以求一次性地从根本上解决问题。但最优化是一种理想化的追求，在现实中只有为数很少的情况下才能用得上这种决策准则，而在大多数情况下，通常只能采取满意化决策准则，即只要求将既定目标实现到足够好、令人满意就行了。

答案：前 3 个不管多大都不拿，从第四个开始，如果比前面的钻石大或与前面最大类型相似的就拿，否则就不拿。如果到 10 楼还没选择好，就拿 10 楼的。

T 公司这道题目借鉴的是一个有关苏格拉底弟子摘麦穗的问题：

古希腊哲学大师苏格拉底的三个弟子求教老师：怎样才能成功呢？苏格拉底没有直接回答，让他们去走麦田埂，只许前进，且仅给一次机会，要求是：选摘一个最好最大的麦穗。第一个弟子没走几步就看见一个又大又漂亮的麦穗，高兴地摘下来。但他继续前进时，发现前面有许多麦穗比他摘的那个大，但他没有机会了，只得遗憾地走完全程。第二个弟子正好相反，每当要摘时，总是自我提醒，后面可能还有更好的。他一直走到终点才发现自己失去了很多机会。第三个弟子的做法是当他走过全程的 1/3 时，即分为大、中、小三类；再走过 1/3 时，验证分类是否准确；在剩下的 1/3 里，他较早地选择了位于大麦中的一个美丽的麦穗。虽然这个麦穗不一定是麦田里最大的，但肯定还是不错的。

23.3 概率

面试题 1：一个鱼塘，养鱼若干，请想一个办法尽量准确的估算其中有多少条鱼？[中国著名基金管理公司 N 2009 年 12 月面试题]

解析：本题考的是概率论中的放回抽样。

以从一个口袋中取球为例，每次随机地取一只，每次取一只球后放回袋中，搅匀后再取一球，这种取球方式为放回取样。每次取一只球后不放回袋中，下一次从剩余的球中再取一球，这种取球方式为不放回取样。

答案：先从塘里捞个 100 条鱼（可以根据鱼塘里鱼的大概数量级适当变化）然后为每条鱼做一个标记（例如绑上一条丝带），再放回去。一天以后，再捞上 100 条，数一数有多少是做了标记的。可以假设这时做了标记的鱼是均匀分布在鱼塘里的，所以大概就能估计出一共有多少条鱼了。

比如说发现20条鱼有标记,那么总鱼数大概为500条(100×100÷20)。

面试题2:概率问题

(1)一个普通的骰子,连抛2次都是1点,问:抛第3次是1点的概率是小于1/6,大于1/6,还是等于1/6?

(2)一个普通的骰子,连抛10次都是1点,问:抛第11次是1点的概率是小于1/6,大于1/6,还是等于1/6? [上海著名证券公司S 2009年8月面试题]

解析:在概率论中,有一个概念叫独立事件。事件A(或B)是否发生对事件B(或A)发生的概率没有影响,则称A与B是相互独立事件。贝努里(瑞士数学家和物理学家)有一个独立重复试验:同样的条件下重复地、各次之间相互独立地进行的一种试验。贝努里试验有个结论,n次独立重复试验里,某事件A恰好发生$k(k=0, 1, \cdots, n)$次的概率$P_n(k)$,组成离散型随机变量的二项分布:

$$P_n(k) = C(n, k) p^k (1-p)^{n-k}$$

掷骰子符合独立事件。投掷1次为1点的概率$p=1/6$,不是1点的概率为5/6。

如果本问题换一种问法:

(1)一个普通的骰子,连抛3次都是1点的概率是?(此时$n=k=3, p=1\div 6, P_n(k)=1\div 6^3$)

(2)一个普通的骰子,连抛11次都是1点的概率是?(此时$n=k=11, p=1\div 6, P_n(k)=1\div 6^{11}$)

对比本题:

(1)一个普通的骰子,连抛2次都是1点,问:抛第3次是1点的概率是小于1/6,大于1/6,还是等于1/6?

(2)一个普通的骰子,连抛10次都是1点,问:抛第11次是1点的概率是小于1/6,大于1/6,还是等于1/6?

这问法不一样了,对于第1题,它假设了前2次都出现了1点,但第3次仍为独立事件,与前2次无关。第3次出现的概率仍然为1/6。第2题也一样是1/6。

从概率论来说,全是等于1/6。因为事件都是独立的。但从人的感觉来说,既然出了10次1点,再出1点的可能性较小。这种错误的感觉迷惑很多人。我们往往会被实际经验左右自己的结论,但我们要坚信理论!有人会问:本题中,连抛10次都是1点这种事情太怪了,简直不可能!概率论里,不可能事件的发生概率是0,但0概率事件可能发生。比如在宇宙中抽一个人,抽到你的概率。这就是一个0概率事件可能发生的例子!

随机变量分连续和离散两种,它们各自的分布描述是不同的。对于连续性随机变量,单个具体点的概率密度值为一有界常数,这个值可以是任意的(包括0和1),但因为点是没有长度的，所以该点的概率密度积分为 0（因为该点概率密度值有界），即该点所对应的事件发生的概率为 0，但这个事件仍然是可能发生的，因为这个事件在事件域内。也就是说，概率为 0 的事件有可能发生。同理，某个点的概率密度值为 1，但该点的概率密度积分仍为 0，所以概率为 1 的事件也不一定必然发生。总之，对于连续性随机变量，讨论单个点的概率是没有意义的（都为 0），我们讨论的是这个随机变量落在一个区间内的概率。

对于离散随机变量，如果它的事件域是有限个事件，则可以认为概率为 0 的事件一定不会发生，概率为 1 的事件必然发生。但若事件是无限的，则还要具体分析，既然 0 概率事件都是有可能发生的，那么概率趋近于零的事件果然有可能发生，只不过我们平时在处理问题的时候，把概率接近零的事件算作 0 概率事件，只是算作，不是绝对。

本题有三个前提：

(1) 既然题目说是"一个普通的骰子"，按照常理就是有 6 种数字的骰子；
(2) 普通骰子投一次投出 1 的概率是 1/6；
(3) 概率本身就一个估计值，0 概率事件都可能发生，更不要说小概率事件了。

所以最后的结论是：

投 10 次连续出现 10 次 1 的概率是 1/6 的 10 次方，但这个小概率事件的发生和下一次投没有关系。如果承认"普通骰子投一次出现 1 的概率是 1/6"，那么下次出现 1 的概率还是 1/6。

答案：1/6，1/6。

第 24 章

无领导小组讨论题目分析

24.1 题目介绍

主题:海难求生记。[全球著名 ERP 软件公司 P 2012 年 12 月面试题]

> 现在发生海难,一游艇上有 8 名游客等待救援,但是现在直升机每次只能够救 1 个人。游艇已坏,不停漏水。寒冷的冬天,刺骨的海水。游客情况如下:
> (1) 将军,男,69 岁,身经百战;
> (2) 外科医生,女,41 岁,医术高明,医德高尚;
> (3) 大学生,男,19 岁,家境贫寒,参加国际奥数获奖;
> (4) 大学教授,50 岁,正主持一个科学领域的项目研究;
> (5) 运动员,女,23 岁,奥运金牌获得者;
> (6) 经理人,35 岁,擅长管理,曾将一大型企业扭亏为盈;
> (7) 小学校长,53 岁,男,劳动模范,五一劳动奖章获得者;
> (8) 中学教师,女,47 岁,桃李满天下,教学经验丰富。
> 请将这 8 名游客按照营救的先后顺序排序。(3 分钟的阅题时间,1 分钟的自我观点陈述,15 分钟的小组讨论,1 分钟的总结陈词。)

24.2 无领导小组讨论特点

无领导小组讨论是指将一定数量的被评人(5~8 人)集中起来,让他们就给定的问题进行一定时间长度的讨论。讨论中各个成员处于平等的地位,并不指定小组的领导者。评委根据被评人左右局势的能力和发言的内容,对被评人进行评价。总体来讲,这是一种利用松散群体讨论的形式，快速诱发人们的特定行为，并通过对这些行为的定量分析与人际相互比较，来判断每个被评人能力水平和个性特征的人事评价方法。据统计，在世界500强企业中，有八成以上的企业在高级人才的招聘和职务晋升中使用这种方法。这种方法被认为是招聘和选拔高级管理人才的最佳方法，尤其适用于评价分析问题、解决问题以及决策等具体的领导素质测评。

无领导小组讨论特点如下。

(1) 讨论角色的公平性

没有核心人物，地位上的去中心化，讨论时参与者可以不受约束，为人们提供了一个充分展示自己的机会。由于中国人的权威和权利观念比较重，所以没有中心人物可以在一定程度上使个体能更好地发挥自己。

(2) 测评方式的仿真模拟性

传统的考试和面试往往是以过去预测未来，但它忽视了环境对个体行为的影响。无领导小组可以克服这种局限，讨论围绕着一个实际问题展开，在整个过程中，每个人表达自己的观点，以理服人，最后形成一个统一的意见。这种群体讨论的方式，与实际的决策情境非常相似。尽管在讨论中没有指定领导，但是个体如何表达自己的观点、如何说服别人、如何争取他人的认可、如何对待不同意见、如何巧妙地控制讨论进程等，都能反映出一个人的素质。

(3) 评价的公平客观性

考官在对面试者加以评价的时候，主要是依据三个方面的品质：好与坏、强与弱、主动与被动。其中的好与坏又是最重要的。也就是说，人的认识喜欢作出判断，一旦作出判断，人的印象就形成了。因此在传统的面试中，考官容易犯各种各样的偏误，如晕轮效应、刻板印象、第一印象等。而在无领导小组讨论中，考官主要从可观察、可比较的行为表现中去评判求职者，因此有别于一般的价值判断，可以较好地克服认知偏差，得到公平而科学的判断。

综上所述，无领导小组讨论能测出笔试和单一面试不能检测出的能力和素质；能观察个体之间的相互作用；能依据求职者的行为特征对其进行全面合理的评价；能够涉及求职者的多种能力和个性特征；使求职者在无意中显露自己的各方面的特点；使求职者有公平竞争的机会；节省时间，并且便于比较；应用范围广。

(4) 争取早的面试时间

其实面试时间相对较前比较好，众多经历告诉我，成功的几率越到后来越小。当然如果你相当优秀就不会在乎这个时间的关系，但是如果你比较普通，那么你最好不要把面试往后拖。怎么说，HR也是人，会有先入为主的想法。在认可一个人的同时就会否认其他人，毕竟名额有限。

24.3 无领导小组阶段分析

1. 自我介绍阶段

群面之前一般都会有个简短的自我介绍，时间控制在每人 1 分钟，让大家了解自己。同时也很好地了解别人。这 1 分钟时间一定要非常珍惜，不要紧张，语言流畅，考官欣赏有自信与人进行眼神交流的同学，语速慢一些，但是要清晰。幽默的阐述，微微用些肢体语言，偶尔停顿的时候微笑。这样的人一般会得到高的分数。记住，自我介绍是互动，并不是一段了无生趣的自白。

一般来说，自我介绍要展现自己的优势，但切忌表现出那种强势的感觉，这不能算自信，让人感觉到的是张扬和显摆，那么在群面的时候，你可能就是被攻击的对象。

2. 准备阶段

时间控制在 3~5 分钟，考生准备进入角色，考官会向考生宣读题目。在讨论过程中，考官只作为旁观者，不参与讨论，不发表任何意见，完全由你们自主进行。在讨论开始后，请不要再向考官询问任何问题。讨论时间为 40 分钟。

3. 自由发言阶段

时间控制在 10 分钟内，考生准备轮流发言，阐明各自的观点。这里要注意以下几点。

（1）积极发言

虽然有一句话叫"沉默是金"，但是这句话要有一个前提，那就是"该沉默的时候，沉默才是金"。小组讨论的时候，一定要积极发言。甚少出声的，基本都会被否决。有的同学不爱说话无外乎两种原因：

① 肚里没货，说不出来；

② 性格比较内向，虽然有一些 Idea（想法），但不愿抢话。

对于第一种情况的同学会感觉在群面中始终不能跟上别人的节奏。总是慢一拍，于是整个过程都输了。这种提升不是一朝一夕的，平时要多做阅读，提高自己看问题的深度，尤其像《南方周末》这样的杂志，做到"内强素质，外树形象"。

对于第二种情况的同学，一些比较内向的人可能会在群面时就比较吃亏。如果你真的想获得这份工作，那你就该努力地适应环境改变惯性。虽然性格很难改变，但是性格也绝不是理由，结合自己的特点发挥出自己的优势，让自己的长处更加显著吧。例如，可以提高自己思想的深度，让自己在表达观点时出彩。总之，你一定要有一个突出点，让 HR 留意到。

(2) 语言表述的逻辑性

蔡依林有一首歌叫《你怎么连话都说不清楚》，事实上，说不清楚话的大有人在。实际上就是语言的逻辑性不清。那什么是说话的逻辑性？说话的逻辑性是指说话有条理，接收者能很清晰地提炼出你所要传达的几点意思，便于交流，又不会产生误解。简单地讲就是有条理，有主次，知道什么先说什么后说；让人一头雾水的话就是没有逻辑性的！

逻辑包括三个元素，概念、判断、推理。概念，给同类事物下定义；判断，根据所下定义考核新事物是否属于所定义事物；推理，通过一连串的判断，得出该事物的性质。而逻辑性，就是从定义概念，到作出判断，到推理出结论的过程，整个过程像一条线，就是我们所谓的条理。

要实现说话的条理性。首先，说话者在说话前，心中要有一个大纲，即你这次说话要达到几个目的。其次，在说话之中，顺序一一落实。对没有达到目的的，要继续沟通，直到达到目的为止，例如讨论被救优先级的（两个落水者：一个59岁的女教授，一个18岁的大学生）。这时小白说："关于被救优先级我们将按对社会的贡献程度作为最重要的标准。能够对营救次序起决定作用的，是被救人员所可以提供给整个社会的贡献的多少。但仅依照这个标准是不全面的。因此我们还考虑了被救人员的自救能力。因为自救能力的高低，对营救次序的决定也起着关键的作用。我们选择先救教授，第一是他正主持一个科学研究项目，对人类有较大贡献；第二是年纪比较大，自救能力相对较差。而大学生虽有潜力，但贡献小且正值壮年，自救能力应该较强。"

这就是一个推理过程，概念：被救优先级；判断：社会贡献值以及自救能力；结论：59岁的女教授应被优先拯救，整个连起来的过程就是推理。这样说话有理有据，接收者对起因、过程、结果都清晰明了。

以上这个例子的答案并不一定是正确的，但它的逻辑性却是清晰的；很多小组讨论，其实并没有标准答案，考官并不在意最终的结果是否正确，反而是希望看到在讨论过程中，每个人的主动性、沟通技巧及表现出来的团队精神。

答话者的条理性。首先有一个大背景，即你说话的立场，这个立场是要绝对坚定的，谈话中绝对不动摇。在提炼到提问者提问的真正意图后，进行判断，提问者表达的意思是否与自己所持的立场有不同。不同，则要坚决表明自己的立场，进行逻辑推理，向对方说出道理；相同，则注意一下你所持立场的性质边界上的细节便可。

考官喜欢这样的人：他能用很强的逻辑性来给讨论订大纲，并注意控制进度，发言比较主动，而且都比较有建设性。例如，他会提出，找谁进行控时，前几分钟干什么，中间干什么，最后干什么。这样的人，考官会认为能很好地推动Process。这些人的得分也会不错。有一些人虽然发言很多，但是总在讨论细枝末节，或者附和其他人的意见是不入考官法眼的。

参加群面前要做以下练习。

（1）平时要训练自己说话的力度和条理性。要有目的性地加快自己的语速。

（2）学习分析问题的方法：要有大局观把握问题的实质，例如，要清楚说出本质原因是什么，不可就事论事；分析问题时采用一些常用的方法，如两分法、横向比较、纵向比较。

4．讨论辩驳阶段

这个阶段是最重要的阶段，考生必须充分展示自己的聪明和才智。表现优秀的人往往在这个阶段脱颖而出，成为小组的核心人物。同时考生的优点和缺点也很明显。尤其是人际沟通能力、决策能力、应变能力和组织领导能力充分展露出来。这里要注意以下两点。

（1）不要过于强势

每一次辩驳阶段，总有一些求胜心切的同学，往往希望能引导整个小组的讨论方向而显得非常强势，忽略群体的意见。其实这些人没有搞清楚晋级的必要条件是什么？HR 青睐有加的人是：

① 能完成任务，在规定的时间内得出理性结论。

② 能理解上司的想法，你能站在他的角度思考。

③ 为了更好地完成任务，你需要了解你的团队成员，沟通并让他们清楚地了解任务是怎么样的。然后鼓励他们，尊重他们，引导他们。

这3点做好了，那你离晋级就不远了。接下来总结的时候，可惜群面一开始很多同学不重视观点与逻辑，只管表现和表达，而且不停地来回反复地说。总是想着怎么第一时间抓住做领导的机会，或者拿到案例一开始就在想着怎么提出一个标新立异的想法，或者在别人发言的时候，想着怎么去驳倒对方。他们急于想发表自己的意见，生怕错过了机会，表现出自己的强势和坚决。仔细想想，一个好的领导会这样做吗？显然不会。

如果我们遇见这样的"强势"的对手该怎么办呢？方法有如下3种。

① 被攻击时不要立刻还击。例如，小侯在一次群面时，在论述观点的时候就被别人"攻击"了，这个时候，最需要做的不是立马反驳，你只需要缓一下，理清楚他的思路，在尊重对方的基础上去求同存异就好了，还击只能使你和他一样止步晋级。

② 遇上总说"不"的人？请他来说说他的说法。如果他的说法有漏洞则抓住他的不足之处，请其他人做评判，引开自己的注意力，让大众来干掉他。如果这个人异常雄辩。这可能是你一位最大的对手。"我们是一个 Team，我注意到有的人还有 Idea，我们听听他们的想法如何？"这样一句话容易把话筒转交到其他人手中，并且其他人会觉得他是公敌，自然他不会得到多数人支持，那么就容易以此盖掉对手风头。

③ 遇上两个强势的人僵持不下的时候，挺身而出作总结。群殴讨论阶段一般来说是讨论很激烈，小组里面成员你不同意我、我不同意你，都坚持己见，这个时候你的机会就来了，在合适的时候插入，让讨论暂停。例如，在一次"群殴"的时候，小组讨论就有点混乱，小张发现时间很紧了，立马插入说："我想插入一下好吗？我们时间不多了，我觉得大家的意见都很好，特别是某某说的这个建议很好，我想我们能坐在一起讨论是因为我们都坚信A方案是最好的，所以，大家求同存异。某某，能辛苦你把大伙的意见分条记录下吗？对了，某某，你的观点是不是……？某某，你的观点是不是……？"一般后面还会出现争论，那你根据情况再协调一下就好了。

(2) 有爱心关注他人

正所谓"仁者无敌"，注意多给其他人机会也是给自己机会。记住你在团队里，虽然这是面试，周围的人都是竞争者，但是你的队友是合作者，你必须靠他们获胜，所以不要一个人把所有的话都抢了，也不要常去打断他人的话。大家在面试中都追求表现，你若做出不让别人表现的做法，别人记恨在心，会对你造成影响。而且大多数公司都不会欣赏不尊重他人的人。在群面中总有话非常少的同学，你若发现有人总是插不上话或没有表现，这时候你一句"这位同学，好像你到现在都没有发言，不知道你有什么意见？"给了默默无闻的人表现的机会，这位同学肯定会感激你，在你需要支持的时候，或需要有人拥护你当领导的时候，他就是那一票。最终会提升你pass的几率了，因为这个细节表示：你有Leadship，能充分关注每一个成员的声音。

5．总结阶段

时间控制在3~5分钟，讨论结束后，小组成员推荐一名小组长，对所讨论的问题进行总结性的发言。这时候考官会写一份评定报告，内容包括此次讨论的整体情况，所问的问题以及每个人的表现和录用建议等。在无领导小组讨论中，主考官评分的依据是：发言次数的多少；是否善于提出新的见解和方案；敢于发表不同的意见，支持或肯定别人的意见，坚持自己的正确意见；是否善于消除紧张气氛，说服别人，调解争议，创造一个使不大开口的人也想发言的气氛，把众人的意见引向一致；看能否倾听别人意见，是否尊重别人，是否侵犯他人发言权。

在这个过程中需要注意的是微笑、尊重、换位思考，目的是能让HR看到你更多的东西。尊重别人，怎么去沟通和协调。这些都要得益于平时的积累（如从事志愿者和公益活动的经历）。以感恩和善意的心态去看待对方，很多事就变得简单了。同时，还要看语言表达能力如何，分析能力、概括和归纳总结不同意见的能力如何，看发言的主动性、反应的灵敏性，等等。

24.4 无领导小组角色分析

群面中看似每一个面试者都是平等的,需要通过自己的努力,争取到小组公认的角色,并为小组讨论结果,贡献自己的力量。在这个过程中,展示给面试官的是你各方面的能力和素质,分析问题能力,沟通表达能力,团队合作能力,专业知识运用能力,情绪控制能力,领导力,等等。角色很重要,在整场面试中,角色清晰,并在自己选定的角色方向,贡献值最大,那你就 Pass 了(注意:并不是领导更容易 Pass,任何一个角色的 Pass 机会都是均等的,只要你在选定的角色方向贡献最大),如何选取自己的角色方向,需要考虑小组成员之间的能力、性格和专业构成(如你原先选定的方向,在面试中遇到一个更适合更优秀的人,那就没必要争着做了,可以选择其他相近的方向,或者担当这个方向的辅助角色),最重要的是根据自己平时生活和工作中,更善于做的那个角色。这个与学生会工作中的职位无关,想想自己平时生活是启发别人思考多些呢,还是善于独自思考;是善于总结陈述呢,还是善于表达灵感;是善于遵循和执行纪律呢,还是鼓励自由和创新;是善于思路引导呢,还是执行思路;是善于大局观呢,还是善于解决具体的问题;是善于活跃讨论气氛呢,还是认真发现问题;等等。只有角色定位适合自己惯常的表现,才能更自然地、更出色地在这个方向上贡献最大。

参考角色:第一领导、第二领导、时间控制员、记录总结员(比较适合女生的一个方向)、和事老(团队润滑剂)、点子王(群面中占多数,在某个知识领域熟悉,有灵感,多建议,善于解决具体问题)。当然还有其他个性角色方向,只要你想出来,结合自己的性格和能力,知道如何担当,并在这个角色方向贡献最大,同一个角色,不同的人来担任,会有很多不同的表现。现在就详细分析如下。

1. 领导

领导相对来说更容易通过,原因是领导的戏份多,表现时间和机会多,容易为自己加到更多的分数(如果职位要求有领导这个角色的话,加分就更多了)。成为领导不是一件容易的事,特别是在短短几十分钟以内要让素不相识的竞争者愿意支持你认同你,谈何容易。那么群面中,如何做一个出色的领导呢?

(1) 了解对手

面试前,了解清楚参加面试同学的名字、学校和专业背景、爱好和特长等(不用问得太明显,闲聊时熟记于心),面试时,根据个人的专业和特长,恰当分工合作,并恰当地把各阶段的陈述和总结机会让给恰当的同学。总之,在面试前,让大家认同和信任你,这比什么都重要。我们往往不是因为某句话有道理而信任某人，而是先信任了某个人，进而相信他说的话。所以，做领导，面试前，多跟大家熟络尤为重要。

（2）绽放自己

曾有人说：人像一朵花一样慢慢绽放自己。面试中，有人会主动要求担当领导，事实上领导会自然而然产生。某人的气质、魅力、决断力会自然而然地把他推向前台。不要强制让其他人推你做领导。领导不一定是人家开口叫你的，即便是无领导小组你依然可以抓住做领导的机会。这种没有浮出水面的领导叫"隐性领导"，也就是有实无名。群面成员大部分都不认识，那么人家凭什么一开始就认你做领导？即使嘴上应了，心底未必信任你，否则即使主动担当领导，也会由于控制不住局面而垮台。人的魅力真的是很难描述的东西，有时候隔着很远，就能感受到一个人的坚毅和果断，这是学不来的。如果想成为领导，要首先使团队成员信任你的思路，能出色解决面试问题时，他们才愿意配合你，一起来充实这个解决思路。

这个思路不一定全部由自己提出，可以综合众人心智。你也在引导和总结其他同学思路的时候，体现自己的领导能力和团队合作能力。例如，在群面中领导一般首先说话，如：

"我们遇到的是一个什么样的问题，目的是要实现什么，在讨论具体解决方法时，我们先确定一下总体解决思路。"

"我先谈谈我的想法，大家补充和改进一下，好吗？"

领导的思路是这样，一般来说组员都会认同，并在这个总体思路上，加进自己的建议，完善一下，就确定了小组的总体思路。但是鉴于领导的自身学历、能力、见识所限，他提出来的总体思路可能是完全错误的，所以有可能遭到组员炮轰而失去信任值。例如，某个领导总体思路确定后，接着讨论具体的执行方法和步骤（有时案例题目较难，涉及很多方面的资源，困难和影响，一时很难想到总体思路时，可以大家轮流发言，一起解读案例材料，然后慢慢形成思路。但这种方式，会出现各说各的，耗费很多时间，却没有形成系统的思路）。

领导还要注意的是，机会分配问题。要结合个人的专业优势，恰当地引导组员发挥自己的特长，为解决方案提专业的意见。如果某个同学不怎么说话，或者争取不到说话的机会，领导可以说"还有其他意见吗？要不我们听听某同学的意见。"总之，发挥每一个小组成员的能力和知识优势，在规定的时间内，整合出完善的解决方案，这是领导的最大贡献方向。

领导开放的交流、宽容、同情心（能理解组员的点子和心理变化）、总结能力等，在群面中，都是非常重要的。领导并非颐指气使，而是用自己的能力来拉动整个团队的前进，用良好的安排来确保团队计划的进行，及用自己的知识和充分的分析来促成团队有效的讨论。领导，永远脱离不了团队，永远在团队利益最大化中贡献最大。

2. 时间控制员

不要小看时间控制员，在很多场群面中，我发现时间控制员都 Pass 了。为什么？因为时间控制员的团队合作和团队贡献很容易突显。但是，担当一个好的时间控制员，却不是简单计算一下时间，那么容易的事情，里面大有学问。下面谈谈群面中如何做一个出色的时间控制员。

时间控制员第一任务是时间管理。所以，时间控制员拿到案例题目和时间规定后，浏览一下案例，根据案例解决的困难所在，合适把时间段分块（面试前，通过交谈，可以初步判断哪个同学可能是领导，在面试时坐在他旁边，对时间分块前后，跟领导商量一下，争取做到时间分块与总体思路进展相匹配，这是一种比较稳妥的方法）。然后把自己的想法跟组员说：

"我们要讨论的是一个某某问题，可能在解决某某和某某问题上，会遇到困难。我建议，在讨论前，我们先根据题目的情况，把面试时间这样分块，大家看看怎样？好吗？"

"大家先用 3 分钟来独自思考，写下大概方案，然后我们轮流讲一下自己的想法，每人一分半钟，一共是 12 分钟，接着，我们用 20 分钟来讨论，得到综合完善的方案，最后我们选出代表总结陈述，并给他 5 分钟整理思路和准备总结。整个过程是 40 分钟（3+12+20+5），而面试一共是 45 分钟，我们有几分钟的机动时间。这样时间分块，大家觉得可行吗？"

时间控制员在讨论过程中，要严格按讨论好的时间规划来管理时间，适当打断发言超时的同学如：

"时间到了，同学请先停一下，到下一个同学发言了。"

也适当引导大家谈话简洁扼要，如：

"某某你能用几个词总结一下你刚才的话吗？"

"简要一些，就说你的结论是什么？"

还可以通过赞扬的方式，如：

"某某讲到某某这个问题，很有见地，现在的重点是解决某某问题，大家觉得怎么办？"

时间控制员还有个重要责任是，配合好领导，引导组员在总体思路方向前进（这也是第二领导的一个重点）。当意识到领导需要时间和发言机会时，可以说：

"下面，我们适当总结一下刚才谈话的内容，听听某某是怎样总结的。"

"刚才大家各说各的，我们先回到总体思路上。我们讨论到哪一步了呢？"

时间控制员有时要唱黑脸，果断打断啰唆或偏题的谈话，让讨论有效。放心好了，因为打断后，下一个发言机会受益者不是你，所以大家不会轻易对你产生反感。当然，语气尽量婉转、巧妙。

机动时间处理,也是时间控制员发挥的时候。如果剩余时间充足的话,可以把团队往前推动一下,如:

"现在还剩 4 分钟,我们想想方案还可以完善吗?"

"我们把问题解决了,现在还有时间,大家讨论一下,以后怎么避免同样的生产问题发生吧!"

总之,时间控制员是团队重要的一员,不仅关系到团队能否在规定的时间内,充分讨论问题,并得到完善的解决方案(时间划块和协助领导方面),还关系到团队成员机会均等,并发挥各自最大贡献,以实现方案最优化(时间管理和引导发言方面)。

3. 记录总结员

当团队成员吵得纷纷扰扰时,还有一个女生在认真记录着每个人的讲话,并不停地用各种记号,标记讲话内容的重点。群面中,如何做一个好的记录总结员。

(1) 记录清晰,重点标明

根据团队时间划块的安排,把一张纸分成几部分,在每一个部分的顶头,写清楚该时间段要解决的问题和目标。讨论时,要快速而准确记下每个同学的发言名字和发言内容,不一定全部逐字记录,但完整意思一定要记下,包括好点子和坏点子,并结合团队整体解决思路,把相关的发言要点,用记号标明。

(2) 配合领导,解决盲点,推进讨论

及时把关系到重要问题解决的发言,有创意的点子、重点清晰地指给或传给领导看。

例如,发现某个重要问题还没讨论结果,就被岔开时,在恰当时提醒队友再讨论一下,也可以通过领导来引导大家再讨论。当团队成员讨论无目的时,要站出来,讲述清楚我们刚才讨论到哪一个步骤了,接下来讨论哪个步骤。

(3) 恰当总结发言,争取做代表来总结陈述

在讨论收尾时,拿起本子,向着每一位组员说:"大家的发言,我都记录在这个本子上,下面,我跟大家说说我记录的重点吧!"

当大家都看着你的时候,你一定要思路清晰地、重点突出地把你整理出来的方案要点,逐条讲出来,并在这个过程,恰当点名赞扬一下某个同学的点子。

最后谈谈记录中的坏点子(如何判断坏点子,跟公司的文化和办事风格不匹配,跟解决问题的大局目标相冲突,或是节外生枝,不在本案例的讨论范围之内)。如果某同学只提出一次的话,不占用太多讨论时间的话,就可以记下来,而不跟大家点明。

如果再次被提出来,并引起大家的讨论的话,就要明确表态,参与引导讨论方向了。记录总结员,说话一定要最有分量,有根有据!如果感觉自己文化底蕴不错,可以在陈述观点

的过程中对语言进行艺术化的处理。这样距离顺利 pass 肯定没问题。

4. 非领导位置

若在你之前领导位置已被他人所占？或发现新的领导？不要急于去推翻他，要联合其他人来夺取他的位置。在他的发言中抓住他的弱点，先赞同他好的地方，再抨击他的弱势。一个人独当是很难说服大家的，要把团队里的人都当作你的后援团。引导大家来推翻其他领导，"群众基础"是相当重要的。不要表现过多挑衅情绪，可以短暂支持短期领导，让他也成为你的贡献者，避免在团队中树敌。

适时做总结，不一定要到最后才做总结的人。适时总结他人或总结讨论状况可以引导大家进入新一轮讨论，无形中你就是组织者，可能整场下来你发表的 Idea 并不多，但是你却能成为贡献最多的人。

分析了以上诸多角色，群面中到底做什么角色好？如果你觉得这个小组你可以横扫任何人，那你就做话题引导者，让大家跟着你的思路走。如果你觉得你在这个组中实力最弱，那你就先观察一下情况，再做定夺。等强人们吵得不可开交的时候，忽然异军突起，表达自己的观点和态度，把大家拉到自己比较中立的立场上来，这时候的语气需要快而强硬。当然，如果觉得自己什么都不行，做一个时间控制员也不错。最后需不需要上去做 Presentation？如果你觉得你的思维，你的语言能够胜任的话，那就上去，但是，万一出现了什么小问题，在台上发生都是致命的，很可能你因为思维跟不上语言或者其他情形就这么告别了。所以，这也是一个博弈的过程。

5. 补充

（1）多用鼓励性话语，如 "It's great!"，"It sounds great!"，"你的想法很不错"，等等。

（2）可以在面试完把笔记给面试官。但前提是你的笔记要能看得懂的那种。可以用逻辑图把讨论过程和结果画下来，以显得直观清晰。笔记签了你的名字，作用是让面试官记得你。

24.5 无领导小组评分标准分析

无领导小组讨论中，评分者的观察重点当然是应聘者的行为表现，这是评分者评价应聘者的一切信息来源。在无领导小组讨论中，评分者的观察要点包括如下。

- 发言内容。应聘者说了些什么？
- 发言的形式和特点。应聘者是怎么说的？
- 发言的影响。讨论者的发言对整个讨论的进程产生了哪些作用？

(1) 沟通能力

口头表达清晰，流畅清楚，善于运用语言、语调、目光和手势等；敢于主动打破僵局（人际技巧）能够倾听他人的合理意见；遇到冲突保持冷静，并能够想出缓解的办法。

(2) 分析能力

理解问题的本质，解决问题的思路清楚，角度新颖能够综合不同的信息，深化自己的认识。有悟性，领会问题的速度快。

(3) 应变能力

遇到压力和矛盾时积极寻求解决方法，情境发生变化时能够调整自己的行为方式；在遇到挫折时仍然积极面对；在难题面前能够从多角度考虑问题。

(4) 团队精神

很快融入小组讨论中，为小组的整体利益着想；有独立的意见，但必要时会妥协；为他人提供帮助，尊重他人，善于倾听他人意见。

(5) 人际影响力以及自信心

观点得到小组成员的认可，小组成员愿意按照其建议行事；不靠命令方式压制他人，善于把大家的意见引向一致；积极发言，敢于发表不同的意见，强调自己观点时有说服力。

(6) 细节

一些无意识的小动作应该尽量避免，像转笔、跷二郎腿、口头禅等。以下几种角色在面试官眼中是不足取的。

① 独裁（Autocrat）：总是对整个团队其他人横加干涉，颐指气使。

② 炫耀（Show Off）：所有的时间都见他自己喋喋不休，好像自己知道很多答案，炫耀自己的才能。

③ 轻浮（Butterfly）：在别人准备好之前不停地变换话题。

④ 侵略者（Aggressor）：对别人不尊重，总是消极否定别人。

⑤ 逃避（Avoider）：总是逃避讨论本组正在关注的核心问题。

⑥ 批评家（Critic）：对别人任何观点，他只看到消极的方面，永远提不出建设性意见。

⑦ 喋喋不休者（Self-confessor）：用一个组的时间自说自话。

⑧ 小丑（Clown）：总是用一些无关大局使人分心的意见来搅局。

24.6 群面实录

1. 群面实录

面试参与者一共有 8 人：小张、小李、小白、小吕、小朱、小黄、小兰、小袁

群面时，3 分钟的思考时间很短。在"面试官"提示还有 1 分钟的时候，小吕决定先救大学教授、经理人、校长和老师，同时肯定地让运动员垫后，而医生、大学生、将军始终难以抉择。在最后进行权衡时，脑海中概念还是比较模糊。因此当面试官询问有谁想先讲的时候，小吕犹豫不决。而机会，落在了小张身上。

小张逻辑清晰，思路准确。在这样的情况下，她很好地抓住了表现的机会。抢当领导，率先发言：

"我认为排序需要标准，我的标准有 2 个：

(1) 对社会的贡献；

(2) 自救能力。

在这样的标准下，教授、大学生、教师等排得较前。"

小白原想抢当领导，但在听完的陈述之后就觉得这样的排序跟自己想法大同小异，这两个标准，也是不谋而合。但为了表示和她的不同，小白说：

我同意小张的观点，但是我觉得年龄以及性别也是重要的衡量标准。关于被救优先级我们将按对社会的贡献程度作为最重要的标准。能够对营救次序起决定作用的，是被救人员所可以提供给整个社会的贡献的多少。但仅依照这个标准是不全面的。因此我们还考虑了被救人员的自救能力，因为自救能力的高低，对营救次序的决定也起着关键的作用。我们选择先救教授，第一是他正主持一个科学研究项目，对人类有较大贡献，第二是年纪比较大，自救能力相对较差；而大学生虽有潜力，但贡献小且正值壮年，自救能力应该较强。

小朱的结论几乎跟小张、小白相反，大学生排在最前，教授排第二，运动员也得以位列第三，而教师则垫底。可她的标准，也是对社会的贡献。可见，标准相同的时候，由于细节方面考虑的不同，结论也会大相径庭。不过小朱说话的影响力有限，因为小张和小白已经率先把主要观点说清楚了，如果这是和别人观点雷同，只能是狗尾续貂了。

在小组讨论阶段。

小张表现出领导的才华：一开始就提出利用其中前 3 分钟进行标准的重新确定，这是最重要的，而且也是必需的。在订立标准的时候，其实难度不算大，在这样的问题下，对社会的贡献是团队首选，而自救能力也毫无意外地紧跟在后面，最后考虑的是年龄以及性别等

因素。

　　这时小黄提出一个建设性意见：可以将里面的人进行分类，根据分类把人物归类。讨论结果是：教授和大学生属于"科技类"，经理人归入"经济类"，医生当属"医学类"，而属"教育类"的则有校长、老师。最后，将军和运动员并入"其他"，当作例外进行考虑。

　　在对社会的贡献的大前提下，再将分类进行排序：科技、经济、教育、医学、其他。（原因阐述：科学技术是第一生产力；经济是上层建筑的基础，发展才是硬道理；建国军民，教育为先，国家要发展，还靠新一代；医学；其他为最后）

　　于是小张半程总结道："我们把 8 名游客大致分成 5 类，分别是：科技、经济、教育、医学、其他。在上面的标准下，我们首先把科技放在第一位，因为从宏观上讲科学技术是第一生产力，发展先进的科技有助于我们发展经济、教育等社会的各个方面；其次是经济，经济是上层建筑的基础，搞好经济方能发展社会；再次是教育，国家要发展，还需要培养新一代的接班人；接着是医学，提高医学水平，有助于促进社会和谐。最后我们把不能明显分成一类的归在其他部分。

　　在分类解决之后，我们根据所给的人物进行排序。科技类里面有教授和大学生。我们选择先救教授，第一是他正主持一个科学研究项目，对人类有较大贡献，第二是年纪比较大，自救能力相对较差；而大学生虽有潜力，但他正值壮年，自救能力应该较强。经济类只有经理人，他擅长管理而且有成功的经验，这是我们社会经济发展所需要的人才；教育方面，有小学校长和中学教师，这里必须先救女教师，因为中学教师是女性，自救能力较差，应当先救。由于医生属于医学类，在我们的大标准下，她是第六个被救的人。最后还剩下将军和运动员。由于将军年老，而拿过奥运金牌的运动员在身体素质方面具有较明显的优势，自救能力强，因此将军第七，运动员第八。

　　综上，排序为：教授、大学生、经理人、教师、校长、医生、将军、运动员。"

　　这时候一直没有说话的小兰提出一个问题：

　　"69 岁的将军，居然放在了倒数第二的位置，在伦理方面是不合逻辑的。你说他身经百战，自救能力应该比较高似乎有些牵强，毕竟已是 69 岁高龄。而对社会的贡献方面，你是考察他过去的贡献，还是现在抑或将来可能做出的贡献？因此，把将军放在第七位，实在是说不过去的。"这时大家鸦雀无声，约过了 10 秒钟，小吕起来打圆场："现在标准已经制定好了，最好按照标准来进行才能有效地解决问题。"

　　这时候小袁提出来一个有趣的观点：是不是可以先救最胖的，按体重倒着排序，这样尽快降低载重，可以尽可能减缓船的沉没，也就能尽可能多救一点人。

　　小朱不同意，说："这样的衡量体重，等你算好了，船都沉了。我的意思是先救医生，首先要保证存活率，先救了医生有了她，可以保住更多人的命，我同意小兰的观点，贡献度无法衡量（事实上医生的贡献及将来的潜在贡献都很大）……"

这时候局面就有些失控了，大家各执一词。观点各异，这时候小兰站出来说："同事们，时间宝贵，我们不能无休止争执下去，我的观点是既然社会的贡献方面很难衡量，况且每个人的贡献都比较大，那么我们就简化问题，直接按照年龄，根据'为长者尊'的原则来分析问题，此外我觉得小朱先救医生的观点很独特，所以医生作为最优先的特例另行处理，此外运动员体能较好，应该最后救。为保证最大存活率以及年龄性别的考量排序如下：

（1）外科医生，女，41岁（有了她，可以保住更多人的命）；

（2）将军，男，69岁，身经百战（是最老的，值得尊敬）；

（3）小学校长，男，53岁，劳动模范，五一劳动奖章获得者（值得尊敬，其余人中最大的）；

（4）大学教授，男，50岁，正主持一个科学领域的研究项目（科研项目的研究专家，死亡后国家损失很大）；

（5）中学教师，女，47岁，桃李满天下，教学经验丰富（国家的教育需要这样的，而且妇女该先救）；

（6）经理人，男，35岁，擅长管理，曾将一大型企业扭亏为盈（为经济作贡献吧）；

（7）大学生，男，19岁，家境贫寒，参加国际奥数获奖（未来的希望，不过年轻人，应该能抗寒些）；

（8）运动员，女，23岁，奥运金牌获得者（金牌运动员，身体素质肯定出众）。"

小吕忙说："我也支持小兰的提议。"小朱、小袁、小李也随声附和。这时候小张说："我看见小红一直没有说话，不知道她有什么好的建议？"小红说："噢，你们说得很好，我没什么建议。"小张说："我觉得小兰说得非常好，营救标准简单高效，也更加人性化，小兰你来做总结陈词吧。"小兰说："好的。"

2．评价

小张：前半程的领导，最早制订了救人方针与计划，思路敏捷，头脑清楚，后来虽然小兰提出来更好的建议，却能够精心衡量自己和别人的观点，经过缜密的思考之后才舍弃自己观点。并且有大局观，能照顾小红这样话不多的组员。通过！

小红：基本上没有贡献，淘汰。

小兰：观点犀利独特，视野广泛，能够一针见血地点破问题本质，是事实上的领导。在僵持不下的时候能够敢于总结，得到大家的赞赏。通过！

小白：前半程的第二领导，起到了很好的润滑作用，阐述问题清楚，条例明确。缺点是后半程贡献不大。通过！

小吕：虽然有一些意见和建议，但都没来得及说出来，而且墙头草，很容易随声附和。淘汰。

小黄：提出分类理论，属于好点子，但其他时候对全组贡献不大。淘汰。

小朱：观点不错，能够提出先救医生的新颖观点。缺点是其他时候对全组贡献不大。通过。

小袁：观点新颖，但贡献不大。淘汰。

附录 A

面试经历总结

曾经在论坛上看到一个北邮计算机硕士写的一篇名为《我的快乐求职》的面试经历总结,觉得百感交集。作为本书作者的我,并非出身名校,找工作的过程中也颇费周折。求职的过程是让人接触社会、了解社会的过程,在此期间你会彷徨、迷茫,经历感情的低潮,感受到社会的强大和自己的卑微。这段过程不会是很快乐的,甚至是痛苦的炼狱。

我想很多应届毕业生和正在工作的朋友们有的正在求职,有的想着跳槽,我也经历过这种情况,所以非常明白和理解一些朋友的心情。还是那句话,每个人的行业不同,决定着各自的经历不同,我只能写写我(主要是从求职过程)总结出来的几点建议和面试的一些经验。我想,虽然只是个体案例,但是有些东西应该是共性的,如果能够帮到一些朋友的话,我也真的很开心。

求职的时间分配

如果早预料到 2005 年的最后 4 个月会在如此的挑战和压力下度过,我会好好利用暑假,养马拭剑。求职的生活,像在攀登一座底部平坦而顶峰陡峭的山,开始时还可以漫不经心,最后的时光却是摸爬滚打,十分紧张。

大四研三等毕业班学生,最后一学期就是在写论文和找工作的双重压力下艰难度过的。如果能够在农历春节前搞定一切,这样是最好不过的。春节前的 4 个月是各公司蜂拥招人、供需两旺的时刻,如果顺利,你将拥有一个无比轻松自在的春节。否则拖到年后,答辩和求职孰轻孰重,首尾难顾。

如果要在 3 月份毕业的时候拿到学位证书,你得赶在 2 月 20 号之前完成论文答辩。这意味着你得在 12 月 20 号之前论文成稿,去抽盲审。同时意味着你得在 10 月底就完成论文的初稿,然后交给导师,导师提意见你修改,运气不好的话修改的地方还蛮多的呢。而 10

月底之前完成论文的初稿，意味着9月份一开学你就得动手写论文，暑假之前你就得做论文要用的东西。

我的最后一学期就是在写论文和找工作的双重压力下艰难度过的。9月份开始动笔写论文，投出第一份简历，直到次年2月中旬完成论文答辩，最终签约。现在想来，这4个月中我的体验和成长，胜过之前的任何4个月。所以实在有必要写一点东西，让师弟师妹们有所借鉴和启发。

找工作越早越好？

由于一直以来对自己的实力没有把握，找工作开始得特别早，几乎是一开学就是找工作网站和各大高校BBS的常客了。9月份招聘网站上的工作职位几乎都是针对有工作经验的人的。有些职位要求本科且有两年以上工作经验，我们也可以投投试试。我把凡是我比较感兴趣的大公司的职位都投了，后来有回音的并不多，即便有回音，能通过面试给我Offer的也不多。9月的时候有些紧张也有些兴奋。兴奋的是发现今年的工作形势还可以，招人的公司很多；紧张的是回音并不多，同时还要抓紧时间写论文。

对于这些面向有工作经验的人的招聘，建议试试那些你特别感兴趣的职位和公司，因为如果一个很一般的公司这么早给了你Offer，他多半会让你马上去上班（像对有经验的人的要求一样）。一来你没有时间马上去上班，二来这么早签了，一般的公司你会不甘心，所以也就没必要在这方面浪费时间。

我就是因为太早开始找工作，到12月中旬已经对找工作有点厌烦了，最后在手头的Offer中选了一个就签了。实在没有那么多精力再投新的简历，留意新的工作机会了。建议大家不用开始得太早，10月份开始找就很好了。

招聘网站及BBS的选择

通常最常去的招聘网站有：www.chinahr.com，www.51job.com，www.zhaopin.com。

chinahr（中华英才网）上的校园招聘比较多，但是每个职位都是全国各地的学生蜂拥而至，竞争之激烈可想而知，通过chinahr求职成功的几率很小。在线登记简历的时候，注意突出用人单位要求的关键词，每一栏都别空着。chinahr通常机械地筛选简历，如果你不多写点就很容易被漏掉。chinahr筛选简历，做第一轮面试，然后才把选出的人交给公司，由公司做最后的面试。我参加了两次chinahr的面试，分别是IBM和微软，都没能闯过chinahr这一关。chinahr的面试官不懂技术，他们仅仅按照客户的要求机械地问一些技术问题，再问一些你简历上的东西和性格情商之类。因此想过这一关，首先要表现得很自信，回答技术问题时答对要害就行，没必要说太多。

zhaopin 上面针对有工作经验的人的职位很多，比 chinahr 多。那些要求本科且有两年以上工作经验的，研究生们也可以尝试。面试之前根据相应职位的要求好好准备一下，因为是面向有经验的人的招聘，所以问的问题就不仅仅是 C、C++、数据结构这些内容了。

建议每投一份简历，就把职位要求记录下来，一旦几天之后给了你面试机会，可以参照职位的要求复习一下，以便更有把握些。

BBS 是一定要去的。有时候 BBS 上会贴出有用的招聘信息，随时留意总归是好的。华为、西门子的招聘我就是从复旦 BBS 上看到的。有的时候 BBS 会定期地删除一些 Job 版上有招聘信息的帖子，所以大家要随时关注。如果想进 IBM，微软这样的大公司，建议去清华 BBS 看看。他们有 IBM 和微软的专门板块。

宣讲会 vs 网上申请

从 10 月份起，各大公司在交大或科技大开宣讲会。虽然绝大多数公司只接受网上注册的简历，但也有例外。比如 Intel，他们在交大的宣讲会上留下了不同部门 Manager 的 E-mail，让同学们分别投简历，后来得到面试机会的也是把简历寄到 Manager 信箱去的那些人。我们只在网上注册了简历，没参加宣讲，不知道还有 Manager E-mail 这回事儿，只能被 reject 了。

建议大家分工合作，大公司的宣讲会还是去听一下比较好。不用全去，每次派一个人作为代表，记录一些有用信息。有的时候可以兵分多路，我们就有同时参加百度和招商银行宣讲会的体验了。

网上申请也是很有学问的。我在 chinahr 上登记的简历，有回应的挺多，然而有的人在网上登记的简历却一个回音都没有。我怀疑他少写了什么关键字。在填写网上简历时切不可贪图一时省事，这里省事就是费事，必须把相关的经历详细填好。而且目前各大招聘网站都有简历模板，一次填好以后可以反复使用。

离理想大公司仅一步之遥

"面"了很多，"笔"了很多，有几次离心目中理想的大公司仅一步之遥，可惜本人那时功力尚浅，始终没能得到心目中理想的 Offer。

通过校园招聘招人的大公司，一份有分量的简历只是第一步。有分量指的是成绩尚可，有让他们感兴趣的实习经历，有一定的获奖经历，担任过一定的职务，英语能力还行。这仅仅是第一步。它能让你从众多应聘者中被选出来参加初试，接下来就看你的真正功力和造化了。

求职是实力加运气的综合体现。也许你会发现各个方面都不如你的人签的公司却比你还好。这里的原因很多：比如说，就公司而言，如果某个公司正处在上升期，需要大量人才加盟，他这时的用人标准就是比较松的，大概看你的简历还行，就很轻松地要了。如果某个公司处在平稳期，不是很需要人，这时他的HR用人标准相对严格，你除非有特别出色的履历和极其显赫的业绩，否则很难打动他。这里就和战争时期选拔飞行员比较松，和平时期选拔飞行员比较严格是一样的道理。

以上说的是"时"，求职过程中还有"势"，只有时势皆顺利，才能产生Offer。这里的"势"指一些非常细节性的东西。我们可能一路过关斩将，但却有可能在非常细小的方面翻船，如同天意一样。很多事情是我们不能左右的，但却是可以预防的。

SAP公司，我一路通过了笔试和面试，最后却没有通过电话面试。其实电话面试是外包出去的，是由外包公司来替他们实现的，主要考查的是求职者的口语能力。这就是一个很有趣的现象。外包公司会问你一些很机械的问题，比如说，用英语介绍你自己，用英语介绍一下你的项目。这些是很简单的问题，但是让你用英语回答却很难回答——如果事先没有相关准备的话。我们如果因为实力不济或是技术方面的原因不能通过公司最后的考试倒也不算冤枉，技不如人当自强而已。但是仅是让你介绍项目经验，却由于自己英语没能过关，磕磕巴巴表达不出而命断外包公司之手，实在很可惜。所以我们平时要加强口语练习，做到临危不乱。

还有的情况是我们自己不明所以而且是十分无奈的。一次是去投西安某某研究所。他们的HR说，对不起同学，你的学校（西北大学）不在我们招聘学校范围内，我们只要科技大和工大的学生。另一次是参加SPSS的笔试，顺利通过后参加了它的面试，感觉面试回答得非常好，但最终没能等来Offer。这其中会有一些未知的因素，我们不用抱怨。不能因为存在未知因素我们就不去努力。找工作像一场孤独的战争，艰难坎坷无限，得到Offer是最后的结果。我们会用阴谋、阳谋、明争暗夺来实现顺利求职的目的。如果不想被社会淘汰就需要努力准备，这也是自己包容于社会也被社会所包容的前提。求职也罢，做人也好，都是一样的。

几场面试经历

找工作不是一件简单的事情，如果决定了找工作就一定要专心地准备。首先是要清楚地认识自己，看自己喜欢什么样的职业。还有就是多了解一下自己专业的就业范围情况。然后就是开始准备简历，只有你对自己充分了解了才可能把简历做好，把你的优点都表现出来。

这是第一步也是最关键的一步。只有你有一个好的简历，一个能突出你自己优势的简历，才能给你进入下一轮的机会。刚开始的时候要多投简历，不要舍不得自己的简历，投出去一份就是投出去一个希望，说不定能给你一次笔试/面试的机会。

最主要的还是笔试和面试。大部分学生都是第一次找工作，所以多参加一下笔试和面试还是非常必要的。

由于笔试投的职位很多，有时候是硬件相关职位，有时候是软件相关职位，考的范围也很广。这里建议找工作的同学最好把以前学过的专业知识，还有专业的基础课，都看一下，至少要有个大体的印象。后面的面试也经常会问到技术方面的问题，更有公司会直接给你出题让你当场做出来。

我从找工作到现在一共参加了几十个公司的面试，基本上跑遍了西安大大小小的豪华酒店和软件园所有知名的企业。下面讲讲我的面试经历，希望对大家有所启发。

北大青鸟面试

第一次是北大青鸟，这是全国最大的软件培训机构。由于是第一次面试，我什么都没准备，穿了一身破旧的牛仔服走进了奥罗酒店的总统套房。一进门就看到很多西装革履的帅哥。一开始我还以为都是招聘方的工作人员，后来才知道也是一起来面试的。先是发了两套卷子，我就靠在沙发上答题。题目很多，不深但是很广泛，包括 VB、C#、.NET、C++、SQL。我大概花了 1 个小时答完了题。然后工作人员收走了卷子，问我对哪个方面比较擅长，我说 C#，于是他们又发了一套纯 C#的卷子给我做。这一套就很有难度了，有关于委托、事件的一些问题，感觉答得不好。笔试后等了 30 多分钟立即面试（有几个西装革履的小伙笔试后没有等待就直接被打发走了）。面试官看到穿得破破烂烂的我一笑，他的态度很和蔼，基本上就是谈谈家常，我家几口人，父母在哪，以前有没有工作经验，等等。感觉上他对我的着装虽觉怪异，但并不是不可接受。大概是我的题目答得还是不错的缘故，几天后通知我可以拿 Offer 了。这是我拿到的第一个 Offer。

深圳华为面试

第二次是深圳华为公司。说起来还有点搞笑。和大家一样，刚开始网投华为，第一志愿是华为西安研究所（研发类）。然后华为给我打电话，但当时我有事在北京回不去。10 月 13 号下火车，然后当天去郦苑酒店"强面"，但被告知无法参加华为西安研究所（研发类）的面试，随转行参加深圳IT管理的面试。13 号一面结束，14 号参加二面、三面、四面。二面结束后我和女朋友出去逛，也不敢走得太远，因为怕随时给我来电话。天气很冷，我买了个烤红薯暖手，这时通知三面的电话响起，我忙不迭地往楼上跑，红薯就放在裤子后面的口袋里。面试结束后发现红薯都被我坐扁了。下午参加四面,晚上打电话通知给 Offer。这就是我两天搞定华为的经历。

下面说说我面试的具体细节:华为的一面、二面、三面、四面分别在郦苑酒店的 2 楼、3 楼、4 楼和 5 楼。每面试成功一次就往上走一层。

一面的是一个很和蔼的哥哥,不过说话声音比我还小。他翻了翻简历,看了成绩单,问我在什么方面学得好,我就说英语。他说在专业方面呢,我就大致说了一下我们专业的情况,学习的课程什么的,等等。然后他给我出了两道题,就是本书递归一章的打靶问题,其他人有的出的是智力测试,比如说飞机环航问题。反正我基本上很快编出了程序。然后还是一些无关紧要的聊天。后来他又问我对信息管理是否了解,我就把自己了解的东西一股脑说了出来,不过也说不了多少。然后他就说不只这些,开始给我解释。接着问我对华为有多少了解,我就把自己知道的说了一下。最后他说让我回去等消息。大概晚上 9 点左右电话通知我明天早上面试。

二面是一个综合的面试。面试官先让我自我介绍,然后问了些兴趣爱好、性格之类的问题。他翻简历看到了我做过的教务管理系统和网络选课系统。他详细问了项目的组成原理和架构设计,以及在项目中的贡献等。然后我就解释了一下。我补充说我曾经写过一本书,把内容又说了一下。在这里简历还是很重要的,他们面试的时候总是会拿着简历问你一些相关的问题,所以面试的时候一定要把这些都好好准备一下。还有成绩单,华为好像很看重这个,特别是本科生。最好把自己学得好的科目大致复习一下,有可能会问到相关的问题。二面完了,然后拿了表填好了等待三面。

三面在 4 楼,我和一个女生共同面对面试官。面试官坐在床上,问了很多问题。他先解释了一下工作地点的选择,然后就开始问都做过什么项目,说一下你自己认为做得最成功的事,都遇到过什么样的挫折,影响最深的是什么,等等。后又说"华为你们也知道,会很累的……让我们谈一下自己的看法。你们两个应聘信息管理,对这个职位怎么看,了解不?"他以一对二,不是每个人都得回答每一个问题。他会挑着让你去回答,而且在你回答的时候会对你说的继续提问,不断地抹杀你的观点,有点像压力测试,所以在面试的时候一定不要让自己的话有漏洞。即使有也要想办法来说明,不过这个还是比压力测试会好一些,不会把你否认得一无是处。总之他会刁难你,应该是测你的抗压能力和临场反应能力。

最后是四面。四面就是华为的高层来随便聊聊,没有什么问题了,是一对一的,他填个表,然后就给口头 Offer 了。过了一面、二面而且填了表的同学千万不能大意,也得好好准备一下。我同学就可怜地栽在三面了。四面后当晚正式打电话给 Offer。

平时多面试一下,增加自己的经验也是很必要的。对于这些常见的问题,最好都准备一下，如：自我介绍，你自己最大的优点、缺点，自己认为最成功的事，最尴尬的事，等等。

神州数码面试

第三次是神州数码公司。收到面试通知的时候，感到十分意外。因为在笔试的时候，当我看到封面写着对于研发，Java（题）是必做而 C++（题）是选做的时候，眼前一黑，感觉自己已经被鄙视了，但还是硬着头皮写着参加研发。但是做的题目全是 C++。神州数码的 C++ 题不难，但是数据库的题全与 Oracle 相关，颇有一些难度。

神州数码的面试是考查计算机专业知识最多的一场面试，除了专业知识的交流外，还涉及市场调研、人际关系、人生理想、职业道德、日常生活等各个方面的话题。这次近一个小时的面试是我表达得最充分的一个面试、敲门进去，互相问候之后，面试就正式开始了。

HR：你几点到的？（典型问题）

Me：（努力回忆+猜测中……）大概一点五十多吧……

HR：那也等了一段时间了。

Me：呵呵，其实也没多久……

HR：我先自我介绍一下，我叫 xx。(HR 脸上有阳光般的笑容，好有亲和力啊。) 接下来，你可以用两三分钟的时间介绍一下你自己。

Me：Blah-blah…

HR：会用 Java 吗？（估计是因为发现我的笔试一道 Java 都没做）。

Me：（尴尬……）虽然没有相关的课程，也没有做过 Java 的项目，但课余的时间还是看了点儿书，学会一点儿的……而且我擅长.NET 和 C#。

HR：你为什么喜欢 C#呢？

Me：C#兼具 VB 的快速简练、Delphi 的可视化控件编程、Java 的完全面向对象和 C++ 的语法规则。C#最长于 Web 开发，微软宣称 ASP.NET 1.1 以后，所有的代码均由 C#写成，由此 C#在 Web 开发领域的能力可见一斑。

HR：你能解释一下 C#与 C++有什么区别吗？

Me：区别很多。首先是托管与非托管的区别。托管代码不允许进行对内存的操作，而是由固定的垃圾回收机制来完成的，而 C++则不然。其次 C#和 Java 类似，都是运行在虚拟机上的（分别是.NET 虚拟机和 Java 虚拟机），而 C++不需要这样一个平台。最后 C#是完全面向对象的。在 C#里，万物皆是类，绝对不存在一个超越类以上的函数或是变量。C++也是面向对象的，但其仍然保留面向过程语言的特点（比如说 C++存在全局变量）。最后，C#摒弃了 C++中的多重继承等不易掌握的特点，代之以接口等，使编程变得更加轻松和简便。

HR：可以说一下你的社团活动吗？

Me：极其诚实地讲，我不过是充当那种螺丝钉的角色。但我还是很喜欢社团组织的各种活动，很愿意参与团队合作过程。

HR：说一下你的项目经验吧。

Me：Blah-blah…（介绍自己做过的项目和写过的书。）

HR：你的论文情况如何？能介绍一下你的论文么？

Me：我论文做的是协同过滤技术在网络数据挖掘上的应用。

HR：能描述一下么？（递给我一支签字笔，让我在后面的白板上画出来。）

Me：Blah-blah…（我一边说一边画，估计他也听不懂我的论文情况。其实这一段就是看你的表达能力如何，而并不是一定要弄懂你做的东西。）

……

面式结束后两天给我打电话，说可以发 Offer 了。

其他拿到的 Offer 还有深圳平安、信息产业部 52 所等。

感觉国企发 Offer 的速度还是很快的，效率很高。基本上如果想要你，就会很快地联系你并发 Offer。如果迟迟未能收到结果，估计就是没戏了。

我经历过几场失败的面试：他们是中国移动、Thoughtworks、SPSS、Sybase、Trend、SAP、Siemens，等等。失败给我的教训远胜于成功的喜悦，也是最值得记录的。

深圳移动

2005 年 11 月底的时候，广东移动下的十多个分公司就陆续开始校园招聘，我也正是在那个时候做了网申。深圳移动通过了我的网申，通知我参加面试。就这样我参加了深圳移动在西安的首轮面试。

我当时应聘的是技术类，去的是长安城堡大酒店。大厅里坐满了人，我就感觉自己很渺小。然后我们排队参加面试。队排得很长，有点像是去食堂排队打米饭的感觉。由于人很多，每个人只有 3 分钟的时间——我觉得就凭 3 分钟给一个人下结论实在太武断了。问到我的时候，面试官说让我用 1 分钟阐述我的优势。接着又问我在校的一些情况，估计说了 2 分钟。说是 3 天内会给我打电话，就这样结束了面试，事后杳无音信。

后来我回想，我觉得我参加的深圳移动的面试不是很对口的面试，毕竟我的专业是计算机软件，而他们需要的是网络或者硬件方面的人才。之所以给那么多人发面试通知但只面试 3 分钟的原因，可能是想做宣传，现在很多企业都是这样想的。

"霸王面"

"霸王面"，是说心理素质很强，没有接到面试通知也要闯进去面试的情况。在求职中采取"霸王面"是一种无奈之举，但这毕竟是你自己的人生，工作将来是属于你自己的，别人不会管你。机会要去主动求来，获得职位才是硬道理。在求职竞争激烈的环境里，找到一个适合自己的职位已是不易，谁还去计较用什么方式呢。当然，前提一定是合法的方式。

现在的毕业生这么多，对于 HR 来讲，学生和学生的差别不是很大，都只是一个一个的名字符号。而我们要做的事情就是要让他们一看见这个符号就能想起我们这个人。比如投了简历之后如果没有消息就打个电话问一下，多参加宣讲会，对于想去的公司争取面谈的机会。在 11 月的时候，我手里只有华为和神州数码的 Offer，当时 Sybase 开始一面了，没有通知我。我是挺想去 Sybase 的，于是就去"霸王面"。跟着一个被邀请去面试的同学到了那里，当我看到有面试官出来的时候赶快抓住机会上去和他谈，终于同意我参加面试。虽然最后没有通过第四轮的面试，这也是我能做的所有了。虽然失败，我不后悔，因为我已经尽了力。轻叹一口气，再找下一个吧！

"霸王面"也是一个坚持自己理想的过程，坚持也是做任何事情必备的条件之一。从 9 月开始求职到 12 月底，大约 4 个月时间，这期间虽然有不少面试的机会（其中包括很多次"霸王面"），但有很多我想去的公司都把我给拒绝了，连拒信我都能背出来了。提高个人的"抗打击能力"，不要太顾及所谓的"面子"，因为现在不是我们要面子的时候。求职被拒实在是一件再平常不过的事情，现在看来似乎很严重，可是我能预见到以后我会觉得远没有现在所想象的那么严重。就像我现在回想中学时期遇到的困难和挫折，有很多都是十分可笑和幼稚的。我所要做的就是尽量不让被拒影响我的心态，因为我坚信我的付出可以换来好的回报。我们是求职者，处于这个角色就要遵守游戏规则，要找到好的工作就要经历这些必要的过程。现在还仅仅是填填表格，回答回答问题，以后一定会有更加令人烦躁的事情让我们不得不去做，谁能够坚持到最后谁就是胜利者。

"霸王面"最后成功与否主要取决于以下两点。

一是你所应聘工作的招聘工作的严密程度。

许多安排周密的面试根本没有可能"霸王面"，人家会很委婉地回绝你，甚至笔试都是不可能的。这并不是一份卷子、几分钟谈话的问题。我曾经没有笔试直接参加葡萄城的面试，被婉言请出来了。不过临走前，HR 工作人员赠给我一件葡萄城的 T 恤，说是感谢我对该公司的关注，的确是一个很有人情味的企业。

二是你的诚意和你能利用机会给人留下印象的能力了。

如果你了解到这个公司的招聘工作不是很周密，有面试的可能，那么就尽全力展示你自己吧，不要害怕开始碰钉子。你要是坚持到了最后，机会也许就属于你了。吃"霸王面"不能全靠一股子热情，要靠智慧。因此，求职者必须对企业进行全面了解，特别需要了解很多细节。伯乐也是很重要的，并不是每个人都能碰到欣赏"霸王面"的人力资源经理。不同企业文化有不同的用人理念，应聘者要适合企业发展的需要，适应企业文化。

三是不能迟到。我原来参加 SAP 电话面试没有通过，于是去强面。但是当时人家进行的是群组面试，每 8 个人为一组，正好少一个人没来。如果我不迟到，完全可以补上这个"缺"。但是我是在人家开始后 30 分钟才来的，强面+迟到=失败。事后我得出结论，如果确实对该公司的职位感兴趣，一定不能迟到，要让用人单位感觉你的诚意是扑面而来的，这样才会有机会。一般来说，外企在这方面更加不拘一格。我朋友参加 SPSS、西门子、施耐得的"霸王面"都获得了成功，后两个还顺利拿到了 Offer。

几点建议

答题

笔试的时候，在时间允许的条件内尽量认真答题，不要答得少，着急交卷。要记得，这也是有的公司考核员工，态度是否认真，值得聘用。面试时的礼仪装扮不是很重要。应聘程序员这样的行业，去面试时不需要西装革履。普通的衣服，干净整齐就行。面试最关键的就是回答问题。面试只有 10～15 分钟，如何在短短的时间内让人对你记忆深刻是关键。我个人认为关键是提出比较创新的提议。千篇一律是不好的，自己当然要与众不同。前期的准备工作，收集好资料，针对公司现有的情况，多想一些你应聘职位的工作计划，以及提出一些你自己的想法，这些都是吸引 HR 眼球的地方。

在面试结束时，对方会问你还有没有什么要问他们的，你可以问两三个问题：关于公司对你这个职位的需要是什么样的；或者公司比较热点的问题，充分表现出你对该公司的了解做足了功课，有备而来，是个有心人。

选择

如果是为了职业生涯的前景，就一定要进行选择。不要看广告和随便投递简历。在对现有的工作产生了厌倦的时候，就要着手开始准备。主要是锁定工作单位目标。根据自己的学历、经验、能够胜任且符合自己的工作来决定。名牌公司未必适合自己，是做大公司中的一滴水，还是做中小公司的中坚地位，哪一个是自己现阶段需要的，就要锁定这个工作单位作为目标。一般来说，公司越大，管理制度越健全，分工越细，自己学到的东西也相对有限。

调查

有些公司在招聘的时候挂出某某跨国公司的旗号，其实只是与这个公司有一点合作关系的小公司，只是利用了大公司的招牌，里面的内容是截然不同的。再就是有的公司根本就是空壳，不具备经济实力，但包装却十分诱人。最后就是要了解公司内部的福利待遇，是怎么样的考核制度。总而言之，就是要确定公司的真实情况。

工作的时候，很多人不会想得这么仔细，有的时候明知道吃亏也只想先委屈一下。可是，这种做法从长远来看是不正确的。

比如，进了一家公司工作了几个月，甚至更短的时间，发现公司根本没有发展前途，更不利于自己的职业发展，那么只能辞职离开。这样频繁地更换工作，非常不利于自己的职业生涯，学到的东西也极有限，大部分的时间都在求职过程中度过了。

所以，宁可稳一些，也绝不能急躁。

确认

在锁定工作目标，并对公司进行调查之后，还要把未来新公司自己从事的工作内容认识清楚。要了解公司的企业文化。每个公司都有自己的特点和风格，培养出来的员工通常会带有公司的特色，比如思考问题的方式和做事情的风格。如果不了解这些贸然进去，会发现两种企业文化相抵触，自己很难融入现有的团队，以前的工作经验和做事方法根本无法发挥出来。最后搞不好自己还是要离开。很吃亏的。

失业

在职场生涯中，很多人都恐惧失业，跳槽的时候都喜欢骑驴找马，都喜欢找到了一个新工作才辞职。我个人不是很赞成这一点。因为工作一段时间后会发现原有的知识储备急速下降，很多年轻人都是边工作边学习，非常辛苦，虽然很上进，但是自己都不知道自己到底需要的是什么。很多人热衷于考证，压力又大又忙碌。这个时候也总是会出现一些迷茫的情况。

所以，如果对工作厌倦时，可以给自己一个放松的好机会。旅游、看影碟、逛逛街。整理好自己的思绪，规划出下阶段的目标，然后确定方向，再继续投入到工作当中。当然，失业期间也是进修的好时间。不单是为了拿证，而是让自己能够真正有所学。知识是用来用的，不是用来当摆设唬人的。

当然，最重要的，是我们自己要把握好自己，把握好自己要走的路。任何一份工作都需要我们努力工作，任何一份工作都无法钦定我们的终生。